精彩案例欣赏

设置内联样式

创建点歌表单

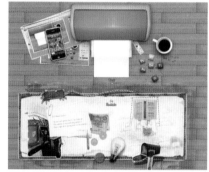
图片切块换图片效果

广告交互效果

将 SVG 图像链接到 HTML 文档中

为图形添加阴影

鼠标拖曳效果

使用 id 选择符

图片放大镜效果

精彩案例欣赏

设置背景图像

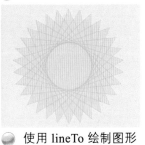
旋转图形

使用 lineTo 绘制图形

浏览历史

双击打开网站

浏览历史 2

创建内联框架

精彩案例欣赏

○ 链入 jpg 图像

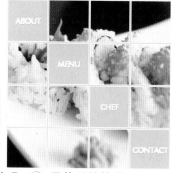

○ 使用样式控制绘制元素的外观   ○ 导航跳转效果

○ 制作网页相册

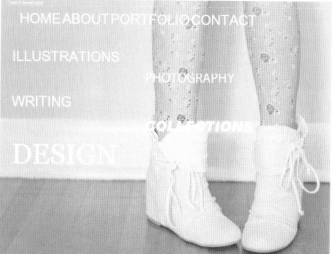

○ 添加 video 播放条   ○ 文字和颜色转换

精彩案例欣赏

图片展示效果

图片抖动效果

点击展示效果

可拖动的池子球效果

测试离线应用

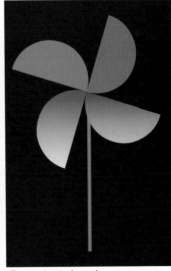

当年的大风车

精彩案例欣赏

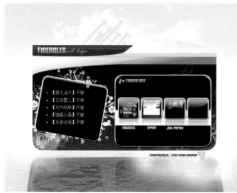

● 制作无序列表

● 磁带播放效果

● 通过 g 元素对图形进行编组

● 绘制图像（三）

● 使用 poster 替换 video

● 文字替换效果

● 鼠标移动时展示大图

精彩案例欣赏

● 控制播放 audio

● 秋天落叶

● 图像提示字

● 插入图像

● 精致的相册效果

精彩案例欣赏

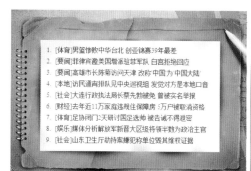
定义有序新闻列表

文字渐变效果

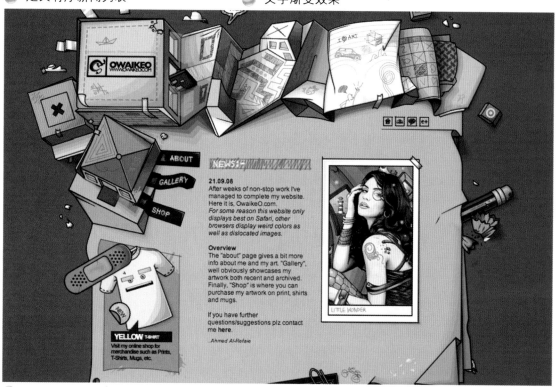
onMouseOver 事件

使用图像热区创建链接

滚动的照片写真效果

光盘内容

全书所有操作实例均配有操作过程演示，共 181 个近 190 分钟视频（光盘 \ 视频）

全书共包括 181 个操作实例，读者可以全面掌握使用 HTML 5 进行网页制作的技巧。

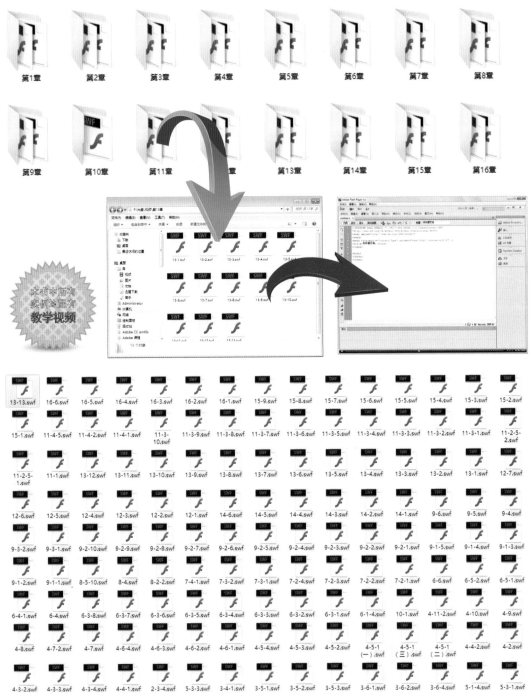

光盘中提供的视频为 SWF 格式，这种格式的优点是体积小，播放快，可操控。除了可以使用 Flash Player 播放外，还可以使用暴风影音、快播等多种播放器播放。

网页设计殿堂之路

贾勇 编著

HTML5网页制作全程揭秘

清华大学出版社
北京

内 容 简 介

HTML 5是取代HTML 4的新一代Web技术，它将会成为HTML、XHTML以及HTML DOM的新标准。

本书系统、全面讲解了HTML语言及其最新版本HTML 5的新功能与新特性，技术新颖实用。书中大部分的知识点都结合实例进行讲解，读者在学习基础知识后，亲手实践，可以快速巩固所学知识。

在每一个实例之后都会对该实例以及知识点的重要部分进行提问，并进行详细解答，使读者系统而全面地学习理论知识。书中的知识点所涉及的代码都会给出详细的注释，从而使读者轻松领会HTML语言的精髓，更加快速地提高技能。

本书附赠1张CD光盘，其中提供了丰富的练习素材、源文件，并为书中所有实例都录制了多媒体教学视频，方便读者学习和参考。

本书内容详尽，实例丰富，非常适合作为编程初、中级读者的学习用书，也适合作为开发人员的参考资料。

本书封面贴有清华大学出版社防伪标签，无标签者不得销售。
版权所有，侵权必究。侵权举报电话：010-62782989 13701121933

图书在版编目(CIP)数据

HTML 5网页制作全程揭秘 / 贾勇 编著. —北京：清华大学出版社，2014
（网页设计殿堂之路）
ISBN 978-7-302-35985-2

Ⅰ.①H… Ⅱ.①贾… Ⅲ.①超文本标记语言—程序设计 Ⅳ.①TP312

中国版本图书馆CIP数据核字(2014)第066059号

责任编辑：李 磊
封面设计：王 晨
责任校对：邱晓玉
责任印制：李红英

出版发行：清华大学出版社
网　　址：http://www.tup.com.cn, http://www.wqbook.com
地　　址：北京清华大学学研大厦A座　　邮　编：100084
社 总 机：010-62770175　　邮　购：010-62786544
投稿与读者服务：010-62776969, c-service@tup.tsinghua.edu.cn
质 量 反 馈：010-62772015, zhiliang@tup.tsinghua.edu.cn

印 刷 者：北京鑫丰华彩印有限公司
装 订 者：三河市溧源装订厂
经　　销：全国新华书店
开　　本：190mm×260mm　印 张：25　彩 插：4　字 数：608千字
　　　　　（附CD光盘1张）
版　　次：2014年10月第1版　　印　次：2014年10月第1次印刷
印　　数：1～3500
定　　价：59.00元

产品编号：059412-01

在现在这个互联网飞速发展的时代，网络已经成为人们生活中不可或缺的一部分，作为更加新颖、全面的技术，HTML 5 标准具有巨大的魅力和市场前景。该技术目前已经开始影响我们的生活、工作和学习，相信在不久的将来，HTML 5 将会成为业内正式的标准并得到所有人的认可。

在这种形势下，学习并掌握 HTML 5 无疑成为 Web 开发者的一项重要任务。

本书内容

全书共分 16 章，通过结合实例操作，向用户详细而系统地讲解了 HTML 5 的相关规则和功能，每一个知识点的介绍和实例都讲解得通俗易懂。

第 1 章介绍了 HTML 5 的基础知识，包括 HTML 5 的基本结构、标签属性以及 HTML 5 的编写方法等。

第 2 章详细介绍网页的基本标签，其中包括网页头部标签、meta 标签、主体标签、文字与段落标签、图像标签以及列表标签等。

第 3 章介绍超链接的建立方法，包括链接的基础知识、基本链接的定义方法、链接的路径、内部链接、锚点链接以及外部链接等。

第 4 章介绍 canvas 的使用方法，其中包括 canvas 元素的基本概要、绘制矩形的方法、使用路径、绘制渐变图形、绘制图像、图形的变形、绘制文本、图形的组合、绘制阴影、绘制动画效果以及保存与恢复绘图状态等。

第 5 章主要对 CSS 进行讲解和应用，其中包括 XHTML 的介绍、CSS 的概念、CSS 的分类、CSS 文档结构、CSS 选择器、CSS 选择器声明以及伪类和伪对象等。

第 6 章主要介绍 SVG 的使用方法，其中包括 SVG 的基础概要、SVG 的语法基础、绘制 SVG 基本图形、绘制文本、SVG 渐变效果和样式单等。

第 7 章主要介绍音频和视频在网页中的插入方法，其中包括 <audio> 和 <video> 的概要、<audio> 和 <video> 的属性、<audio> 和 <video> 的方法、<audio> 和 <video> 的事件等。

第 8 章主要介绍链入内联框架、对象和其他多媒体元素，其中包括内联框架、iframe 元素的属性、沙盒安全限制、使用 object 元素链入对象和使用 embed 元素链入多媒体对象等。

第 9 章介绍表单的使用方法，其中包括表单标签 <form>、插入表单对象、菜单和列表、文本域标签 textarea 和 id 标签等。

第 10 章主要介绍离线网络应用，其中包括文件缓存的实现方法和定义缓存清单文件的方法等。

第 11 章主要介绍 JavaScript 脚本基础，其中包括 JavaScript 简介、JavaScript 基本语法、JavaScript 事件和浏览器的内部对象等。

第 12 章通过实例的形式向用户介绍 HTML 文字特效的制作方法，其中包括彩色文字移动效果、文字滚动效果、文字跟随鼠标效果、文字输入效果、文字替换效果、文字和颜色转换以及文字渐显效果等。

第 13 章通过实例的形式向用户介绍 HTML 图片特效的制作方法，其中包括图片放大缩小、图片放大镜效果、图片抖动效果、3D 相册特效、滚动的照片写真效果、图片切块换图片效果、鼠标移动时展示大图效果、图片缩放效果、3D 效果换图、全屏漂浮的图片效果、图片展示效果、收缩切换图像效果和精致的相册效果等。

第 14 章通过实例的形式向用户介绍 HTML 交互特效的制作方法，其中包括广告交互效果、网页相册效果、点击展示效果、鼠标拖曳效果、鼠标交互效果和导航跳转效果等。

第 15 章通过实例的形式向用户介绍 HTML 动画特效的制作方法，其中包括笑脸水泡动画、旋转的立体花朵动画、秋天落叶动画、小球跳动动画、大风车动画、变幻的 3D 动画、太阳系动画、跑车开动动画和白天到黑夜的动画等。

第 16 章通过实例的形式向用户介绍 HTML 其他特效的制作方法，其中包括仿手机滑屏特效、时钟特效、书本翻页特效、游戏特效、磁带播放特效、可拖动的池子球特效等。

本书特点

本书以 Dreamweaver CS6 软件为编辑器，全面细致地讲解了 HTML 5 在网页设计领域的相关知识，对于网页设计的初学者来讲，是一本难得的实用型自学教程。

- 紧扣主题

本书全部章节均围绕着网页设计与制作的主题展开，所制作的实例也均与网页设计相关，书中实例精美，并且内容实用性较强。

- 易学易用

书中采用基础知识与实例相结合的书写方式，使用户在学习后立即可对学习的内容进行巩固，使学习的成果达到最大化。

- 多媒体光盘辅助学习

为了增加读者的学习渠道，增强读者的学习兴趣，本书配有多媒体教学光盘，在光盘中提供了本书所有实例的相关素材、源文件以及视频教学，使读者可以得到仿佛老师亲自指导一样的学习体验，并能够快速应用于实际工作中。

本书作者

本书由贾勇编著，另外李晓斌、张晓景、解晓丽、孙慧、程雪翮、王媛媛、胡丹丹、刘明秀、陈燕、王素梅、杨越、王巍、范明、刘强、贺春香、王延楠、于海波、肖阁、张航、罗廷兰等人也参与了编写工作。本书在写作过程中力求严谨，由于水平有限，疏漏之处在所难免，望广大读者批评指正。

编　者

第 1 章 HTML 5 基础 ················· 1

1.1 关于 HTML ································1
1.1.1 什么是 HTML 5 ···················1
1.1.2 HTML 5 的基本结构 ···········1
实例 01+ 视频：创建 HTML 页面 ·····2
1.1.3 HTML 5 的标签 ·····················3
实例 02+ 视频：使用标签的方法 ······8
1.1.4 HTML 5 属性 ·······················9
实例 03+ 视频：使用标签属性的方法 ··················11
1.1.5 HTML 5 事件属性 ···············11
实例 04+ 视频：使用事件属性的方法 ··················14
1.1.6 HTML 注释标签 ·················15
实例 05+ 视频：为标签添加注释 ·····15

1.2 HTML 5 与 HTML 4 的区别 ········16
1.2.1 HTML 5 的语法变化 ···········16
1.2.2 HTML 5 中的标记方法 ·······16

1.3 HTML 5 新增元素和废除元素 ······17
1.3.1 新增的结构元素 ···················17
实例 06+ 视频：使用新增结构元素制作页面 ··················18
1.3.2 新增的其他元素 ···················19
实例 07+ 视频：使用新增的音频标签插入音乐 ···········22
1.3.3 被废除的元素 ·······················23

1.4 HTML 编写方法 ·····················24
1.4.1 使用记事本编写 HTML ······24
实例 08+ 视频：使用记事本创建 HTML 文档 ············24
1.4.2 使用 Dreamweaver 编写 HTML 文档 ····················25
1.4.3 元素和属性的大小写规范 ·········25
1.4.4 断行符与空白字符 ···············26

1.5 预览测试 HTML 页面 ···············26
1.5.1 查看页面效果 ·······················26
1.5.2 查看源代码 ···························27

1.6 本章小结 ···································27

第 2 章 网页基本 HTML 标签 ······· 28

2.1 使用 head 头部标签 ·················28
2.2 使用 title 标题标签 ··················28
实例 09+ 视频：定义标题 ··················28
2.3 使用 meta 标签 ·······················29
2.3.1 设置页面关键字 ···················29
实例 10+ 视频：定义搜索引擎关键字 ·····30
2.3.2 设置页面说明 ·······················31
2.3.3 定义编辑工具 ·······················31
2.3.4 定义作者信息 ·······················31
实例 11+ 视频：定义作者 ··················31
2.3.5 设置网页内容类型和字符集 ······32
2.3.6 设置网页跳转效果 ···············33
实例 12+ 视频：设置网页定时跳转 ·····33
2.4 使用 body 标签定义页面主体 ······34
2.4.1 使用 bgcolor 定义网页背景色 ·····34
实例 13+ 视频：设置背景颜色 ··········35
2.4.2 使用 background 定义网页背景 ····36
实例 14+ 视频：设置背景图像 ··········36
2.4.3 使用 text 定义文字颜色 ···········37
实例 15+ 视频：设置文字颜色 ··········37
2.4.4 使用 link 实现链接 ·············38
实例 16+ 视频：设置链接文本的颜色 ·····39
2.4.5 使用 margin 定义页面边距 ·········40
实例 17+ 视频：定义页面边距 ··········40
2.5 文字与段落标签 ·························41
2.5.1 在网页中输入文字 ···············41
实例 18+ 视频：在网页中输入文字 ·····41
2.5.2 标题字 ·····································42
实例 19+ 视频：使用标题标签 ··········43
2.5.3 文本基本属性 ·······················44

| 实例 20+ 视频：使用 <font> 标签 ……45
| 2.5.4 文本格式化标签 ……………45
| 实例 21+ 视频：使用粗体、斜体标签 ……………………46
| 2.5.5 上标和下标 ………………47
| 实例 22+ 视频：使用上标、下标标签 ……………………48
| 2.5.6 大小字号和下划线 …………49
| 实例 23+ 视频：使用大小字号和下划线 …………………49

2.6 使用图像 …………………………50
 2.6.1 图像的格式 …………………50
 2.6.2 插入图像 ……………………50
 实例 24+ 视频：插入图像 …………51
 2.6.3 图片的大小 …………………52
 实例 25+ 视频：修改图片大小 ……53
 2.6.4 图像提示文字 ………………53
 实例 26+ 视频：图像提示字 ………54
 2.6.5 图像的边框 …………………55
 2.6.6 图像的边距 …………………55
 实例 27+ 视频：图像的边框和垂直边距 …………………56
 2.6.7 图像的排列 …………………56
 实例 28+ 视频：网页图文排版 ……57
 2.6.8 图像的超链接 ………………58
 实例 29+ 视频：创建图像超链接 …58
 2.6.9 图像热区链接 ………………59
 实例 30+ 视频：使用图像热区创建链接 ……………………59

2.7 使用列表 …………………………60
 2.7.1 有序列表（ol 元素）…………60
 实例 31+ 视频：定义有序新闻列表 …61
 2.7.2 自定义有序列表的序号 ……62
 实例 32+ 视频：定义新闻列表序号样式 ……………………62
 2.7.3 自定义有序列表的起始数 …63
 实例 33+ 视频：定义新闻列表的起始数 ……………………63

 2.7.4 自定义有序列表的数值 ……64
 实例 34+ 视频：定义新闻列表数值 …64
 2.7.5 无序列表（ul 元素）…………65
 实例 35+ 视频：制作无序列表 ……65
 2.7.6 dl 定义列表 …………………66
 实例 36+ 视频：使用 dl 定义网页公告列表 …………………66
 2.7.7 嵌套列表 ……………………67
 2.7.8 反转序号值（reversed 属性）……68

2.8 使用表格 …………………………68
 2.8.1 表格简介 ……………………68
 2.8.2 表格属性 ……………………68
 实例 37+ 视频：制作表格 …………69
 2.8.3 表格样式 ……………………69
 实例 38+ 视频：定义表格样式 ……70
 2.8.4 表格的标题 …………………71
 实例 39+ 视频：定义表格标题 ……71
 2.8.5 区分单元格 …………………72
 实例 40+ 视频：制作年级成绩排名单 1 …………………72
 实例 41+ 视频：制作年级成绩平均分数单 ………………74
 2.8.6 跨多行、多列的单元格 ……76
 实例 42+ 视频：制作年级成绩平均分数单 2 ………………76

2.9 本章小结 …………………………77

第 3 章 建立超链接 ……………………78

3.1 链接的基础知识 ……………………78
3.2 定义基本链接 ………………………79
 3.2.1 定义链接的目标 URL（href 属性）…………………79
 3.2.2 定义链接的目标窗口（target 属性）………………79
 3.2.3 定义链接的提示信息（title 属性）…………………80

3.2.4 国际化和链接（hreflang 属性）……80
3.3 链接路径…………………………………80
　3.3.1 绝对路径……………………………81
　3.3.2 相对路径……………………………81
3.4 内部链接…………………………………81
　实例 43+ 视频：创建内部链接……………82
3.5 锚点链接…………………………………82
　3.5.1 建立锚点……………………………83
　实例 44+ 视频：建立锚点…………………83
　3.5.2 链接同一页面中的锚点……………84
　实例 45+ 视频：建立锚点链接……………84
　3.5.3 链接到其他页面中的锚点…………85
　实例 46+ 视频：链接到其他页面中的
　　　　锚点…………………………………85
3.6 外部链接…………………………………86
　3.6.1 链接到外部网站……………………86
　实例 47+ 视频：创建友情链接……………87
　3.6.2 链接到 FTP…………………………87
　实例 48+ 视频：创建 FTP 链接……………88
　3.6.3 链接到 Telnet………………………89
　3.6.4 下载链接……………………………89
　实例 49+ 视频：下载数据…………………89
3.7 本章小结…………………………………90

第 4 章 使用 canvas……………………91

4.1 关于 canvas 元素…………………………91
　4.1.1 canvas 的历史…………………………91
　4.1.2 canvas 的使用方法……………………91
4.2 绘制矩形…………………………………92
　实例 50+ 视频：使用 canvas 绘制
　　　　矩形…………………………………92
4.3 使用路径…………………………………93
　4.3.1 开始和闭合路径……………………94
　4.3.2 moveTo 和 lineTo……………………94
　实例 51+ 视频：使用 lineTo 绘制
　　　　图形…………………………………94

　4.3.3 arc() 方法……………………………96
　实例 52+ 视频：绘制圆形…………………96
　4.3.4 bezierCurveTo() 方法………………98
　实例 53+ 视频：绘制心形…………………98
4.4 渐变图形…………………………………100
　4.4.1 线性渐变……………………………100
　实例 54+ 视频：绘制线性渐变……………100
　4.4.2 径向渐变……………………………102
　实例 55+ 视频：绘制径向渐变……………102
4.5 在 canvas 中绘制图像……………………104
　4.5.1 图像绘制的基本步骤………………104
　实例 56+ 视频：绘制图像（一）…………105
　实例 57+ 视频：绘制图像（二）…………107
　实例 58+ 视频：绘制图像（三）…………108
　4.5.2 图像平铺……………………………109
　实例 59+ 视频：绘制平铺图像……………109
　4.5.3 图像裁剪……………………………111
　实例 60+ 视频：裁剪图像…………………111
　4.5.4 像素处理……………………………113
　实例 61+ 视频：绘制随机像素……………114
4.6 图形的变形………………………………116
　4.6.1 平移…………………………………116
　实例 62+ 视频：平移图形…………………116
　4.6.2 扩大…………………………………118
　实例 63+ 视频：扩大图形…………………118
　4.6.3 旋转…………………………………119
　实例 64+ 视频：旋转图形…………………119
　4.6.4 变形矩阵……………………………120
　实例 65+ 视频：使用矩阵变换……………121
4.7 绘制文本…………………………………123
　实例 66+ 视频：绘制文本…………………124
　4.7.1 对齐方式……………………………125
　4.7.2 基准线………………………………125
　实例 67+ 视频：调整绘制文本……………125

4.8 图形的组合························127
　　实例 68+ 视频：组合图形·········128
4.9 绘制阴影·······························132
　　实例 69+ 视频：为图形添加阴影······133
4.10 绘制动画效果·······················134
　　实例 70+ 视频：使用 canvas 绘制
　　　　　　　　　　　动画········135
4.11 保存与恢复绘图状态············136
　　4.11.1 保存绘图状态··············137
　　4.11.2 恢复绘图状态··············137
　　实例 71+ 视频：使用 restore 绘制
　　　　　　　　　　图形·········137
4.12 本章小结······························139

第 5 章 CSS 基础··················140

5.1 什么是 XHTML······················140
　　5.1.1 为何要升级到 XHTML·····140
　　5.1.2 XHTML 的页面结构········140
　　5.1.3 XHTML 的代码规范········141
　　5.1.4 在 Dreamweaver 中编辑
　　　　　XHTML·······················143
　　实例 72+ 视频：创建 XHTML 文档···143
　　5.1.5 HTML 和 XHTML 的转换······144
5.2 CSS 的概念····························145
　　5.2.1 CSS 的基本语法··············145
　　5.2.2 CSS 的优势·····················145
　　5.2.3 CSS 样式的类型··············145
5.3 CSS 的分类····························146
　　5.3.1 内联样式························147
　　实例 73+ 视频：设置内联样式······147
　　5.3.2 内部样式表·····················148
　　实例 74+ 视频：设置内部样式······149
　　5.3.3 外部样式表·····················150
　　实例 75+ 视频：设置外部样式······150
5.4 CSS 文档结构·························151
　　5.4.1 文档结构························152

　　5.4.2 CSS 的继承性··················152
　　5.4.3 CSS 的特殊性··················152
　　5.4.4 CSS 的层叠性··················152
　　5.4.5 CSS 的重要性··················153
5.5 CSS 选择器····························153
　　5.5.1 标签选择器·····················153
　　实例 76+ 视频：使用标签选择符······154
　　5.5.2 类选择器························155
　　实例 77+ 视频：使用类选择符······155
　　5.5.3 id 选择器························156
　　实例 78+ 视频：使用 id 选择符······157
　　5.5.4 通配选择器·····················158
　　实例 79+ 视频：使用通配选择符······159
　　5.5.5 组合选择器·····················160
5.6 CSS 选择器声明······················160
　　5.6.1 群选择器························160
　　5.6.2 派生选择器·····················160
5.7 伪类及伪对象·························161
5.8 本章小结·······························162

第 6 章 SVG························163

6.1 SVG 的基础概要····················163
　　6.1.1 为什么要使用 SVG···········163
　　6.1.2 SVG 规范························164
　　6.1.3 SVG 的特征·····················164
　　6.1.4 SVG 在浏览器中的显示方法·····164
　　实例 80+ 视频：将 SVG 图像链接到
　　　　　　　　　　HTML 文档中······165
6.2 SVG 的语法基础····················166
6.3 绘制 SVG 基本图形···············167
　　6.3.1 绘制矩形························167
　　实例 81+ 视频：绘制矩形和圆角
　　　　　　　　　　矩形·········167
　　6.3.2 绘制圆形························169
　　实例 82+ 视频：使用 SVG 绘制
　　　　　　　　　　正圆·········169

	6.3.3 绘制椭圆·················170
	实例 83+ 视频：使用 SVG 绘制椭圆···················170
	6.3.4 绘制直线·················171
	实例 84+ 视频：使用 SVG 绘制直线···················171
	6.3.5 绘制折线与多角星形·······172
	实例 85+ 视频：使用 SVG 绘制五角星···················173
	6.3.6 使用 path 元素绘制图形···174
	实例 86+ 视频：使用 path 元素绘制五角星···················174
	6.3.7 坐标与编组·············175
	实例 87+ 视频：通过 g 元素对图形进行编组···············175
	6.3.8 使用 transform 属性·····177
	实例 88+ 视频：对编组元素进行操作···················177

6.4 绘制文本·························178
    实例 89+ 视频：使用 SVG 绘制文本···················179
    实例 90+ 视频：制作波浪纹路径文本···················180
6.5 SVG 渐变效果·····················181
    6.5.1 线性渐变·················182
    实例 91+ 视频：制作横向与纵向线性渐变效果···············182
    6.5.2 径向渐变·················183
    实例 92+ 视频：制作径向渐变效果···183
6.6 样式单···························184
    实例 93+ 视频：使用样式控制绘制元素的外观···············184
6.7 本章小结·························185

第 7 章 音频和视频·················186

7.1 <audio> 和 <video> 的概要········186
7.2 <audio> 和 <video> 的属性········187
    实例 94+ 视频：导入视频·······187
    实例 95+ 视频：设置 video 自动播放···················188

    实例 96+ 视频：添加 video 播放条·····189
    实例 97+ 视频：使用 poster 替换 video···················190
7.3 <audio> 和 <video> 的方法········192
    7.3.1 play 方法·················192
    实例 98+ 视频：控制播放 audio·······192
    7.3.2 pause 方法················193
    实例 99+ 视频：设置暂停 audio·······194
    7.3.3 load 方法·················195
    7.3.4 canPlayType 方法···········195
7.4 <audio> 和 <video> 的事件········195
    实例 100+ 视频：设置监听 audio·····197
7.5 本章小结·························198

第 8 章 链入内联框架、对象和其他多媒体元素··················199

8.1 内联框架（iframe 元素）···········199
8.2 iframe 元素的属性·················199
    8.2.1 src 的属性·················199
    8.2.2 width 和 height 属性·······200
    实例 101+ 视频：创建内联框架·······200
    8.2.3 frameborder 属性············201
    8.2.4 marginwidth 和 marginwidht 属性···················201
    8.2.5 name 属性·················201
    8.2.6 align 属性················202
    8.2.7 scrolling 属性··············202
8.3 沙盒安全限制······················202
8.4 使用 object 元素链入对象···········203
    实例 102+ 视频：链入 jpg 图像·······203
    8.4.1 object 元素的属性··········204
    8.4.2 渲染对象的规则············204
    8.4.3 对象初始化（param 元素）····205
    8.4.4 内联数据和外部数据········205
8.5 使用 embed 元素链入多媒体对象·····206

8.5.1 设置自动播放 ·················· 206
8.5.2 设置循环播放 ·················· 206
8.5.3 控制面板的显示 ·················· 206
8.5.4 设置开始时间 ·················· 207
8.5.5 设置音量大小 ·················· 207
8.5.6 设置容器属性 ·················· 207
8.5.7 外观设置 ·················· 207
8.5.8 设置对象名称和文字说明 ······ 207
8.5.9 设置背景 ·················· 208
8.5.10 设置对齐方式 ·················· 208
实例 103+ 视频：链入 swf 文件 ······ 208
8.6 本章小结 ·················· 210

第 9 章 使用表单 ·················· 211

9.1 表单标签 <form> ·················· 211
  9.1.1 提交表单 action ·················· 211
  实例 104+ 视频：设置表单 action
                    属性 ·················· 211
  9.1.2 表单名称 name ·················· 212
  实例 105+ 视频：为表单命名 ······ 212
  9.1.3 传送方法 method ·················· 213
  实例 106+ 视频：设置表单传送
                    方法 ·················· 214
  9.1.4 编码方式 enctype ·················· 215
  实例 107+ 视频：设置表单的编码
                    方式 ·················· 215
  9.1.5 目标打开方式 target ·················· 216
  实例 108+ 视频：在新窗口中打开
                    链接 ·················· 216
9.2 插入表单对象 ·················· 217
  9.2.1 文字字段 Text ·················· 217
  实例 109+ 视频：创建文字字段 ······ 218
  9.2.2 密码域 password ·················· 219
  实例 110+ 视频：创建密码域 ······ 219
  9.2.3 单选按钮 radio ·················· 220
  实例 111+ 视频：创建单选按钮 ······ 220
  9.2.4 复选框 checkbox ·················· 221
  实例 112+ 视频：创建复选框 ······ 221
  9.2.5 普通按钮 button ·················· 222
  实例 113+ 视频：创建关闭窗口
                    按钮 ·················· 222
  9.2.6 提交按钮 submit ·················· 223
  实例 114+ 视频：创建提交按钮 ······ 223
  9.2.7 重置按钮 submit ·················· 224
  实例 115+ 视频：创建重置按钮 ······ 224
  9.2.8 图像域 image ·················· 225
  实例 116+ 视频：创建闹钟按钮 ······ 226
  9.2.9 隐藏域 hidden ·················· 226
  实例 117+ 视频：添加隐藏域 ······ 227
  9.2.10 文件域 file ·················· 228
  实例 118+ 视频：在网页中上传
                    照片 ·················· 228
9.3 菜单和列表 ·················· 229
  9.3.1 下拉菜单 ·················· 229
  实例 119+ 视频：创建下拉菜单 ······ 230
  9.3.2 列表项 ·················· 231
  实例 120+ 视频：选择爱吃的水果 ······ 231
9.4 文本域标签 textarea ·················· 232
  实例 121+ 视频：创建意见框 ······ 232
9.5 id 标签 ·················· 233
  实例 122+ 视频：给表单元素命名 ······ 233
9.6 表单的综合使用 ·················· 234
  实例 123+ 视频：创建点歌表单 ······ 234
9.7 本章小结 ·················· 236

第 10 章 离线网络应用 ·················· 237

10.1 实现文件缓存 ·················· 237
  10.1.1 离线应用与网页引用的
          资源 ·················· 237
  实例 124+ 视频：测试离线应用 ······ 238
  10.1.2 创建清单文件 ·················· 239
  10.1.3 更新离线储存 ·················· 239
10.2 缓存清单文件 ·················· 239

10.2.1 定义缓存文件…………240

10.2.2 备抵机制………………240

10.2.3 白名单……………………241

10.2.4 注释………………………241

10.3 本章小结………………………242

第 11 章 JavaScript 脚本基础……243

11.1 JavaScript 简介…………………243

实例 125+ 视频：JavaScript 的
基本用法……………243

11.2 JavaScript 基本语法……………244

11.2.1 常量………………………244

11.2.2 变量………………………244

11.2.3 表达式……………………245

11.2.4 运算符……………………245

11.2.5 基本语句…………………246

实例 126+ 视频：交替显示图片……246

实例 127+ 视频：循环输出文字……247

11.2.6 函数………………………249

11.3 JavaScript 事件…………………249

11.3.1 onClick 事件………………249

实例 128+ 视频：全屏显示图像……250

11.3.2 onChange 事件……………251

实例 129+ 视频：弹出提示信息……251

11.3.3 onSelect 事件………………252

实例 130+ 视频：弹出提示信息……252

11.3.4 onFocus 事件………………253

实例 131+ 视频：选择课程…………253

11.3.5 onLoad 事件………………254

实例 132+ 视频：使用 onLoad
事件……………254

11.3.6 onUnLoad 事件……………255

实例 133+ 视频：使用 onUnLoad
事件……………255

11.3.7 onBlur 事件………………256

实例 134+ 视频：使用 onBlur
事件……………256

11.3.8 onMouseOver 事件…………257

实例 135+ 视频：显示图像…………257

11.3.9 onMouseOut 事件…………258

实例 136+ 视频：隐藏图像…………259

11.3.10 onDblClick 事件…………260

实例 137+ 视频：双击打开网站……260

11.3.11 其他常用事件……………261

11.4 浏览器的内部对象………………264

11.4.1 navigator 对象………………264

实例 138+ 视频：显示浏览器
信息……………265

11.4.2 document 对象………………265

实例 139+ 视频：显示网页
信息……………266

11.4.3 Windows 对象………………267

11.4.4 location 对象…………………268

11.4.5 history 对象…………………269

实例 140+ 视频：浏览历史…………269

11.5 本章小结…………………………271

第 12 章 使用 HTML 制作文字
特效……………………272

实例 141+ 视频：彩色文字移动
效果……………272

实例 142+ 视频：文字滚动效果……273

实例 143+ 视频：文字跟随鼠标
效果……………275

实例 144+ 视频：文字输入效果……277

实例 145+ 视频：文字替换效果……284

实例 146+ 视频：文字和颜色转换…288

实例 147+ 视频：文字渐显效果……291

第 13 章 使用 HTML 制作图片
特效……………………295

实例 148+ 视频：图片放大缩小……295

实例 149+ 视频：图片放大镜效果…296

实例 150+ 视频：图片抖动效果……300

实例 151+ 视频：3D 相册特效 ……… 302
实例 152+ 视频：滚动的照片写真
　　　　　　　效果 ………………… 304
实例 153+ 视频：图片切块换图片
　　　　　　　效果 ………………… 306
实例 154+ 视频：鼠标移动时展示
　　　　　　　大图 ………………… 309
实例 155+ 视频：图片缩放 ………… 311
实例 156+ 视频：3D 效果换图 …… 313
实例 157+ 视频：全屏漂浮的图片 … 315
实例 158+ 视频：图片展示
　　　　　　　效果 ………………… 317
实例 159+ 视频：收缩切换图像效果 … 319
实例 160+ 视频：精致的相册效果 … 321

第 14 章 使用 HTML 制作交互
　　　　效果 ………………… 326

实例 161+ 视频：广告交互效果 …… 326
实例 162+ 视频：网页相册效果 …… 329
实例 163+ 视频：点击展示效果 …… 332
实例 164+ 视频：鼠标拖曳效果 …… 337
实例 165+ 视频：鼠标交互效果 …… 340
实例 166+ 视频：导航跳转效果 …… 344

第 15 章 使用 HTML 制作动画
　　　　特效 ………………… 349

实例 167+ 视频：笑脸水泡 ………… 349
实例 168+ 视频：旋转的立体花朵 … 350
实例 169+ 视频：秋天落叶 ………… 352
实例 170+ 视频：小球跳动 ………… 354
实例 171+ 视频：当年的大风车 …… 356
实例 172+ 视频：变幻的 3D 动画
　　　　　　　效果 ………………… 358
实例 173+ 视频：太阳系动画 ……… 360
实例 174+ 视频：跑车开动效果 …… 362
实例 175+ 视频：制作白天到黑夜的
　　　　　　　效果 ………………… 365

第 16 章 使用 HTML 制作其他
　　　　特效 ………………… 368

实例 176+ 视频：仿手机滑屏效果 … 368
实例 177+ 视频：制作时钟特效 …… 371
实例 178+ 视频：书本翻页效果 …… 374
实例 179+ 视频：制作游戏效果 …… 378
实例 180+ 视频：磁带播放效果 …… 381
实例 181+ 视频：可拖动的池子球
　　　　　　　效果 ………………… 385

第 1 章 HTML 5 基础

随着互联网的发展，掌握作为万维网核心语言的 HTML 是大势所趋的必修课程。本章将针对 HTML 的基础知识进行详细讲解。

1.1 关于 HTML

HTML 是当前应用最为广泛、最炙手可热的一种编程语言，它可以将存放在一台计算机中的文本或图形与另一台计算机中的文本或图形关联在一起，形成有机的整体。

1.1.1 什么是 HTML 5

HTML 是英文 HyperText Mark-up Language 的简称，即超文本标记语言，它是 W3C 组织推荐使用的一个国际标准，HTML 的最新版本是 HTML 5。

HTML 5 是 HTML 在经历了近十年的停滞之后迎来的一个新标准，也将成为下一代的 Web 标准。HTML 5 具有全新的、更加语义化的、合理的结构化元素，更具表现力的表单控件，以及多媒体视频和音频支持和更加强大的交互操作功能。

> **提示**：W3C 是 World Wide Consortium 的简称，也就是"万维网联盟"或"万维网协会"，成立于 1994 年 10 月。

1.1.2 HTML 5 的基本结构

每一个 HTML 5 文档都是由 4 个基本部分组成，结构如下。

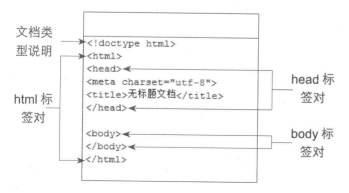

本章知识点

- ☑ 认识 HTML 5
- ☑ 了解 HTML 5 的结构
- ☑ 认识 HTML 5 新增元素
- ☑ 掌握 HTML 5 的编辑方法
- ☑ 了解 HTML 的预览方法

● **文档类型声明**

在使用 HTML 语法编写 HTML 5 文档时，需要指定文档类型，以确保浏览器能够在 HTML 5 标准模式下渲染网页，文档类型声明格式如下：

```
<!doctype html>
```

● **<html>…</html> 标签对**

<html> 标签用来标示 HTML 文档的开始，而 </html> 标签与 <html> 标签相反，用来标示 HTML 文档的结束。

● **<head>…</head> 标签对**

<head> 和 </head> 构成 HTML 文档的开头部分，用来描述 HTML 文档的相关信息，在此标签对之间可以使用 <title>…</title> 和 <script>…</script> 等标签对。

● **<body>…</body> 标签对**

<body>…</body> 是 HTML 文档的主体部分，<body>…</body> 标签对之间的内容是浏览器窗口中显示的主要内容。

在 HTML 5 文档中编写代码的过程中，注意 HTML 语法不区分大小写，但是建议用户都使用小写，这是 HTML 未来发展的方向。

➡ 实例 01+ 视频：创建 HTML 页面

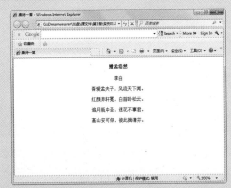

源文件：源文件 \ 第 1 章 \1-1-2.html

操作视频：视频 \ 第 1 章 \1-1-2.swf

01 ▶ 打开 Adobe Dreamweaver CS6 软件，执行"文件 > 新建"命令，在弹出的"新建文档"对话框中设置"页面类型"为 HTML，"文档类型"为 HTML 5，单击"创建"按钮，创

建一个 HTML 5 文档。

02 ▶ 单击选项栏中的"代码"按钮，切换到代码视图，在 <body> 标签中输入相应的代码和内容。

03 ▶ 执行"文件>保存"命令，在弹出的"另存为"对话框中进行设置，单击"保存"按钮。

04 ▶ 打开"1-1-2.html"所在的文件夹，双击打开"1-1-2.html"，在浏览器中即可查看效果。在浏览器窗口中单击鼠标右键，在弹出的快捷菜单中选择"查看源文件"命令，即可查看 HTML 源文件。

> **提问**：创建 HTML 需要一些特殊的软件吗？
> **答**：因为 HTML 只是文本，所以任何文本编辑器均可对其进行编辑，例如记事本和写字板，如果需要创建更加精彩的效果，可以使用可视化编辑软件 FrontPage 和 Dreamweaver。

1.1.3 HTML 5 的标签

标签可以用来标记内容块，为每一个元素的开始和结束做标记。标签使用尖括号包围，例如 <html>…</html>，表示一个 HTML 5 文件。标签的使用有两种形式，分别是成对出现的标签和单独出现的标签。

- 成对出现的标签

成对出现的标签即包含开始标签和结束标签的形式，基本格式如下：

```
<开始标签>内容</结束标签>
```

- 单独出现的标签

如果在开始标签和结束标签中间没有内容，即可使用单独出现的标签，例如换行标签
，基本格式如下：

```
一些内容<br>
另一些内容<br>
```

虽然并非所有的开始标签都必须有结束标签与之对应，但是建议成对出现，这样网页易于阅读和修改。

 在 HTML 5 文档中，无论是成对出现的标签，还是单独出现的标签，都不可以包含空格。

HTML 5 具有很多实用的标签，使用这些标签制作网页不但改进了网页的可操作性，而且还减少了网站的开发成本，HTML 5 标签如下：

标 签	描 述
<!--……-->	定义注释
<!DOCTYPE>	定义文档类型
<a>	定义超链接
<abbr>	定义缩写
<address>	定义地址元素
<area>	定义图像映射中的区域
<article>	HTML 5 新增，定义 article
<aside>	HTML 5 新增，定义页面内容之外的内容
<audio>	HTML 5 新增，定义声音内容
<b>	定义粗体文本
<base>	定义页面中所有链接的基准 URL
<bdo>	定义文本显示的方向

（续表）

标　签	描　述
<blockquote>	定义长的引用
<body>	定义 body 元素

	插入换行符
<button>	定义按钮
<canvas>	HTML 5 新增，定义图形
<caption>	定义表格标题
<cite>	定义引用
<code>	定义计算机代码文本
<col>	定义表格列的属性
<colgroup>	定义表格式的分组
<command>	HTML 5 新增，定义命令按钮
<datagrid>	HTML 5 新增，定义树列表中的数据
<datalist>	HTML 5 新增，定义下拉列表框
<dataemplate>	HTML 5 新增，定义数据模板
<dd>	定义自定义的描述
<del>	定义删除文本
<details>	HTML 5 新增，定义元素的细节
<dialog>	HTML 5 新增，定义对话框
<div>	定义文档中的一个部分
<dfn>	定义自定义项目
<dl>	定义自定义列表
<dt>	定义自定义的项目
<em>	定义强调文本
<embed>	HTML 5 新增，定义外部交互内容或插件
<event-source>	HTML 5 新增，为服务器发送的事件定义目标
<fieldset>	定义 fieldset

(续表)

标 签	描 述
<figure>	HTML 5 新增，定义媒介内容的分组，以及它们的标题
<font>	定义文本的字体、尺寸和颜色
<footer>	HTML 5 新增，定义 section 或 page 的页脚
<form>	定义表单
<h1> to <h6>	定义标题 1 至标题 6
<head>	定义关于文档的信息
<header>	HTML 5 新增，定义 section 或 page 的页眉
<hr>	定义水平线
<html>	定义 HTML 文档
<i>	定义斜体文本
<iframe>	定义行内的子窗口（框架）
<img>	定义图像
<input>	定义输入域
<ins>	定义插入文本
<kbd>	定义键盘文本
<label>	定义表单控件的标注
<legend>	定义 fieldset 中的标题
<li>	定义列表的项目
<link>	定义资源引用
<m>	HTML 5 新增，定义有记号的文本
<map>	定义图像映射
<menu>	定义菜单列表
<meta>	定义元信息
<meter>	HTML 5 新增，定义预定义范围内的度量
<nav>	HTML 5 新增，定义导航链接
<nest>	HTML 5 新增，定义数据模板中的嵌套点

（续表）

标　签	描　述
\<object\>	定义嵌入对象
\<ol\>	定义有序列表
\<optgroup\>	定义选项组
\<option\>	定义下拉列表框中的选项
\<output\>	HTML 5 新增，定义输出的一些类型
\<p\>	定义段落
\<param\>	为对象定义参数
\<pre\>	定义预格式化文本
\<progress\>	HTML 5 新增，定义任何类型的任务进度
\<q\>	定义短的引用
\<rule\>	HTML 5 新增，为升级模板定义规则
\<samp\>	定义样本计算机代码
\<script\>	定义脚本
\<section\>	HTML 5 新增，定义 section
\<select\>	定义可选列表
\<source\>	HTML 5 新增，定义媒介源
\<span\>	定义文档中的行内元素
\<strong\>	定义强调文本
\<style\>	定义样式定义
\<sub\>	定义上标文本
\<sup\>	定义下标文本
\<table\>	定义表格
\<tbody\>	定义表格的主体
\<td\>	定义表格单元
\<textarea\>	定义文本区域
\<tfoot\>	定义表格的脚注
\<th\>	定义表头

（续表）

标　签	描　述
<thead>	定义表头
<time>	HTML 5 新增，定义日期/时间
<title>	定义文档的标题
<tr>	定义表格行
<ul>	定义无序列表
<var>	定义变量
<video>	HTML 5 新增，定义视频

> 提示　HTML 文件可以直接由浏览器解释执行，而无须编译。当用浏览器打开网页时，浏览器会自动读取网页中的 HTML 标签代码，分析其中的语法结构，然后根据解释显示网页中的内容。

实例 02+ 视频：使用标签的方法

源文件：源文件 \ 第 1 章 \1-1-3.html　　操作视频：视频 \ 第 1 章 \1-1-3.swf

01 ▶ 打开 Dreamweaver 软件，新建一个 HTML 5 文档，在代码视图中，将光标插入到 <body> 标签中，并输入相应的文字。

第 1 章 HTML 5 基础

`02` 按快捷键 Ctrl+S，将文档保存为"源文件 \ 第 1 章 \1-1-3.html"。按 F12 键测试此时页面的效果，观察此时的文字效果。

```
8   <body>
9   <p>如梦令（一）</p>
10  <p>常记溪亭日暮，沉醉不知归路。</p>
11  <p>兴尽晚回舟，误入藕花深处。</p>
12  <p>争渡，争渡，惊起一滩鸥鹭。</p>
13  <p>如梦令（二）</p>
14  <p>昨夜雨疏风骤。</p>
15  <p>浓睡不消残酒。</p>
16  <p>试问卷帘人，却道海棠依旧。</p>
17  <p>知否，知否？</p>
18  <p>应是绿肥红瘦！</p>
19  </body>
20  </html>
```

`03` 返回 Dreamweaver 软件中，对刚刚输入的文字添加 <p> 标签。再次按 F12 键测试页面，可以看到此时文字的换行效果。

> **提问**：在书写标签时，可以省略后面的标签吗？
>
> **答**：在成对的标签中，后面的标签是结束标签，在书写或编辑 HTML 代码时，用户不可以随便省略结束标签，这样做可能会产生一些无法预料的错误，并且这样做也不符合书写规范。

1.1.4　HTML 5 属性

与元素相关的特性称为属性，还可以为属性赋值（每一个属性对应一个属性值，因此也被称作"属性/值"对）。"属性/值"对出现在元素开始标签的"＞"之前，其与元素以空格分隔。

在 HTML 中，对属性值的定义方式有多种，分别是不定义属性值、属性值中包含空白和属性值中使用双引号和单引号，但属性值必须都是字符串。

● **不定义属性值**

HTML 规定属性可以没有值，例如 <dl compact> 是合法的，浏览器会使用 compact 的默认值，但是有些属性没有默认值，因此不可以省略属性值。

● **属性值中包含空白**

属性值中可以包含空白，但是需要使用引号，因为属性之间也是使用空白分隔的，不过尽量避免使用空白。

```
<div class="class1" id="ab" style="clear:both">
```

● 属性值中使用双引号和单引号

在 HTML 中可以使用单引号,当使用单引号包括属性值时,就不可以再包括其他属性值,此时必须使用双引号包括属性值。

```
<p title"他是中国著名的'作家'">巴金</p>
```

在 HTML 5 文档中,元素可以有多个"属性/值"对,并且不区分前后顺序,但是不可以在同一个开始标签中定义同名的属性。

在 HTML 5 中新增的属性有 contenteditable、contextmenu、draggable、irreievant/ref、registrationmark 和 template,不再支持 HTML 4.01 的 accesskey 属性。

属 性	值	描 述
class	class_rule or style_rule	元素的类名
contenteditable	true、false	设置是否允许用户编辑元素
contextmenu	id of a menu element	给元素设置一个上下文菜单
dir	ltr、rtl	设置文本方向
draggable	true、false、auto	设置是否允许用户拖动元素
id	id name	元素的唯一 id
irrelevant	true false	设置元素是否相关,不显示非相关的元素
lang	language_code	设置语言码
ref	url of elementID	引用另一个文档或本文档上另一个位置,仅在 template 属性设置时使用
registrationmark	registration mark	为元素设置遮罩,可用于 <nest> 元素以外的任何 <rule> 元素的后代元素
style	style_definition	行内的样式定义
tabindex	number	设置元素的 tab 顺序
template	url or elementID	引用应该应用到该元素的另一个文档或本文档上另一个位置
title	tooltip_text	显示在工具提示中的文本

实例03+视频：使用标签属性的方法

源文件：源文件 \ 第1章 \1-1-4.html　　操作视频：视频 \ 第1章 \1-1-4.swf

`01` ▶ 执行"文件 > 打开"命令，将"源文件 \ 第1章 \1-1-3.html"文档打开。在代码视图中的 <body> 标签中添加 <span> 标签。

`02` ▶ 在 <span> 标签的开始标签中，输入标签属性。执行"文件 > 另存为"命令，将文档保存为"源文件 \ 第1章 \1-1-4.html"，按F12键测试页面。

> **提问**：在HTML中每个标签的属性都是固定的吗？
> **答**：在HTML 4时代，每个标签元素可以定义的属性都是固定的，但是在HTML 5中，用户除了可以为每个标签元素定义HTML规范的固定属性以外，还可以为标签元素指定一些自定义的属性。

1.1.5　HTML 5事件属性

　　HTML中的元素拥有事件属性，这些属性在浏览器中具有触发行为，当用户单击一个HTML元素时，就会启动JavaScript脚本定义的事件行为，具体属性值和描述如下。

属性	值	描述
onabort	JavaScript 代码	当元素的内容被取消加载时触发
onblur	JavaScript 代码	当元素失去焦点时触发该事件
oncanplay	JavaScript 代码	当能够进行回放时触发，但还是会要求缓冲
oncanplaythrough	JavaScript 代码	当能够进行不间断回放时触发，即不要求缓冲就可以顺利播放完
onchange	JavaScript 代码	当元素的值发生变化时触发
onclick	JavaScript 代码	当定位设备在一个元素上单击时触发
oncontextmenu	JavaScript 代码	当鼠标右击该元素打开快捷菜单时触发
ondblclick	JavaScript 代码	当定位设备在一个元素上双击时触发
ondrag	JavaScript 代码	当元素被拖曳时触发
ondragend	JavaScript 代码	当元素从拖曳状态结束时即释放时该事件被触发
ondragenter	JavaScript 代码	当另一个被拖曳元素进入当前元素时触发该事件
ondragleave	JavaScript 代码	当另一个被拖曳的元素离开当前元素时该事件被触发
ondragover	JavaScript 代码	当另一个被拖曳的元素经过当前元素时该事件被触发
ondragstart	JavaScript 代码	当一个对象被放置到当前元素时被触发
ondrop	JavaScript 代码	当元素正在拖曳状态时该事件被触发
ondurationchange	JavaScript 代码	当 duration 属性发生改变时触发
onemptied	JavaScript 代码	当 media 元素恢复到初始状态时触发
onended	JavaScript 代码	当播放到结束时触发
onerror	JavaScript 代码	当与此元素相关联的对象有错误发生时触发该事件
onfocus	JavaScript 代码	当元素获取焦点时触发
onformchange	JavaScript 代码	当表单改变时触发
onforminput	JavaScript 代码	当表单获得用户输入时触发
oninput	JavaScript 代码	当元素获得用户输入时触发
oninvalid	JavaScript 代码	当元素无效时触发
onkeydown	JavaScript 代码	当元素处于焦点状态下按某个键盘键时触发该事件

（续表）

属性	值	描述
onkeypress	JavaScript 代码	当元素处于焦点状态下按某个键盘键并释放时触发该事件
onkeyup	JavaScript 代码	当元素处于焦点状态下释放某个按着的键盘键时触发该事件
onload	JavaScript 代码	在元素的内容完成加载后被触发
onloadeddata	JavaScript 代码	当元素失去鼠标指针捕捉时触发
onloadedmetadata	JavaScript 代码	当 media 元素的 duration 属性和元素加载完成时触发，此时可以读取这些数据
onloadstart	JavaScript 代码	当开始查找要加载的 media 数据时触发
onmousedown	JavaScript 代码	当元素处于焦点状态下在其上单击鼠标时触发该事件
onmousemove	JavaScript 代码	当鼠标指针在该元素上移动时触发该事件
onmouseout	JavaScript 代码	当鼠标指针离开该元素时触发该事件
onmouseover	JavaScript 代码	当鼠标指针进入该元素时触发该事件
onmouseup	JavaScript 代码	当元素处于焦点状态下在其上释放鼠标按键时触发该事件
onmousewheel	JavaScript 代码	当元素处于焦点状态下在其上滚动鼠标滚轮时触发该事件
onpause	JavaScript 代码	当视频或音频终止播放时触发
onplay	JavaScript 代码	当调用 play() 方法开始播放时触发
onpalying	JavaScript 代码	当视频或音频已经正在播放时触发
onprogress	JavaScript 代码	当浏览器正在从服务器接收数据时触发
onratechange	JavaScript 代码	当 media 数据的播放速率改变时触发
onreadystatechange	JavaScript 代码	当元素的准备状态发生变化时触发该事件
onreset	JavaScript 代码	当表单被重置时触发
onscroll	JavaScript 代码	当用户滚动该元素内容时触发该事件
onseeked	JavaScript 代码	当 media 元素的 seeking 属性不再为真且定位已结束时触发
onseeking	JavaScript 代码	当 media 元素的 seeking 属性为真且定位已开始时触发
onselect	JavaScript 代码	当元素被选定时触发

（续表）

属　性	值	描　述
onshow	JavaScript 代码	当 menu 元素被显示为上下文菜单时触发
onstalled	JavaScript 代码	当取回 media 数据过程中存在错误时触发
onsubmit	JavaScript 代码	当数据被提交时触发
onsuspend	JavaScript 代码	当已经在获取 media 数据，但在取回整个 media 数据之前中止时触发
ontimeupdate	JavaScript 代码	当 media 改变其播放位置时触发
onvolumechange	JavaScript 代码	当 media 改变音量或当音量设置为静音时触发
onwaiting	JavaScript 代码	当 media 已停止播放但仍需要继续播放时触发

提示　事件属性可以应用于所有元素，所以也可称为全局属性，但是属性并不一定会发生作用，只有在相应的元素应用相关属性才会触发事件。

实例 04+ 视频：使用事件属性的方法

源文件：源文件 \ 第 1 章 \1-1-5.html

操作视频：视频 \ 第 1 章 \1-1-5.swf

01 ▶ 执行"文件 > 打开"命令，将"源文件 \ 第 1 章 \1-1-4.html"文档打开。在代码视图中的 <span> 标签中添加 onMouseMove 事件属性，该属性表示当鼠标移动到 <span> 标

签上时，<span> 标签中的内容颜色变换为 #FF00FF。

02 ▶ 继续添加 onMouseOut 事件属性，该属性表示当鼠标移动出 <span> 标签时，<span> 标签中的内容将会变换为 #909090。执行"文件 > 另存为"命令，将文档保存为"源文件 \ 第 1 章 \1-1-5.html"，按 F12 键测试页面。

提问：标签元素中的属性都必须要使用引号引起来吗？

答：在 HTML 文档的书写或编辑过程中，所有的属性都必须要使用双引号引起来，如果用户将引号去除，在完成后的解析过程中，浏览器将会在属性的位置中断，这将会造成页面无法正常显示。

1.1.6　HTML 注释标签

注释标签用于在代码标签中添加注释，注释在浏览中会被浏览器忽略，所以用户在制作页面时，可以使用注释对代码进行解释，这样有助于用户再次对代码进行修改与编辑时，方便地知道代码的含义。

```
<!--这是一段代码的注释标签-->
```

有一些浏览器对某些脚本支持的并不是非常好，为了避免那些不支持 JavaScript 的浏览器会把脚本显示为页面的普通纯文本，用户可以将这些 JavaScript 的脚本语言放置到注释标签中。

➡ 实例 05+ 视频：为标签添加注释

源文件：源文件 \ 第 1 章 \1-1-6.html　　操作视频：视频 \ 第 1 章 \1-1-6.swf

01 ▶ 执行"文件>打开"命令,将"素材\第1章\11601.html"文档打开。在代码视图中为 <header> 标签添加注释标签。

02 ▶ 使用相同的方法为其他的标签添加注释标签。执行"文件>另存为"命令,将文档保存为"源文件\第1章\1-1-6.html",按F12键测试页面,可以看到注释内容并不会显示。

提问:可以在注释标签中添加空格吗?

答:注释标签的开始标签 <! 和 -- 之间不能包含空格,因为这会使注释标签失去意义,但是在结束标签 -- 和 > 之间可以包含空格。另外用户在定义注释时,要尽量避免两个相连的连字符(例如 --)。

1.2 HTML 5 与 HTML 4 的区别

HTML 5 以 HTML 4 为基础,对 HTML 4 进行了大量的修改。本节将会从总体上介绍 HTML 5 对 HTML 4 进行了哪些修改,HTML 5 与 HTML 4 之间比较大的区别是什么。

1.2.1 HTML 5 的语法变化

HTML 5 中的语法变化,与其他开发语言中的语法变化有所不同。它的变化是因为在 HTML 5 之前几乎没有符合标准规范的 Web 浏览器。

HTML 的语法是在 SGML(Standard Generalized Markup Language)语言的基础上建立起来的。但是 SGML 语法非常复杂,要开发能够解析 SGML 语法的程序很不容易,所以很多浏览器都不包含 SGML 的分析器。因此,虽然 HTML 基本上遵从 SGML 的语法,但是对于 HTML 的执行在各浏览器之间并没有一个统一的标准。

1.2.2 HTML 5 中的标记方法

首先用户需要了解在 HTML 5 中的标记方法。

第 1 章 HTML 5 基础

- **内容类型（ContentType）**

首先，HTML 5 的文件扩展符与内容类型保持不变。也就是说，扩展符仍然为".html"或".htm"，内容类型（ContentType）仍然为"text/html"。

- **DOCTYPE 声明**

DOCTYPE 声明是 HTML 文件中必不可少的，它位于文件第一行。在 HTML 4 中，它的声明方法如下：

```
<!DOCTYPE HTML PUBLIC "-//W3C//DTD HTML 4.01 Transitional//EN"
 "http://www.w3.org/TR/html4/loose.dtd">
```

在 HTML 5 中，可以不使用版本声明，一份文档将会适用于所有版本的 HTML。HTML 5 中的 DOCTYPE 声明方法（不区分大小写）如下：

```
<! DOCTYPE html>
```

另外当使用工具时，也可以在 DOCTYPE 声明方式中加入 SYSTEM 识别符，声明方法如下面的代码所示：

```
<! DOCTYPE HTML SYSTEM "about: legacy-compat">
```

```
1  <!DOCTYPE HTML PUBLIC "-//W3C//DTD HTML 4.01
   Transitional//EN"
   "http://www.w3.org/TR/html4/loose.dtd">
2  <html>
3  <head>
4  <meta http-equiv="Content-Type" content=
   "text/html; charset=utf-8">
5  <title>无标题文档</title>
6  </head>
7  
8  <body>
9  </body>
10 </html>
```
HTML 4 的 DOCTYPE 声明

```
1  <!doctype html>
2  <html>
3  <head>
4  <meta charset="utf-8">
5  <title>无标题文档</title>
6  </head>
7  
8  <body>
9  </body>
10 </html>
```
HTML 5 的 DOCTYPE 声明

1.3 HTML 5 新增元素和废除元素

在 HTML 5 中，为了使文档结构更加清晰，便于阅读，增加了很多元素，也废除了一些元素，接下来我们对这些元素进行简单介绍。

1.3.1 新增的结构元素

在 HTML 5 的新特性中，新增了许多的结构元素，合理地使用这种结构元素，可以非常方便地制作出一些网页效果，并且也将极大地提高用户在制作页面时的工作效率。

元 素	HTML 5	HTML 4	元素效果
section	<section>…</section>	<div>…</div>	section 元素表示页面中的一个内容模块，例如章节、页眉、页脚或页面中的其他部分。它可以与 h1、h2、h3、h4、h5、h6 等元素结合起来使用，表示文档结构

（续表）

元素	HTML 5	HTML 4	元素效果
article	`<article>…</article>`	`<div>…</div>`	article 元素表示页面中的一块与上下文不相关的独立内容，例如博客中的一篇文章或报纸中的一篇文章
aside	`<aside>…</aside>`	`<div>…</div>`	aside 元素表示 article 元素的内容之外的、与 article 元素的内容相关的辅助信息
header	`<header>…</header>`	`<div>…</div>`	header 元素表示页面中一个内容区块或整个页面的标题
hgroup	`<hgroup>…</hgroup>`	`<div>…</div>`	hgroup 元素用于对整个页面或页面中一个内容区块的标题进行组合
footer	`<footer>…</footer>`	`<div>…</div>`	footer 元素表示整个页面或页面中一个内容区块的脚注。一般来说，它会包含创作者的姓名、创造日期以及创作者的联系信息
nav	`<nav>…</nav>`	`<div>…</div>`	nav 元素表示页面中导航链接的部分

figure	`<figure>`
	`<figcaption>` 标题
	`</figcaption>`
	`<p>` 内容 `</p>`
	`</figure>`
		`<dl>`
		`<h1>` 标题
		`</h1>`
		`<p>` 内容 `</p>`
		`</dl>`
			figure 元素表示一段独立的流内容，一般表示文档主体流内容中的一个独立单元。使用 figcaption 元素为 figure 元素组添加标题

➡ 实例 06+ 视频：使用新增结构元素制作页面

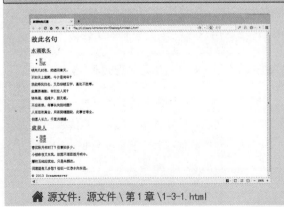

源文件：源文件 \ 第 1 章 \1-3-1.html　　　　操作视频：视频 \ 第 1 章 \1-3-1.swf

第1章 HTML 5 基础

01 ▶ 执行"文件>新建"命令，新建一个空白的 HTML 5 文档。输入文档的标题，并在 <body> 标签中添加其他的标签和文字。

02 ▶ 继续在 <body> 标签中添加 <section> 标签、<article> 标签、<nav> 标签以及标签中的内容。

03 ▶ 继续添加 <footer> 脚注标签以及脚注中的内容。将文档保存为"源文件\第1章\1-3-1.html"，按 F12 键测试页面。

提问：这些新增的元素都可以使用 DIV 代替，为什么还要增加呢？

答：这些新增的结构元素主要功能就是解决之前在 HTML 4 中 DIV 过多的情况，使网页内容更加具有语义性，强调 HTML 的语义化。

1.3.2 新增的其他元素

除了结构元素外，在 HTML 5 中还新增了以下元素。

元素	HTML 5	HTML 4	元素效果
rt	`<ruby><rt>…</rt></ruby>`	HTML 5 中的新增功能，没有相对应功能	rt 元素表示字符（中文注音或字符）的解释或发音

（续表）

元　素	HTML 5	HTML 4	元素效果
video	`<video src="movie.ogg" controls="controls">视频</video>`	`<object type="video/ogg" data="movie.ogv"><param name="src" value="movie.ogv"></object>`	video 元素定义视频，例如电影片段或其他视频流
audio	`<audio src="someaudio.wav">音频</audio>`	`<object type="application/ogg" data="someaudio.wav"><param name="src" value="someaudio.wav"></object>`	audio 元素定义声音，例如音乐或其他音频流
mark	`<mark>…</mark>`	`<span>…</span>`	元素主要用来在视觉上向用户呈现哪些需要突出显示或高亮显示的文字。mark 元素的一个比较典型的应用就是在搜索结果中向用户高亮显示搜索关键词
progress	`<progress>…</progress>`	HTML 5 中新增功能，没有相对应功能	progress 元素表示运行中的进程。可以使用 progress 元素来显示 JavaScript 中耗费时间的函数的进程
meter	`<meter>…</meter>`	HTML 5 中新增功能，没有相对应功能	meter 元素表示度量衡。仅用于已知最大和最小值的度量。必须定义度量的范围，既可以在元素的文本中，也可以在 min/max 属性中定义
embed	`<embed src="horse.wav" />`	`<object data="flash.swf" type="application/x-shockwave-flash"></object>`	embed 元素定义插件

第1章 HTML 5 基础

（续表）

元　素	HTML 5	HTML 4	元素效果
ruby	<ruby><rt><rp>(</rp>…<rp>)</rp></rt></ruby>	HTML 5中新增功能，没有相对应功能	ruby 元素由一个或多个字符（需要一个解释/发音）和一个提供该信息的 rt 元素组成，还包括可选的 rp 元素，定义当浏览器不支持 ruby 元素时显示的内容
time	<time>…</time>	…	time 元素表示日期或时间，或者两者
rp	<ruby><rt><rp>(</rp>…<rp>)</rp></rt></ruby>	HTML 5中新增功能，没有相对应功能	rp 元素在 ruby 注释中使用，以定义不支持 ruby 元素的浏览器所显示的内容
wbr	<p> to learn ajax,you must be fami<wbr>liar with the XML http<wbr>Request Object.</p>	HTML 5中新增功能，没有相对应功能	wbr 元素表示软换行。wbr 元素与 br 元素的区别是，br 元素是此处必须换行；而 wbr 元素意思就是浏览器窗口或者父级元素的宽度足够宽时（没必要换行时），不进行换行，而当宽度不够时，主动在此处进行换行。wbr 元素好像对字符型的语言用处挺大，但是对于中文这种字，没多大用处
canvas	<canvas id="myCanvas" width="200" height="200"></canvas>	<object data="inc/hdr.svg" type="image/svg+xml" width="200" height="200"></object>	canvas 元素表示图形，例如图表和其他图像。这个 HTML 元素是为了客户端矢量图形而设计的。它自己没有行为，但却把一个绘图 API 展现给客户端 JavaScript，以使脚本能够把想绘制的东西都绘制到一块画布上
datalist	<datalist>…</datalist>	HTML 5中新增功能，没有相对应功能	datalist 元素表示可选数据的列表。与 input 元素配合使用，就可以制作出输入值的下拉列表
keygen	<keygen>	HTML 5中新增功能，没有相对应功能	keygen 元素表示生成密钥

（续表）

元素	HTML 5	HTML 4	元素效果
details	\<details\>\<summary\>HTML 5\</summary\>内容 \</details\>	HTML 5中新增功能，没有相对应功能	details 元素表示用户要求得到并且可以得到的细节信息。它可以与 summary 元素配合使用。summary 元素提供标题或图例。标题是可见的，用户点击标题时，会显示出 details
datagrid	\<datagrid\>…\</datagrid\>	HTML 5中新增功能，没有相对应功能	datagrid 元素表示可选数据的列表。datagrid 作为树列表来显示
source	\<source\>	\<param\>	source 元素为媒介元素（例如 \<video\> 和 \<audio\>），定义媒介资源
menu	\<menu\>\<li\> \<input type="checkbox" /\>red\</li\>\<li\>\<input type="checkbox" /\>blue\</li\>\</menu\>	menu 元素不被推荐使用	menu 元素表示菜单列表。当希望列出表单控件时使用该标签
output	\<output\>…\</output\>	\<span\>…\</span\>	output 元素定义不同类型的输出，例如脚本的输出
command	\<command onclick="cut()" label="cut"\>	HTML 5中新增功能，没有相对应功能	command 元素表示命令按钮，例如单选按钮、复选框或按钮

实例 07+ 视频：使用新增的音频标签插入音乐

源文件：源文件 \ 第 1 章 \1-3-2.html

操作视频：视频 \ 第 1 章 \1-3-2.swf

第 1 章 HTML 5 基础

01 ▶ 执行"文件 > 新建"命令，新建一个空白的 HTML 5 文档。执行"文件 > 保存"命令，将文档保存为"源文件 \ 第 1 章 \1-3-2.html"。

02 ▶ 在 \<body\> 标签中添加文档的标题和 \<audio\> 音频标签。按快捷键 Ctrl+S，将文档保存，按 F12 键测试页面，单击播放控件的"播放"按钮，即可测试音频的播放效果。

> **提问**：可以调整音频播放控件的大小吗？
> **答**：播放控件的大小是可以调整的，其中控件的宽度可以任意调整，但是高度最好不要小于 45px，因为一旦小于 45px，就会使控件仅显示"播放"和"暂停"两个按钮。

1.3.3 被废除的元素

在 HTML 5 中由于各种原因，废除了很多元素，现分析如下。

对于 basefont、big、center、font、s、strike、tt、u 这些元素，由于它们的功能都是纯粹为画面展示所服务的，而 HTML 5 中提倡把画面展示性功能放在 CSS 样式表中统一编辑，所以在 HTML 5 中将这些元素废除，使用编辑 CSS、添加 CSS 样式表的方式进行替代。其中 font 元素允许由所见即所得的编辑器来进行插入，s 元素和 strike 元素可以由 del 元素进行替代，tt 元素可以由 CSS 的 font-family 属性进行替代。

对于 frameset、frame 与 noframes 元素，由于 frame 框架对网页可用性存在负面影响，在 HTML 5 中已不支持 frame 框架，只支持 iframe 框架，或者用服务器创建的由多个页面组成的复合页面的形式，同时将这 3 个元素废除。

对于 applet、bgsound、blink、marquee 元素，由于只有部分浏览器支持这些元素，特别是 bgsound 元素以及 marquee 元素，只被 Internet Explorer 所支持，所以在 HTML 5 中被废除。其中 applet 元素可由 embed 元素或 object 元素进行替代，bgsound 元素可由 audio

元素进行替代，marquee 可以由 JavaScript 编程的方式所替代。

对于 rb 元素，由于 ruby 元素的存在，rb 元素就多余了，所以也被废除。

其他被废除元素还有：使用 abbr 元素替代 acronym 元素；使用 ul 元素替代 dir 元素；使用 form 元素与 input 元素相结合的方式替代 isindex 元素；使用 pre 元素替代 listing 元素；使用 code 元素替代 xmp 元素；使用 GUIDS 替代 nextid 元素；使用 "text/plian"MIME 类型替代 plaintext 元素。

1.4 HTML 编写方法

HTML 的编写方法有两种，一种是使用 Windows 附件中的"记事本"进行编写；另一种是在 Dreamweaver 中编写 HTML 代码。

1.4.1 使用记事本编写 HTML

HTML 是一种纯文本的文档，所以编写 HTML 文档并不需要任何特殊的开发环境，可以直接在 Windows 自带的记事本中编写。

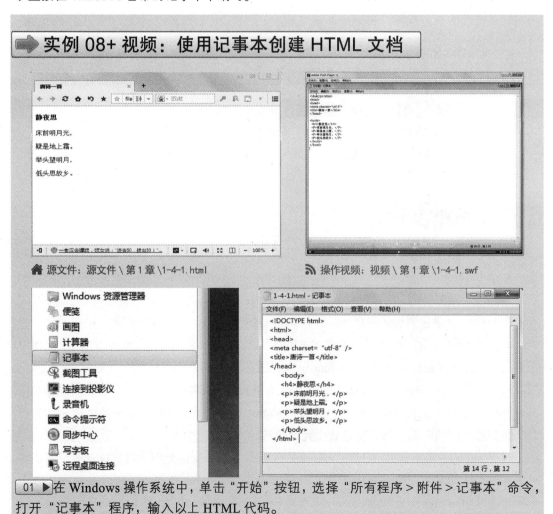

➡ 实例 08+ 视频：使用记事本创建 HTML 文档

源文件：源文件 \ 第 1 章 \1-4-1.html　　操作视频：视频 \ 第 1 章 \1-4-1.swf

01 ▶ 在 Windows 操作系统中，单击"开始"按钮，选择"所有程序 > 附件 > 记事本"命令，打开"记事本"程序，输入以上 HTML 代码。

第 1 章 HTML 5 基础

`02` ▶ 在"记事本"程序中选择"文件 > 保存"命令，弹出"另存为"对话框，将文件保存为"1-4-1.html"。双击保存好的文件，在浏览器页面浏览效果。

> **提问**：使用记事本编辑 HTML 文档需要注意哪些事项？
> **答**：因为 HTML 是纯文本的文档，所以用户可以使用任何的文字处理软件来进行 HTML 文档的代码编写，但是必须要注意，在编辑完成后，一定要使用 .html 的扩展名对文档进行保存。

1.4.2 使用 Dreamweaver 编写 HTML 文档

使用 Dreamweaver 编写 HTML 文档的方法也非常简单，打开 Dreamweaver 软件后，执行"文件 > 新建"命令，在弹出的对话框中设置一下各项的参数，单击"确定"按钮，即可新建一个空白的 HTML 文档。

1.4.3 元素和属性的大小写规范

元素名和属性都是不需要区分大小写的，例如下面 3 个标签的效果都是一样的。

```
<body>···</body>
<BODY>···</BODY>
<BOdy>···</BOdy>
<boDY>···</boDY>
```

虽然标签的大小写并不影响标签的效果，但建议用户在书写代码时都使用小写，这也是未来 HTML 发展的方向，例如 HTML 4 规范的更新版本 XHTML 就规定标签和属性必须使用小写。

虽然元素和属性都是不区分大小写的，但是有些属性值还是区分大小写的，例如 class

属性和id属性的值就是区分大小写的。

> 并非所有的属性值都是区分大小写的，大部分属性的值并不需要区分大小写，但还是建议用户在书写代码时认真描述属性值，以免发生一些不必要的麻烦。

1.4.4 断行符与空白字符

在HTML文档中有时候可能需要包含一些空白，每个空白都对应着一个空白字符，这些空白对于排版是非常重要的。例如，英文单词就必须使用空白隔开。

● **断行符**

断行符表示一行的结束，它也是空白字符，虽然在HTML源文档中看不到这些字符，SGML规定，紧跟在一个开始标签之后的断行符会被忽略，同时一个结束标签之前的断行符也将被忽略，这个规定也适用于HTML，例如下面的代码：

```
<p>
这里的断行符会被忽略。
</p>
```

紧跟在 `<p>` 之后的一个断行符，在 `</p>` 之前也是一个断行符，但是这些断行符都会因为SGML规定而被忽略，最终会被解释为下面所示的代码：

```
<p>这里的断行符会被忽略。</p>
```

● **空白字符**

在HTML文档中，将以下4种字符归为空白字符：

```
ASCII空白(&#x0020;)
ASCII制表符(&#x0009;)
ASCII换页(&#x000C;)
零宽空白(&#x200B;)
```

不同的文字书写语言在对空白区域的处理上是不同的，因此应该定义一个约定来说明怎么处理空白，浏览器也应当根据约定呈现空白区域。例如，对于拉丁语文字，词与词之间的空白就是一个ASCII空白；泰语中的空白就是零宽空白的单词分隔符；而在日语和汉语中，字与字之间的空白完全被忽略。

1.5 预览测试HTML页面

在页面设计完成或者编辑完成某一部分后，设计者大多都会对页面进行预览测试，观察页面在浏览器中的实际效果是否出现偏差，以便及时发现与修改。

1.5.1 查看页面效果

如果用户是在Dreamweaver中制作页面，在需要测试的时候，按F12键即可打开浏览器对页面进行测试，单击"在浏览器中浏览/调试"按钮，也可以对页面进行测试；如果用户是在普通的文本软件中编辑页面，测试页面时需要将文档保存为HTML文件，双击即可将文档打开到浏览器中。

第1章 HTML 5 基础

1.5.2 查看源代码

制作网页除了需要用户自己的灵感，有时候也需要借鉴前人的经验与宝贵的资源，经常借鉴别人的作品来丰富自己的知识库是一种十分好的方法，当然借鉴别人的作品就需要查看页面源代码。

查看网页源代码的方法非常简单，使用 IE 浏览器打开需要查看的网页，使用鼠标在空白的位置单击鼠标右键，在弹出的快捷菜单中选择"查看源文件"命令。用户在 Dreamweaver 的选项栏中执行"页面>查看源文件"命令，也可以打开网页的源代码。

> **提示** 通过查看网页的源代码，可以使用户清楚地查看网页的整体结构和使用的标签属性，帮助用户对其进行借鉴与学习。

1.6 本章小结

本章重点介绍了 HTML 语言的基础知识，以及 HTML 5 的新增标签和属性，并通过几个实例向用户介绍了 HTML 的强大功能。

第 2 章 网页基本 HTML 标签

一个完整的网页必须包含由 <html> 标签、<head> 标签和 <body> 标签定义的 3 个部分组成,本章将对 HTML 的基本标签进行详细讲解。

2.1 使用 head 头部标签

一个网页的头部信息虽然不会通过浏览器直接看到,但对于正确的浏览器网页却是比较重要的,它可以包含许多信息,例如版权声明、关键字和作者信息等。

HTML 的头部元素以 <head> 为开始标签,以 </head> 为结束标签,基本格式如下:

```
<head>基本信息</head>
```

提示

在 HTML 文档中,<head> 元素的作用范围是整个文档。

2.2 使用 title 标题标签

使用过浏览器的人可能都会注意到浏览器窗口顶部显示的文本信息,那些信息一般是网页的"标题",要将网页的标题显示到浏览器的顶部其实很简单,只要在 <title>…</title> 标签对之间加入要显示的文本即可。

例如:

```
<title>…</title>
```

在标签中间的 "…" 就是网页的标题文字。

网页的标题只能有一个,它位于 HTML 文档头部的 <head> 标签中。

➡ 实例 09+ 视频:定义标题

源文件:源文件 \ 第 2 章 \2-2.html　操作视频:视频 \ 第 2 章 \2-2.swf

本章知识点

- ☑ 了解 body 主体标签
- ☑ 掌握文字的设置方法
- ☑ 掌握图片的设置方法
- ☑ 掌握列表的设置方法
- ☑ 掌握表格的设置方法

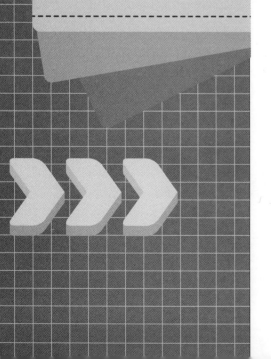

第2章 网页基本 HTML 标签

01 ▶ 执行"新建>HTML"命令，新建一个空白的 HTML 文档。单击窗口左上角的"代码"按钮，将新建的空白文档调整为代码视图。

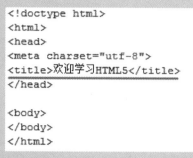 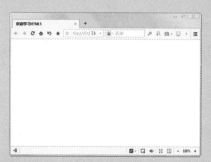

02 ▶ 在代码的 `<title>…</title>` 标签对中输入网页标题。还可以直接在文档工具栏上的"标题"文本框中输入网页标题。保存文档，按 F12 键在浏览器中预览该页面，可以在窗口的左上角看到网页标题。

> **提问**：除了上面介绍的两种修改网页标题方法以外还有别的方法吗？
> **答**：可以在文档中执行"修改>页面属性"命令，弹出"页面属性"对话框，切换到"标题/编码"选项，在"标题"文本框中输入网页标题。

2.3 使用 meta 标签

meta 即元数据，可以用来描述 HTML 文档信息，meta 元素必须位于 `<head>…</head>` 标签对内部。meta 元素有两个属性，分别是 name 和 http-equiv。

> **提示**：在一个 HTML 文档中，可以有多个 meta 元素，而且 meta 标签没有结束标签，在一个尖括号中的内容就是一个 meta 内容。

2.3.1 设置页面关键字

将 meta 元素的 name 属性的属性值设置为 Keywords，即可向搜索引擎说明网页的关键字，关键字可以协助互联网上的搜索引擎查找网页，只要网页中包含该关键字，就可以在搜索结果中找到，基本格式如下：

```
<meta name="keywords" content="具体关键字">
```

实例 10+ 视频：定义搜索引擎关键字

源文件：源文件 \ 第 2 章 \2-3-1.html

操作视频：视频 \ 第 2 章 \2-3-1.swf

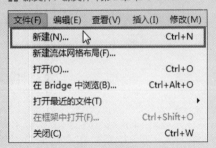

01 ▶ 打开 Adobe Dreamweaver CS6 软件，执行"文件 > 新建"命令，在弹出的"新建文档"对话框中设置"页面类型"为 HTML，"文档类型"为 HTML 5，单击"创建"按钮，创建一个 HTML 5 文档。

> **提示**：在 HTML 5 文档中，<head>…</head> 标签对之间的内容不会在浏览器窗口中显示出来，只是用来描述 HTML 文档的相关信息。

02 ▶ 单击"代码"按钮，显示代码视图，在代码视图窗口中输入代码，执行"文件 > 保存"命令，在弹出的"另存为"对话框中将文档保存为"源文件 \ 第 2 章 \2-3-1.html"，完成实例的制作。因为本实例编辑的内容为后台程序，所以并没有浏览效果。

> **提问**：定义关键字的要求是什么？
> 答：在定义搜索引擎关键字的过程中，需要注意 content 属性的属性值一般书写 15 个关键字左右，关键字之间使用英文逗号进行分隔。

2.3.2 设置页面说明

在 HTML 中还可以设置页面说明，这样当搜索引擎搜索到该页面时，就能够在搜索结果页面中显示该页面说明。

将 meta 元素的 name 属性的属性值设置为 Description，即可对文档进行一个概要描述，更加便于搜索引擎的查找，语法格式如下：

```
<meta name="Description" content="具体描述">
```

2.3.3 定义编辑工具

将 meta 元素的 name 属性的属性值设置为 Generator，即可表示创建该网页所使用的工具，语法格式如下：

```
<meta name="Generator" content="Dreamweaver">
```

2.3.4 定义作者信息

将 meta 元素的 name 属性的属性值设置为 Author，即可说明制作该网页的作者，语法格式如下：

```
<meta name="Author" content="Jack">
```

➡ 实例 11+ 视频：定义作者

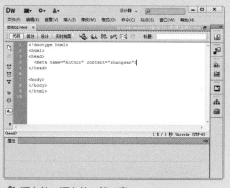
源文件：源文件 \ 第 2 章 \2-3-4.html

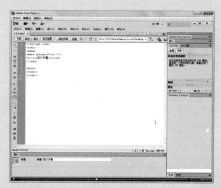
操作视频：视频 \ 第 2 章 \2-3-4.swf

01 ▶ 打开 Adobe Dreamweaver CS6 软件，执行"文件>新建"命令，在弹出的"新建文档"对话框中设置"页面类型"为 HTML；"文档类型"为 HTML 5，单击"创建"按钮，创建一个 HTML 5 文档。

```
<!doctype html>              <!doctype html>
<html>                       <html>
<head>                       <head>
<meta charset="utf-8">       <meta charset="utf-8">
<title>无标题文档</title>     <meta name="Author" content="zhangsan">
</head>                      <title>定义作者</title>
                             </head>
<body>
</body>                      <body>
</html>                      </body>
                             </html>
```

02 ▶ 单击"代码"按钮，显示代码视图，选择 \<head\>…\</head\> 标签对中不需要的代码，按 Delete 键将其删除，输入相应的代码。

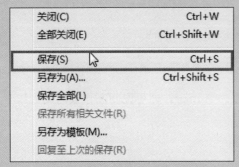

03 ▶ 执行"文件＞保存"命令，在弹出的"另存为"对话框中进行设置，单击"保存"按钮将文档保存到"第 2 章 \2-3-4.html"，完成实例的制作，因为本实例编辑的内容为后台程序，所以并没有浏览效果。

提问：定义作者有什么用处？

答：目前几乎所有的搜索引擎都是通过自动查找 meta 值来对网页进行分类的，并以此判断网页内容的基础，其中 name 作者信息也是一个重要的分类关键词。

2.3.5 设置网页内容类型和字符集

在 HTML 中，还可以通过 mena 元素的 http_equiv 属性设置语言的编码方式，以便设置网页的内容类型和所使用的字符集，语法格式如下：

```
<meta http_equiv="Content-Type" content="text/html;charset="字符集类型">
```

字符是各种文字和符号的总称，包括各国家文字、标点符号、图形符号、数字等。字符集是多个字符的集合，字符集种类较多，每个字符集包含的字符个数不同，常见字符集名称有 ASCII 字符集、GB2312 字符集、BIG5 字符集、GB18030 字符集以及 Unicode 字符集等。

提示 计算机要准确处理各种字符集文字，需要进行字符编码，以便计算机能够识别和存储各种文字。中文文字数目大，而且还分为简体中文和繁体中文两种不同书写规则的文字，因此对中文字符进行编码，是中文信息交流的技术基础。

第 2 章 网页基本 HTML 标签

2.3.6 设置网页跳转效果

在 HTML 中，当 http-equiv 属性的值为 Refresh 时，即可设置网页定时跳转效果，基本格式如下：

```
<meta http-equiv="Refresh" content="n; url=http://www.baidu.com">
```

➡ 实例 12+ 视频：设置网页定时跳转

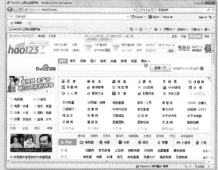
源文件：源文件\第2章\2-3-6.html

操作视频：视频\第2章\2-3-6.swf

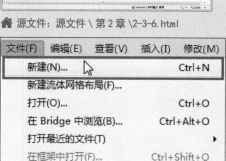

01 ▶ 打开 Adobe Dreamweaver CS6 软件，执行"文件>新建"命令，在弹出的"新建文档"对话框中设置"页面类型"为 HTML，"文档类型"为 HTML 5。

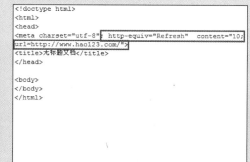

02 ▶ 单击"创建"按钮，创建一个 HTML 5 文档，在 <meta> 标签中单击并输入；http-equiv="Refresh" content="10; url=http://www.hao123.com/" 代码。

提示 content 中设置的刷新时间和链接地址之间使用分号隔开，默认情况下，跳转时间以秒为单位。

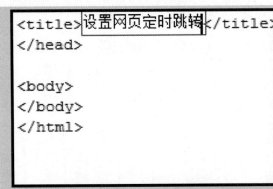

`03` ▶ 在 <title> 标签中设置文档标题为"设置网页定时跳转",执行"文件 > 保存"命令,将其保存为"源文件\第 2 章\2-3-6.html"。

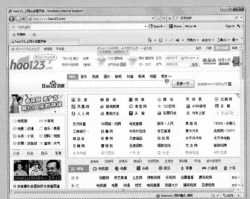

`04` ▶ 打开"2-3-6.html"所在的文件夹,双击"2-3-6.html",在浏览器中打开,10 秒后浏览器自动跳转到指定的网页中。

提问:关于 Refresh 属性的说明是什么?
答:当 url 项没有定义的时候,那么浏览器就会刷新本页,如果延迟时间定义为 0,浏览器就会在完成载入后立即刷新本页。

2.4 使用 body 标签定义页面主体

在 <head> 标签之后就是 <body> 标签了,该标签用于定义网页的主体部分,也就是要在浏览器中显示处理的所有信息。在网页的主体标签中有很多的属性设置,包括网页的背景设置、文字属性设置和链接设置等。

2.4.1 使用 bgcolor 定义网页背景色

在 HTML 中,可以使用 bgcolor 属性设置整个网页页面的背景颜色,bgcolor 的值可以是一个已命名的颜色,也可以是十六进制的颜色值。基本格式如下:

```
<body bgcolor="#FFFFFF">
```

第 2 章　网页基本 HTML 标签

➡ 实例 13+ 视频：设置背景颜色

源文件：源文件 \ 第 2 章 \2-4-1.html

操作视频：视频 \ 第 2 章 \2-4-1.swf

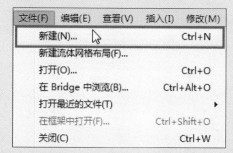

01 ▶ 打开 Adobe Dreamweaver 软件，执行"文件 > 新建"命令，在弹出的"新建文档"对话框中设置"页面类型"为 HTML，"文档类型"为 HTML 5。

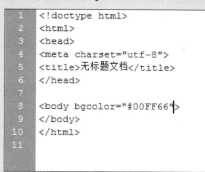

02 ▶ 单击对话框中的"创建"按钮，创建一个 HTML 5 文档，在 <body> 标签中单击并输入 bgcolor="#00FF66" 代码。

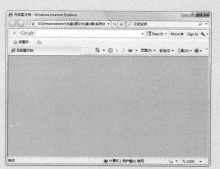

03 ▶ 执行"文件 > 保存"命令，将其保存为"源文件 \ 第 2 章 \2-4-1.html"，双击打开，在浏览器中查看效果。

> **提问**：如果需要的背景色是白色，是不是就不需要设置背景色了？
>
> **答**：在常用的一些浏览器中，默认的背景色都是白色，但是也有一些低版本的浏览器会将网页的背景色默认显示为灰色，所以为了增强网页的通用性，建议用户对背景色进行设置。

2.4.2 使用 background 定义网页背景

在 HTML 中，还可以使用 background 属性将图片设置为背景，也可以设置图片的平铺方式、显示方式等。基本格式如下：

```
<body background="images.jpg">
```

实例 14+ 视频：设置背景图像

源文件：源文件 \ 第 2 章 \2-4-2.html

操作视频：视频 \ 第 2 章 \2-4-2.swf

01 ▶ 打开 Dreamweaver 软件，执行"文件 > 新建"命令，在弹出的"新建文档"对话框中设置"页面类型"为 HTML，"文档类型"为 HTML 5。

```
1  <!doctype html>
2  <html>
3  <head>
4  <meta charset="utf-8">
5  <title>无标题文档</title>
6  </head>
7  
8  <body background="images/24201.jpg">
9  </body>
10 </html>
11
```

02 ▶ 单击对话框中的"创建"按钮，创建一个空白的 HTML 5 文档，在 <body> 标签中为该标签输入 background="images/24201.jpg" 代码。

第 2 章　网页基本 HTML 标签

03 ▶ 执行"文件 > 保存"命令，将其保存为"源文件 \ 第 2 章 \2-4-2.html"，双击打开，在浏览器中查看效果。

默认情况下，背景图像会在水平方向和垂直方向上不断重复出现，直到铺满整个网页。

提问：在设置背景图像的过程中需要注意什么？
答：在设置背景图像之前，需要将即将设置为背景图像的图像和该文档放置在同一个存储路径中。否则网页上传到互联网后可能会无法正常显示。

2.4.3　使用 text 定义文字颜色

在 HTML 中，可以通过 text 属性来设置文字的颜色，在没有对文字的颜色进行单独定义时，这一属性可以对页面中所有的文字起作用。基本格式如下：

```
<body text="#FFFFFF">
```

代码中的 #FFFFFF 就是对文字定义的颜色值，这是很多软件都支持的十六进制颜色码。

实例 15+ 视频：设置文字颜色

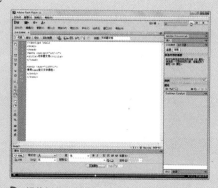

源文件：源文件 \ 第 2 章 \2-4-3.html　　操作视频：视频 \ 第 2 章 \2-4-3.swf

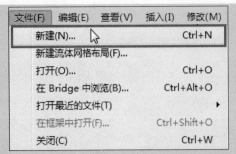 

`01` ▶ 打开 Adobe Dreamweaver CS6 软件，执行"文件>新建"命令，在弹出的"新建文档"对话框中设置"页面类型"为 HTML，"文档类型"为 HTML 5。

 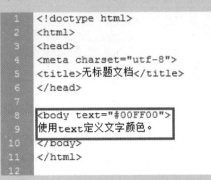

`02` ▶ 单击"创建"按钮，创建一个 HTML 5 文档，在 <body> 标签中单击并输入相应文字和代码。

`03` ▶ 执行"文件>保存"命令，将其保存为"源文件\第 2 章\2-4-3.html"，双击打开，在浏览器中查看效果。

提问：如果想让某些文字显示为其他的颜色怎么办？

答：在制作网页时，有时候会需要页面的某一部分文字显示为其他的颜色，这时候，用户可以使用 <font> 标签或者 <span> 标签将文字单独标记起来，然后对该部分文字进行单独定义，这些将会在后面的章节中为用户详细叙述。

2.4.4　使用 link 实现链接

超链接是网页中最重要、最根本的元素之一。网站中的一个个网页是通过超链接的形

第 2 章 网页基本 HTML 标签

式关联在一起的，正是因为有了网页之间的链接，才形成了这纷繁复杂的网络世界。超链接中以文字链接最多，用户可以通过 link 参数修改链接文字的颜色。基本格式如下：

```
<body link="#FFFFFF">
```

使用 alink 可以设置正在访问的文字颜色。基本格式如下：

```
<body link="#FFFFFF" alink="#0066FF">
```

使用 vlink 可以设置访问后的链接文字的颜色。基本格式如下：

```
<body link="#FFFFFF" alink="#0066FF" vlink="#336600">
```

➡ 实例 16+ 视频：设置链接文本的颜色

源文件：源文件\第 2 章\2-4-4.html

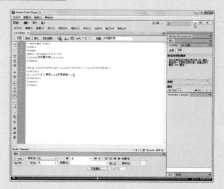
操作视频：视频\第 2 章\2-4-4.swf

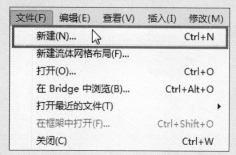

01 ▶ 打开 Dreamweaver 软件，执行"文件>新建"命令，在弹出的"新建文档"对话框中设置"页面类型"为 HTML，"文档类型"为 HTML 5。

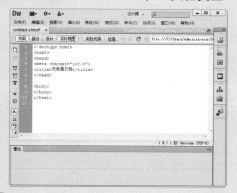

02 ▶ 单击"创建"按钮，创建一个 HTML 5 文档，在 <body> 标签中单击并输入相应文字和代码。

03 ▶ 执行"文件>保存"命令，将其保存为"源文件\第2章\2-4-4.html"，双击打开，在浏览器中查看效果。

提问：为什么要设置超链接的效果？

答：超链接的默认效果是具有下划线的蓝色文字，这又可能和用户所需要制作的页面效果不相符合，所以修改超链接的效果是非常有必要的。

2.4.5 使用 margin 定义页面边距

在网页中可以设置页面与浏览器边框之间的距离，包括上边距和左边距。默认情况下，边距的值以像素为单位。基本格式如下：

```
<body topmargin="100" leftmargin="100">
```

实例 17+ 视频：定义页面边距

源文件：源文件\第2章\2-4-5.html

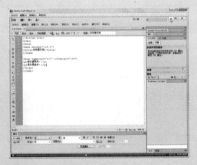

操作视频：视频\第2章\2-4-5.swf

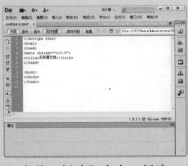

01 ▶ 执行"文件>新建"命令，新建一个 HTML 5 文档。在 <body> 标签中单击并输入相应文字和代码。

第 2 章　网页基本 HTML 标签

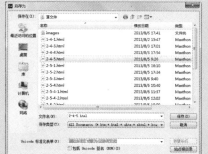 

02 ▶ 执行"文件 > 保存"命令，将其保存为"源文件 \ 第 2 章 \2-4-5.html"，双击打开，在浏览器中查看效果。

> **提问**：margin 边距在实际的网页制作中有什么用途？
> **答**：在 HTML 中，页面在默认情况下是具有 10px 的边距效果的，这就造成在页面的顶部总是会出现一点空白的区域。这时候用户只需要在 body 里面添加 topmargin="0" 或者 margin="0" 即可。

2.5　文字与段落标签

　　文字是网页设计最基础的部分，也是必不可少的部分，它们可以使页面更加丰满。文本作为最能表达网页主题的代表性要素，在网页制作中起着非常重要的作用。在网页中添加文字并不困难，主要问题是如何编排这些文字，以及控制这些文字的显示方式，让文字看上去编排有序、整齐美观。本节将带领用户对文字和段落的编辑方法以及应用技巧进行学习，使读者可以在制作网站页面的过程中更加全面地应用段落和文字元素。

2.5.1　在网页中输入文字

　　用户可以直接使用输入法在网页编辑窗口中输入文本，这是最基本的输入方式，和一些文本编辑软件的使用方法相同。同时用户也可以从 Microsoft Word 和 Windows 记事本等软件中复制出文本，然后直接贴入 Dreamweaver 中。

➡ 实例 18+ 视频：在网页中输入文字

🏠 源文件：源文件 \ 第 2 章 \2-5-1.html　　📡 操作视频：视频 \ 第 2 章 \2-5-1.swf

`01 ▶` 执行"文件>打开"命令,将"素材\第2章\25101.html"文件打开。

```
<body>
<div id="box">
  <div id="wen">
    <p></p>
    <p>MP3是一种音频压缩技术,其全称是动态影像专家压缩标准音频层面3(Moving Picture Experts Group Audio Layer III),简称MP3。</p>
  </div>
</div>
</body>
</html>
```

`02 ▶` 切换到拆分视图。在 id 名称为 wen 的 <div> 标签中输入相应代码和文字。

`03 ▶` 执行"文件>另存为"命令,将其另存为"源文件\第2章\2-5-1.html",按 F12 键在浏览器中预览该页面效果。

> **提问**:复制具有样式的文字并贴入 Dreamweaver 中样式会消失吗?
>
> 答:如果用户复制的文字本身具有一些样式,在贴入 Dreamweaver 中后,这些样式仍然会保留。例如在 Word 中复制一段具有加粗效果的文字,贴入 Dreamweaver 中后,会自动为这些文字加上 <strong> 标签。

2.5.2 标题字

HTML 文档中包含有各种级别的标题,各种级别的标题由 <h1> 到 <h6> 元素来定义。其中 <h1> 代表最高级别的标题,依次递减,<h6> 级别最低。

● **标题字标签 h**

<h1> 到 <h6> 元素中的字母 h 是英文 headline 的简称。作为标题,它们的重要性是有

区别的,其中 <h1> 标题的重要性最高,<h6> 的最低。基本格式如下:

```
<h1>一级标题</h1>
<h2>二级标题</h2>
<h3>三级标题</h3>
<h4>四级标题</h4>
<h5>五级标题</h5>
<h6>六级标题</h6>
```

一级标题

二级标题

三级标题

四级标题

五级标题

六级标题

● 标题字对齐属性 align

默认情况下,标题文字是左对齐的。而在网页制作过程中,常常需要选择其他的对齐方式。关于对齐方式的设置要使用 align 参数进行设置。基本格式如下:

`<align=对齐方式>`

属性值	含 义
left	左对齐
center	居中对齐
right	右对齐

实例 19+ 视频:使用标题标签

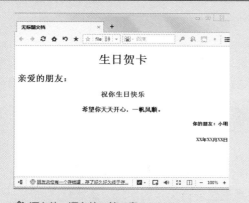

源文件:源文件\第2章\2-5-2.html

操作视频:视频\第2章\2-5-2.swf

01 ▶ 执行"文件>新建"命令,新建一个 HTML 5 文档。在 <body> 标签中单击并输入相应文字和代码。

02 ▶ 执行"文件 > 保存"命令，将其保存为"源文件 \ 第 2 章 \2-5-2.html"，双击打开，在浏览器中查看效果。

提问：每个标题字具体的大小是多少？

答：对于不同的浏览器，其确切的尺寸大小也不相同，但 <h1> 标题大约是标准文字高度的 2~3 倍，而 <h6> 标题则比标准字还要略小。

2.5.3 文本基本属性

<font> 标签用来控制字体、字号和颜色等属性，它是 HTML 中最基本的标签之一，掌握好 <font> 标签的使用是控制网页文本的基础。

● **字体属性 face**

通过 face 属性可以设置不同的字体，设置的字体效果必须在浏览器中安装相应的字体后才可以正确浏览，否则有些特殊字体会被浏览器中的普通字体所代替。因此，在网页中尽量减少使用过多的特殊字体，以免用户浏览时无法看到正确的效果。基本格式如下：

```
<font face="字体样式">…</font>
```

● **字号属性 size**

文字的大小也是重要的属性之一。除了使用标题文字标签设置固定大小的字号之外，HTML 语言还提供了 <font> 标签的 size 属性来设置普通文字的字号。基本格式如下：

```
<font size="文字字号">…</font>
```

● **颜色属性 color**

在 HTML 页面中，还可以通过不同的颜色表现不同的文字效果，从而增加网页的亮丽色彩，吸引浏览者的注意。color 属性用来定义文字的颜色，它可以和 <font> 元素的其他属性一起配合定义字体的各种样式，各个属性之间没有先后次序。基本格式如下：

```
<font color="文体颜色">…</font>
```

有时候用户在设置完文字颜色后，可能会造成文字全部消失看不到的情况，这时候可能是文字颜色与背景颜色相同造成的。

第 2 章 网页基本 HTML 标签

实例 20+ 视频：使用 <font> 标签

源文件：源文件 \ 第 2 章 \2-5-3.html

操作视频：视频 \ 第 2 章 \2-5-3.swf

01 ▶ 执行 "文件 > 新建" 命令，新建一个 HTML 5 文档。在 <body> 标签中单击并输入相应文字和代码。

02 ▶ 执行 "文件 > 保存" 命令，将其保存为 "源文件 \ 第 2 章 \2-5-3.html"，双击打开，在浏览器中查看效果。

提问：怎样能使一个 <font> 标签中的文字出现两种不同的文字颜色？

答：用户可以通过 <font> 标签的嵌套来得到这种效果，如 <font color="#FF0000"> 嵌套 <font color="#000000"> 文字 </font> 效果 </font>。

2.5.4 文本格式化标签

在 HTML 中，还有一些文本格式化标签用来设置文字以特殊的方式显示，如粗体标签、

45

斜体标签和文字的上下标签等。

- **粗体标签 b、strong**

    <b> 和 <strong> 是 HTML 中格式化粗体文本的最基本元素。在 <b> 和 </b> 之间的文字或在 <strong> 和 </strong> 之间的文字，在浏览器中都会以粗体字体显示。首尾部分都必须有该元素，如果没有结尾标签，则浏览器会认为从 <b> 开始的所有文字都是粗体。<b> 和 <strong> 是行内元素，它可以插入到一段文本的任何地方。基本格式如下：

    ```
    <b>加粗的文字</b>
    <strong>加粗的文字</strong>
    ```

- **斜体标签 i、em、cite**

    <i>、<em> 和 <cite> 是 HTML 中格式化斜体文本的最基本元素。在 <i> 和 </i> 之间的文字、在 <em> 和 </em> 之间的文字或在 <cite> 和 </cite> 之间的文字，在浏览器中都会以斜体字体显示。基本格式如下：

    ```
    <i>斜体字体</i>
    <em>斜体字体</em>
    <cite>斜体字体</cite>
    ```

➡ 实例 21+ 视频：使用粗体、斜体标签

源文件：源文件 \ 第 2 章 \2-5-4.html

操作视频：视频 \ 第 2 章 \2-5-4.swf

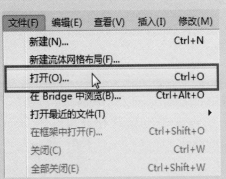

01 ▶ 打开 Adobe Dreamweaver CS6 软件，执行"文件>打开"命令，在弹出的"打开"对话框中选择"素材 \ 第 2 章 \25401.html"，单击"打开"按钮。

第 2 章　网页基本 HTML 标签

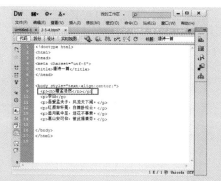

`02` ▶ 在代码视图中为 <body> 标签添加相应属性,并在该标签中输入文本,使用相同的方法,完成其他位置标签的添加。

`03` ▶ 执行"文件 > 另存为"命令,将其另存为"源文件 \ 第 2 章 \2-5-4.html",双击打开,在浏览器中查看效果。

提问:粗体、斜体标签在 HTML 文档中的什么位置?

答:粗体、斜体标签必须放置在 HTML 文档中 <body>…</body> 标签对的内部。

2.5.5　上标和下标

许多语言需要使用下标或上标来呈现,并且一些网页的数学运算也需要用下标或上标来呈现。

● **上标标签 sup**

上标字体 <sup> 的英文原名为 superscript,在各种数学公式、日常计算应用、书籍文章注解甚至一些外语脚本里都有广泛的应用。<sup> 元素也是行内元素,它可以成对出现在一段文字的任何地方,并且允许嵌套使用。因此,如果在 <sup> 里再使用 <sup>,则会变成"上标的上标"。基本格式如下:

```
<sup>上标内容</sup>
```

● **下标标签 sub**

下标字体 <sub> 的英文原名为 subscript,在各种数学公式、化学方程式中,下标字体有着广泛的应用。基本格式如下:

```
<sub>下标内容</sub>
```

实例 22+ 视频：使用上标、下标标签

源文件：源文件\第2章\2-5-5.html　　　操作视频：视频\第2章\2-5-5.swf

01 ▶ 执行"文件>新建"命令，新建一个 HTML 5 文档。在 <body> 标签中单击并输入相应文字和代码。

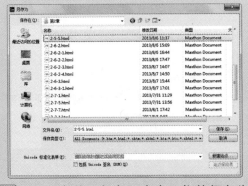

02 ▶ 执行"文件>保存"命令，将其保存为"源文件\第2章\2-5-5.html"，按 F12 键测试页面的效果。

> **提问**：有些复杂的公式中，下标上仍旧有下标，这时该如何编写？
>
> **答**：<sub> 元素也是行内元素，它可以成对出现在一段文字的任何地方，并且可以将多个 <sub> 元素作用于同一段文字，因此如果在 <sub> 里再使用 <sub>，则会变成"下标的下标"。

第 2 章　网页基本 HTML 标签

2.5.6　大小字号和下划线

- **大字号标签 big**

  \<big\> 标签用来增大文本中字号的大小，它所包含的文字都会在原来的字号上增加一级。\<big\> 作为一个行内元素，它可以成对出现在一段文字中的任何位置。基本格式如下：

  ```
  <big>内容</big>
  ```

- **小字号标签 small**

  \<small\> 标签所包含的文字，在浏览器里显示会比普通文字小一级。\<small\> 作为一个行内元素，它可以成对出现在一段文字中的任何位置。基本格式如下：

  ```
  <small>内容</small>
  ```

- **下划线标签 u**

  \<u\> 标签的使用和粗体以及斜体标签类似，它作用于需要添加下划线的文字。基本格式如下：

  ```
  <u>下划线内容</u>
  ```

➡ 实例 23+ 视频：使用大小字号和下划线

🏠 源文件：源文件 \ 第 2 章 \2-5-6.html　　　📶 操作视频：视频 \ 第 2 章 \2-5-6.swf

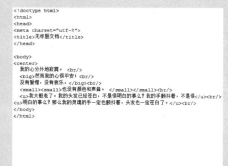

01 ▶ 执行"文件 > 打开"命令，将"素材 \ 第 2 章 \25601.html"打开，为 \<body\> 标签中的文本内容添加 \<center\>、\<br\> 和 \<big\> 等标签。

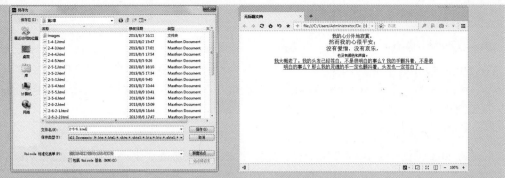

`02` ▶ 执行"文件>另存为"命令，将其另存为"源文件\第2章\2-5-6.html"，按F12键测试页面效果。

提问：<big>元素和<small>元素也可以嵌套使用吗？

答：<big>元素和<small>元素是可以嵌套使用的。如果将多个<big>元素或<small>元素嵌套在一起使用，那么其中的文字字号将会被逐级变大或缩小。

2.6 使用图像

图像是网页中不可缺少的元素，在网页中巧妙地使用图像可以为网页增色不少。网页美化最简单、最直接的方法就是在网页上添加图像，图像不但使网页更加美观、形象和生动，而且使网页中的内容更加丰富多彩。利用图像创建精美网页，能够给网页增加生机，从而吸引更多的浏览者。

2.6.1 图像的格式

网页中图像的格式通常有3种，即GIF、JPEG和PNG。目前GIF和JPEG文件格式的支持情况最好，大多数浏览器都可以查看它们。由于PNG文件具有较大的灵活性并且文件较小，所以它对于几乎任何类型的网页图形都是最适合的，但是Microsoft Internet Explorer和Netscape Navigator只能部分支持PNG图像的显示，所以建议用户使用GIF或JPEG格式，以满足更多人的需求。

2.6.2 插入图像

图像是网页构成中最重要的元素之一，美观的图像会使网站看起来形象生动，加深浏览者对网站的印象。

如果需要在网页中插入图像，用户可以通过 <img> 标签将外部的图像链接到页面中。

属 性	描 述
src	图像的源文件
title	提示文字
width，height	宽度和高度
border	边框
vspace	垂直间距
hspace	水平间距
align	排列
dynsrc	设定文件的播放
loop	设定文件循环播放次数
loopdelay	设定文件循环播放延迟
start	设定文件播放方式
lowsrc	设定低分辨率图片
usemap	映像地图

● **图像的源文件 src**

src 属性用于指定图像源文件所在的路径，它是图像必不可少的属性。src 参数用来设置图像文件所在的路径，这一路径可以是相对路径，也可以是绝对路径。基本格式如下：

```
<img src="图像文件的地址">
```

实例 24+ 视频：插入图像

源文件：源文件 \ 第 2 章 \2-6-2.html

操作视频：视频 \ 第 2 章 \2-6-2.swf

`01` ▶ 执行"文件>打开"命令,将"素材\第2章\26201.html"打开,在id名称为tu的<div>标签中输入<img>标签,并通过src属性将外部的图像链入到文档中。

`02` ▶ 执行"文件>另存为"命令,将其另存为"源文件\第2章\2-6-2.html",按F12键测试页面的效果。

提问:需要插入的图像必须是本地的图像吗?

答:图像的地址可以使用本地的文件地址,例如html/image/001.jpg,也可以使用网络中的图像作为地址,例如http://html.com.cn/1/001.jpg。

2.6.3 图片的大小

用户可以通过width属性和height属性分别来定义图片高度和宽度的像素值。如果没有指定图片的高度和宽度,图片将以原始大小显示。

用户既可以对图像的宽高进行等比例的放大或缩小,也可以单独将宽高的任意一个属性进行放大或缩小,另一属性保持不变,这样就会造成图片的拉伸变形。

原始图像　　　　等比例缩小　　　　单独缩小宽度　　　　单独缩小高度

第 2 章　网页基本 HTML 标签

基本格式如下：

```
<img src="图像文件的地址" width="图像的宽度" height="图像的高度">
```

实例 25+ 视频：修改图片大小

源文件：源文件 \ 第 2 章 \2-6-3.html

操作视频：视频 \ 第 2 章 \2-6-3.swf

`01` 执行"文件 > 新建"命令，新建一个 HTML 5 文档。在代码的 <body> 标签对中输入相应代码。将文件保存为"源文件 \ 第 2 章 \2-6-3.html"，按 F12 键测试页面效果。

`02` 返回文档，对代码进行相应的修改。将文件进行保存，按 F12 键在浏览器中预览该页面效果。

提问：在 Dreamweaver 中缩小图像，可以减小图像的体积吗？

答：无论用户对 width 和 height 属性指定任何值，都无法更改图像的体积，因为 Dreamweaver 是使用链接的方式将图像由外部链接到文档中。

2.6.4 图像提示文字

提示文字有两个作用，当浏览该网页时，如果图像下载完成，将鼠标指针放在该图像上,鼠标指针旁边会出现提示文字。也就是说,当鼠标指针指向图像上方的时候,稍等片刻,可以出现图像的提示性文字,用于说明或描述图像。第二个作用是,如果图像没有被下载,在图像的位置上就会显示提示文字。基本格式如下:

```
<img src="图像文件的地址" title="提示文字的内容">
```

实例 26+ 视频:图像提示字

源文件:源文件 \ 第 2 章 \2-6-4.html　　操作视频:视频 \ 第 2 章 \2-6-4.swf

01 ▶ 执行"文件>新建"命令,新建一个 HTML 5 文档。在 <body> 标签中输入 <img> 标签,并通过该标签的 src 属性链入图片,再次输入 title 属性,在该属性值中输入图像提示文字。

02 ▶ 执行"文件>保存"命令,将其保存为"源文件 \ 第 2 章 \2-6-4.html",按 F12 键测试页面的效果。

> **提问:图片提示文字在实际生活中有什么用处?**
> 答:对一些具有视觉障碍的用户来说,网页中的内容对于他们并不重要,他们往往使用的是语音合成浏览器。这时候,如果用户为图像添加了图片提示文字,语音合成会朗读 title 元素中的文本。

2.6.5 图像的边框

默认情况下,图像是没有边框的,通过 border 属性可以为图像添加边框线。可以设置边框的宽度,但边框的颜色是不可以设置的。当图像上没有添加链接的时候,边框的颜色为黑色;当图像上添加链接时,边框的颜色和链接文字颜色一致,默认为深蓝色。border 的单位是像素,值越大边框越宽。

基本格式如下:

```
<img src="图像文件的地址" border="图像边框的宽度">
```

2.6.6 图像的边距

通常在设计页面时,都不会让图像和其周围文字之间的空间过于狭小,而图像与文字之间会自动默认添加 2 个像素的距离,但是这对于大多数设计者来说还是太过于接近了。这时候用户就需要使用 <vspace> 标签和 <hspace> 标签来为图像添加边距的大小了。

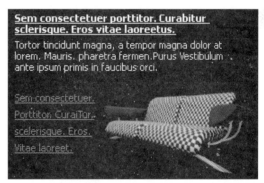

● **图像的垂直边距 vspace**

垂直边距 vspace 用来调整图像与文字的垂直边距,vspace 属性的单位是像素。基本格式如下:

```
<img src="图像文件的地址" vspace="垂直边距">
```

● **图像的水平间距 hspace**

图像与文字之间的水平距离可以通过 hspace 参数进行调整。通过调整图像的边距,可以使文字和图像的排列显得更紧凑。基本格式如下:

```
<img src="图像文件的地址" hspace="水平边距">
```

实例 27+ 视频：图像的边框和垂直边距

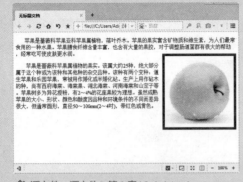

源文件：源文件\第2章\2-6-6.html

操作视频：视频\第2章\2-6-6.swf

01 ▶ 执行"文件>打开"命令，将"素材\第2章\26601.html"打开，在 <img> 标签中添加 border、vspace 和 align 属性，并设置相应的属性值。

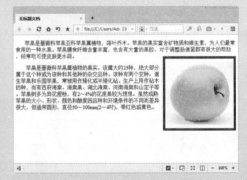

02 ▶ 执行"文件>另存为"命令，将其另存为"源文件\第2章\2-6-6.html"，按 F12 键测试页面效果。

提问：边距的空白处可以添加元素吗？

答：使用 hspace 和 vspace 元素会在图像的周围添加空格，也就是说这些空白的区域其实已经被空格占用了，所以空白的区域不能加入其他的元素。

2.6.7 图像的排列

图像与文字之间的对齐是通过 align 属性来设定的，align 的对齐方式有两种：绝对对

第 2 章 网页基本 HTML 标签

齐和相对对齐。绝对对齐方式的效果和文字一样，只有 3 种：居中（middle）、居左（left）、居右（right）。相对对齐方式是指图像与一行文字的相对位置。基本格式如下：

<img src="图像文件的地址" align="文字的对齐方式">

属 性	描 述
bottom	图片的底部和当前行的文字底部对齐
top	图片的顶端和当前行的文字顶端对齐
middle	图片水平中线和当前行的文字中线对齐
left	图片左对齐
center	图片水平中线和当前行的文字中线对齐
right	图片右对齐

实例 28+ 视频：网页图文排版

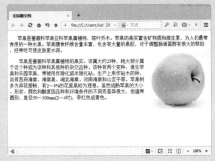
源文件：源文件 \ 第 2 章 \2-6-7.html

操作视频：视频 \ 第 2 章 \2-6-7.swf

01 ▶ 执行"文件＞打开"命令，将"素材 \ 第 2 章 \26601.html"打开，在 <img> 标签中输入 align 属性，并设置属性值为 right。

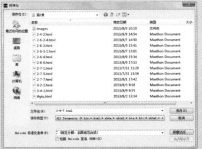

02 ▶ 执行"文件＞另存为"命令，将其另存为"源文件 \ 第 2 章 \2-6-7.html"，按 F12 键测试页面的效果。

> **提问：为什么制作出的效果和书中有些差别？**
>
> 答：因为不同的浏览器或者同一个浏览器的不同版本对 align 属性的某些值的处理方式是不同的，这就有可能会造成外观上的差异。

2.6.8 图像的超链接

用户除了可以为文字添加超链接以外，也可以为图像添加超链接属性。同一个图像的不同部分也可以链接到不同的文档。图像的链接和文字的链接方法基本相同，也是用 <a> 标签来完成，只需要将 <img> 标签放在 <a>…</a> 标签对之间就可以了。

```
<a href="链接地址"><img arc="图像文件的地址"></a>
```

➡ 实例 29+ 视频：创建图像超链接

🏠 源文件：源文件 \ 第 2 章 \2-6-8.html

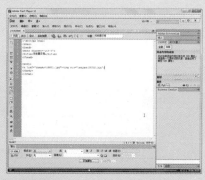

▶ 操作视频：视频 \ 第 2 章 \2-6-8.swf

```
<!doctype html>
<html>
<head>
<meta charset="utf-8">
<title>无标题文档</title>
</head>

<body>
<a href="images/26801.jpg"><img src=
"images/26802.jpg"></a>
</body>
</html>
```

`01 ▶` 执行"文件>新建"命令，新建一个 HTML 5 文档。在代码的 <body> 标签对中输入相应代码。

第 2 章　网页基本 HTML 标签

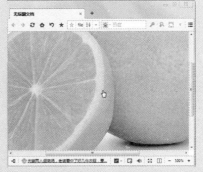

02 ▶ 执行"文件 > 保存"命令，将其保存为"源文件 \ 第 2 章 \2-6-8.html"，按 F12 键测试页面的效果。

提问：为什么图片加超链接之后，会出现外边框？

答：有时候因为网页的某些设置问题，图片添加超链接后会出现难看的蓝色边框。此时用户只需要为标签添加 border 属性并为其指定属性值为 0 即可，例如 `<a href="#"><img src="001.jpg" border="0"></a>`。

2.6.9　图像热区链接

用户不仅可以将整幅图像作为链接的载体，还可以将图像的某一部分设为链接，这就需要将图片划分出一个或多个热点区域来实现，每一个热点区域都可以链接到不同的网页。基本格式如下：

首先需要在图像文件中设置映射图像名，在图像的属性中使用 `<usemap>` 标签添加图像要引用的映射图像的名称。

```
<img src="图像地址" usemap="映射图像名称">
```

然后定义热区图像以及热区的链接。

```
<map name="映射图像名称">
<area shape="热区形状" coords="热区坐标" href="链接地址">
</map>
```

➡ 实例 30+ 视频：使用图像热区创建链接

🏠 源文件：源文件 \ 第 2 章 \2-6-9.html　　📶 操作视频：视频 \ 第 2 章 \2-6-9.swf

01 ▶ 执行"文件 > 打开"命令,将"素材\第2章\26901.html"打开,为 <img> 标签添加 usemap 属性,使用相同的方法输入其他的标签。

02 ▶ 执行"文件 > 另存为"命令,将其另存为"源文件\第2章\2-6-9.html",按 F12 键测试页面的效果。

提问:为什么在一个文档中使用多个热点,但是有一些却没有作用?

答:用户如果需要在一个文档中使用多个热点,首先要确保所有 map 元素都是具有唯一性的,也就是要确保所有 map 元素的名称都不相同。

2.7 使用列表

列表元素是网页设计中使用频率非常高的元素,也是占很大比重的元素。该元素可以让设计者能够对相关的元素进行分组,使信息的显示变得非常整齐直观,便于用户理解与选择点击,例如新闻列表、产品列表和链接列表等。

2.7.1 有序列表(ol 元素)

有序列表表示每一个元素都具有序列区分,从上至下可以为数字、字母和罗马字母等

第 2 章 网页基本 HTML 标签

多种不同的形式。

有序列表由 <ol> 和 </ol> 标签对实现，每个列表项由 <li> 标签开始（结束标签不是必须的）。

```
<ol>
    <li>第一个列表项
    <li>第二个列表项
    <li>第三个列表项
</ol>
```

1．第一个列表项
2．第二个列表项
3．第三个列表项

实例 31+ 视频：定义有序新闻列表

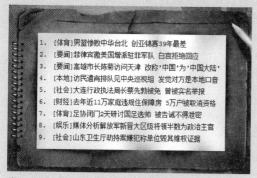

源文件：源文件 \ 第 2 章 \2-7-1.html

操作视频：视频 \ 第 2 章 \2-7-1.swf

01 ▶ 执行"文件>打开"命令，将"素材 \ 第 2 章 \27101.html"文档打开。在 <body> 标签中的 <div id="lie"> 内输入文本内容，并且为文字分段。

02 ▶ 为刚刚输入的内容添加 <ol> 和 <li> 标签，将文档另存为"源文件 \ 第 2 章 \2-7-1.html"，按 F12 键测试页面效果。

提问：有序列表可以应用 CSS 吗？

答：在 HTML 中，用户可以通过 CSS 属性对列表进行更好的控制，从而可以得到更好的网页界面效果。

2.7.2 自定义有序列表的序号

默认情况下，有序列表的序号是阿拉伯数字，但是用户可以通过 type 属性改变序号的类型，包括大小写字母和大小写罗马数字等。

对于 ol 元素，用户可以使用下表所列出的 type 属性值（注意区分大小写）。

type 属性值	序号呈现样式	
1	阿拉伯数字	1，2，3，…
a	小写字母	a，b，c，…
A	大写字母	A，B，C，…
i	小写罗马字母	i，ii，iii，…
I	大写罗马字母	I，II，III，…

实例 32+ 视频：定义新闻列表序号样式

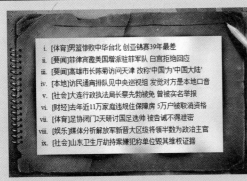

源文件：源文件 \ 第 2 章 \2-7-2.html　　操作视频：视频 \ 第 2 章 \2-7-2.swf

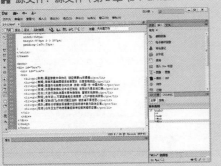

01 ▶ 执行"文件 > 打开"命令，将"源文件 \ 第 2 章 \2-7-1.html"文档打开。在代码视图中修改 <ol> 标签，为其添加有序列表样式。

第 2 章 网页基本 HTML 标签

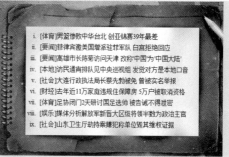

02 ▶ 执行 "文件 > 另存为" 命令，将文档保存为 "源文件 \ 第 2 章 \2-7-2.html"。按 F12 键在浏览器中测试页面中自定义有序列表的效果。

提问：type 属性可以应用在其他的列表中吗？
答：type 属性仅仅适用于有序列表 ol 和无序列表 ul 中，并不适合于目录列表、自定义列表和菜单列表中。

2.7.3 自定义有序列表的起始数

有序列表不仅可以自定义序号的样式，还可以通过 ol 元素的 start 属性来定义一个有序列表中开始的条目序号。

实例 33+ 视频：定义新闻列表的起始数

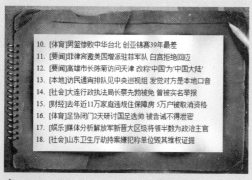

源文件：源文件 \ 第 2 章 \2-7-3.html　　操作视频：视频 \ 第 2 章 \2-7-3.swf

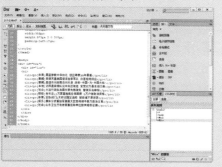

```
<body>
<div id="box">
  <div id="lie">
    <ol start="10">
      <li><p>[体育]男篮惨败中华台北 创亚锦赛39年最差</p></li>
      <li><p>[要闻]菲律宾邀美国增派驻菲军队 白宫拒绝回应</p></li>
      <li><p>[要闻]高雄市长陈菊访问天津 改称'中国'为'中国大陆'</p></li>
      <li><p>[本地]访民通宵排队见中央巡视组 发觉对方是本地口音</p></li>
      <li><p>[社会]大连行政执法局长蔡先勃被免 曾被实名举报</p></li>
      <li><p>[财经]去年近11万家庭违规住保障房 5万户被取消资格</p></li>
      <li><p>[体育]足协闭门2天研讨国足选帅 被告诫不得泄密</p></li>
      <li><p>[娱乐]媒体分析解放军新晋大区级将领半数为政治主官</p></li>
      <li><p>[社会]山东卫生厅劫持案嫌犯称单位毁其维权证据</p></li>
    </ol>
  </div>
</div>
```

01 ▶ 执行 "文件 > 打开" 命令，将 "源文件 \ 第 2 章 \2-7-1.html" 文档打开。在代码视图中修改 <ol> 标签，设置有序列表的起始数。

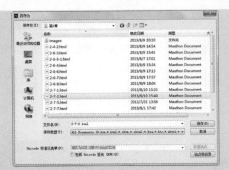 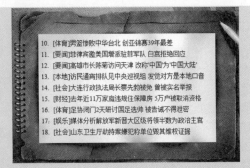

02 ▶ 执行"文件>另存为"命令,将文档保存为"源文件\第 2 章\2-7-3.html"。按 F12 键在浏览器中测试页面中自定义有序列表起始数的效果。

提问:列表可以设置宽度吗?

答:用户可以在 <ol> 标签或 <ul> 标签中添加宽度属性。如果不设置宽度属性,那么当浏览器的宽度缩小时,列表将会自动进行换行。

2.7.4 自定义有序列表的数值

在有序列表中,可能会需要修改某一个列表编号或者隐藏一些列表项的编号,这种效果可以通过 value 属性来对某个列表项的编号重新进行定义,并且编号会以新的起始值来继续后来的列表项。

➡ 实例 34+ 视频:定义新闻列表数值

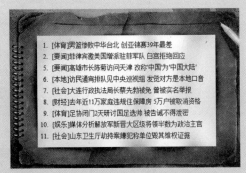

🏠 源文件:源文件\第 2 章\2-7-4.html　　📺 操作视频:视频\第 2 章\2-7-4.swf

01 ▶ 执行"文件>打开"命令,将"源文件\第 2 章\2-7-1.html"文档打开。在代码视图中修改第 3 个 <li> 标签,设置该列表项目的数值。

第 2 章 网页基本 HTML 标签

`02` ▶ 执行"文件>另存为"命令,将文档保存为"源文件\第 2 章\2-7-4.html"。按 F12 键在浏览器中测试页面中自定义有序列表数值的效果。

> **提问**:可以修改有序列表的数字样式吗?
>
> **答**:有序列表可以修改数字样式,用户可以利用 CSS 样式定义 ol 元素的 font 属性为用户需要的字体样式。

2.7.5 无序列表(ul 元素)

无序列表不用数字标注每个列表项,而采用一个符号标注每个列表项,如圆黑点。无序列表由 <ul> 和 </ul> 标签对实现,每个列表项也是由 <li> 标签开始。

➡ 实例 35+ 视频:制作无序列表

🏠 源文件:源文件\第 2 章\2-7-5.html   📶 操作视频:视频\第 2 章\2-7-5.swf

```
<body>
<div id="box">
  <div id="lie">
    <p>【真龙游天】开服</p>
    <p>【苍狼嚣云】开服</p>
    <p>【龙纹战鼓】开服</p>
    <p>【雄霸云霄】开服</p>
    <p>【龙狼迷城】开服</p>
  </div>
</div>
```

`01` ▶ 执行"文件>打开"命令,将"素材\第 2 章\27501.html"文档打开。在代码视图中为 <div id="lie"> 标签添加文本内容。

```
<body>
<div id="box">
  <div id="lie">
   <ul>
    <li><p>【真龙游天】开服</p></li>
    <li><p>【苍狼嚣云】开服</p></li>
    <li><p>【龙纹战鼓】开服</p></li>
    <li><p>【雄霸云霄】开服</p></li>
    <li><p>【龙狼迷城】开服</p></li>
   </ul>
  </div>
</div>
</body>
```

02 ▶ 继续为刚刚输入的文本内容添加无序列表标签。将文件进行保存，按 F12 键在浏览器中测试页面中无序列表的效果。

提问：可以自定义文字前面的圆点吗？

答：用户可以使用漂亮的小图案代替无序列表前面的小黑点，通过 CSS 定义 li 属性，在 CSS 中定义 background-image。

2.7.6　dl 定义列表

　　dl 定义列表是一种特殊的列表形式，由 <dl>…</dl> 标签对实现，包含术语和描述两部分。术语由 <dt> 标签开始，术语的解释说明由 <dd> 标签实现。

➡ 实例 36 + 视频：使用 dl 定义网页公告列表

🏠 源文件：源文件 \ 第 2 章 \2-7-6.html　　　📶 操作视频：视频 \ 第 2 章 \2-7-6.swf

```
<body>
<div id="box">
  <div id="tan">
   [热卖]净颜清透卸妆晶露全脸卸妆
   [新品]深层净颜卸妆油眼唇卸妆
   [热卖]清洁焕白卸妆油眼唇卸妆
   [热卖]透净瞬洁卸妆乳全脸卸妆
   [新品]清洁舒缓洁净晶露眼唇卸妆
   [新品]眼部无痕洁净露全脸卸妆
  </div>
</div>
</body>
```

01 ▶ 执行 "文件＞打开" 命令，将 "素材 \ 第 2 章 \27601.html" 文档打开。在代码视图中的 <div id="tan"> 标签下添加文本内容。

第 2 章 网页基本 HTML 标签

```
<body>
<div id="box">
    <div id="tan">
        <dl>
            <dt>[热卖]<span></span>净颜清透卸妆晶露</dt><dd>全脸卸妆</dd>
            <dt>[新品]<span></span>深层净颜卸妆油</dt><dd>眼唇卸妆</dd>
            <dt>[热卖]<span></span>清洁焕白卸妆油</dt><dd>眼唇卸妆</dd>
            <dt>[热卖]<span></span>透净醇洁卸妆乳</dt><dd>全脸卸妆</dd>
            <dt>[新品]<span></span>清洁舒缓洁净晶露</dt><dd>眼唇卸妆</dd>
            <dt>[新品]<span></span>眼部无痕洁净露</dt><dd>全脸卸妆</dd>
        </dl>
    </div>
</div>
</body>
</html>
```

```
#tan{
    width:335px;
    height:160px;
    margin:129px 0 0 95px;
}
#tan dt{
    float:left;
    width:260px;
    height:25px;
    line-height:25px;
    margin-left:8px;
    border-bottom:1px solid #c833a9;
}
```

02 ▶ 为刚刚输入的文本添加 <dl> 标签、<dt> 标签、<span> 标签以及 <dd> 标签。在代码视图中找到名称为 #tan 的 CSS 样式，在其下方输入名称为 #tan dt 的 CSS 样式，并定义其样式参数。

```
#tan dd{
    float:left;
    width:50px;
    height:25px;
    line-height:25px;
    border-bottom:1px solid #c833a9;
}
#tan span{
    margin-right:10px;
}
```

03 ▶ 继续输入名称为 #tan dd 和 #tan span 的 CSS 样式以及其样式参数。添加列表中的其他元素，完成网站公告列表的制作。

> **提问**：可以将 dd 和 dt 元素单独使用吗？
>
> **答**：dd 和 dt 元素是可以单独使用的，在没有 dl 的文档中，单独使用 dd 元素可以形成文本的缩进效果，但这并不是一个有效的 HTML 代码，所以建议不要单独使用，而且在某些浏览器中，这样做可能会造成无法预料的错误。

2.7.7 嵌套列表

列表是可以嵌套，嵌套列表是包含其他列表的列表（列表里可以含有子列表）。通常用这种嵌套的列表，反映层次较多的内容。

```
<h4>嵌套两层的列表：</h4>
<ul>
<li>唐诗</li>
<li>宋词</li>
        <ul>
            <li>李清照</li>
                <ul>
                    <li>如梦令</li>
                    <li>菩萨蛮</li>
                </ul>
            <li>欧阳修</li>
        </ul>
<li>元曲</li>
</ul>
```

嵌套两层的列表：

- 唐诗
- 宋词
  - 李清照
    - 如梦令
    - 菩萨蛮
  - 欧阳修
- 元曲

2.7.8 反转序号值(reversed 属性)

HTML 5 新增的 reversed 属性是一个逻辑值,用来表示有序列表是否反转序号显示,即按降序显示序号。如下面的定义:

```
<ol reversed>
    <li>第一个列表项
    <li>第二个列表项
    <li>第三个列表项
</ol>
```

3. 第一个列表项
2. 第二个列表项
1. 第三个列表项

2.8 使用表格

表格由行、列、单元格3个部分组成,使用表格可以排列页面中的文本、图像及各种对象。表格的行、列、单元格都可以复制及粘贴,并且在表格中还可以插入表格,一层层的表格嵌套使设计更加灵活。

2.8.1 表格简介

表格标签 <table> 是页面的重要元素,在 DIV+CSS 布局方式被广泛运用之前,表格布局在很长一段时间中都是最重要的页面布局方式。在使用 DIV+CSS 布局时,也并不是完全不可以使用表格,而是将表格回归它本身的作用,用于显示表格式数据。

2.8.2 表格属性

表格由 4 个基本元素构成,分别为 <table> 标签、<tr> 标签、<th> 标签和 <td> 标签。<table> 标签用于定义表格,整个表格都包含在 <table> 和 </table> 标签对中;<tr> 标签用于定义表格中的一个行,它是单元格的容器,每行可以包含多个单元格,由 <tr> 和 </tr> 标签表示;<th> 标签和 <td> 标签用于定义单元格,所有单元格都放置在 <tr> 标签内,每个单元格由 <th> 和 </th> 标签对或者 <td> 和 </td> 标签对表示。

> 结束标签 </tr>、</th> 和 </td> 都是可以省略的,但是建议用户还是保留它们,因为这可以使文档更加整齐。

第 2 章 网页基本 HTML 标签

➡ **实例 37+ 视频：制作表格**

🏠 源文件：源文件 \ 第 2 章 \2-8-2.html　　📶 操作视频：视频 \ 第 2 章 \2-8-2.swf

```
8    <body>
9      <table>
10       <tr>
11         <td>第1名</td>
12         <td>张三</td>
13       </tr>
14       <tr>
15         <td>第2名</td>
16         <td>李四</td>
17       </tr>
18       <tr>
19         <td>第3名</td>
20         <td>王五</td>
21       </tr>
22     </table>
23   </body>
```

01 ▶ 执行"文件 > 新建"命令，新建一个空白的 HTML 5 文档。在 <body> 标签下添加表格元素以及表格中的内容。

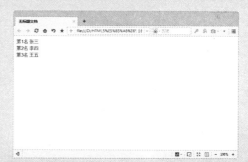

02 ▶ 执行"文件 > 保存"命令，将文档保存为"源文件 \ 第 2 章 \2-8-2.html"，按 F12 键测试页面的效果。

> **提问：为什么实例中没有显示表格？**
>
> 答：因为实例中并没有定义表格的边框属性，在 HTML 中表格默认没有边框，如果用户希望表格显示边框，可以为 <table> 标签添加 border 属性，这些内容将在后面的小节中介绍。

2.8.3　表格样式

　　默认情况下，表格没有边框线，不过用户可以通过样式表为其定义边框线，其中包括线条样式、粗细和边框颜色等。

实例 38+ 视频：定义表格样式

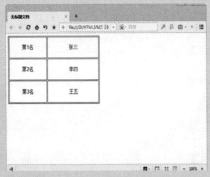
源文件：源文件\第2章\2-8-3.html

操作视频：视频\第2章\2-8-3.swf

`01` ▶ 执行"文件>打开"命令，将"源文件\第2章\2-8-2.html"文档打开。将光标插入到 <table> 标签中，为该标签添加样式属性以及表格大小属性。

`02` ▶ 为表格中的内容添加 <center> 居中标签。继续为第一组 <tr> 标签下的 <td> 标签添加样式属性以及表格大小属性。

`03` ▶ 使用相同的方法继续为其他的 <td> 标签添加表格样式，按 F12 键测试页面中的表格样式效果。

第 2 章 网页基本 HTML 标签

> **提问**：边框会影响表格的大小吗？
> 答：border 属性设置的表格边框只能影响表格四周的边框宽度，并不能影响表格内单元格之间的尺寸。虽然边框的宽度设置没有限制，但还是建议用户不要将边框的宽度超过 5px，因为过宽的边框会影响表格的整体美观。

2.8.4 表格的标题

每一个表格都可以通过 caption 元素来对表格的目的作一个简单的说明，caption 元素的内容用来描述表格的特征，并且 caption 元素必须紧接着 table 元素的开始标签之后被定义。

➡ 实例 39+ 视频：定义表格标题

源文件：源文件 \ 第 2 章 \2-8-4.html

操作视频：视频 \ 第 2 章 \2-8-4.swf

01 ▶ 执行"文件 > 打开"命令，将"源文件 \ 第 2 章 \2-8-3.html"文档打开。将光标插入到 <body> 标签下，为表格添加居中标签对 <center>。

02 ▶ 为表格中的内容添加 <caption> 标题标签。继续为第一组 <tr> 标签下的 <td> 标签添加样式属性以及表格大小属性。

提问：为什么不直接使用 h 标题标签来实现表格的标题效果？

答：使用 <caption> 标签创建表格的标题是因为 <caption> 标签也是表格的一部分，如果表格发生移动，或在 HTML 中重新定位，<caption> 定义的标题也会随着表格发生移动或重新定位。

用户也可以使用 figure 元素以及 figcaption 元素为表格添加声明标题，例如以下的表格标题代码：

```
<figure>
    <figcaption>
          <p>班级名次</p>
    </figcaption>
    <table>
          ………………
    </table>
</figure>
```

当 table 元素是除了 figcaption 元素之外 figure 元素唯一的内容，那么最好使用 figcaption 元素，而不是 caption 元素。

2.8.5 区分单元格

th 元素和 td 元素都是用于创建单元格的，但是一个表格可能会包含两种类型的单元格，一种是数据单元格，另一种是头信息单元格。这也是 th 元素和 td 元素的区别，th 元素用于创建头信息单元格，td 元素用于创建数据单元格。

因为有了 th 元素和 td 元素的区分，浏览器就可以使用不同的方式渲染单元格。例如一些浏览器特意将头信息文字呈现为粗体。语音合成器在读出两种信息方面也会有所不同。

➡ 实例 40+ 视频：制作年级成绩排名单 1

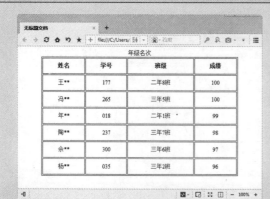

📁 源文件：源文件 \ 第 2 章 \2-8-5.html　　🔊 操作视频：视频 \ 第 2 章 \2-8-5.swf

第 2 章 网页基本 HTML 标签

01 ▶ 执行"文件 > 新建"命令，新建一个空白的 HTML 5 文档。将光标插入到 <body> 标签下，输入居中标签对 <center> 以及表格标签对 <table>。

02 ▶ 将光标插入到 <table> 开始标签中，为其添加宽高属性以及表格样式属性。在 <table> 标签下添加 <caption> 表格标题标签以及标题内容。

03 ▶ 在 <caption> 标签下添加 <tr> 表格行标签、<th> 头信息单元格标签、border 表格样式属性以及单元格中的内容，并为内容添加 <center> 居中标签。再次输入一个 <tr> 表格行标签，并在该标签中添加 <td> 数据单元格标签、表格样式属性以及单元格内容和居中标签。

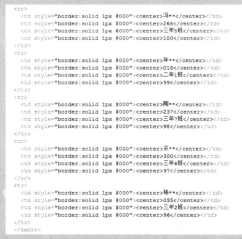
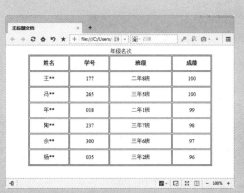

04 ▶ 使用相同的方法制作表格中其他的内容。按快捷键 Ctrl+S 将文档保存为"源文件\第2章\2-8-5.html"，按 F12 键测试页面中表格的最终效果。

> 提问：为什么为表格增加了居中标签后，还要为每个文本添加居中标签？
>
> 答：虽然整个表格在增加了居中标签后，可以在浏览器中居中对齐，但是表格中单元格里的文本内容对齐方式并不会因此而发生改变，所以如果需要文本也居中对齐，必须为每个文本也添加居中样式。

th 元素还可以定义 scope 属性和 headers 属性，使用这两种属性可以帮助非可视化的浏览器和搜索引擎处理表头信息。

● **scope**

scope 属性用于指定该 th 头信息单元格的内容用于哪些单元格的表头，其属性值包括 col、colgroup、row、rowgroup 和 auto。

属性值	含 义
col	该单元格的内容将作为当前列的表头
colgroup	该单元格的内容将作为当前列组的表头
row	该单元格的内容将作为当前行的表头
rowgroup	该单元格的内容将作为当前行组的表头
auto	这是 scope 属性的默认值，表示基于上下文环境，该单元格的内容将作为选中的一些单元格表头

➡ 实例 41+ 视频：制作年级成绩平均分数单

源文件：源文件 \ 第 2 章 \2-8-5-1.html

操作视频：视频 \ 第 2 章 \2-8-5-1.swf

01 ▶ 执行"文件>新建"命令，新建一个空白的 HTML 5 文档。将光标插入到 <body> 标签下，输入 <center> 标签对、<table> 标签对和 <caption> 标签，以及表格的各项属性。

02 ▶ 在 <caption> 标签下输入 <tr> 标签对以及 <th> 标签对，并为 th 元素添加单元格样式和 scope 属性。继续输入另一个 <tr> 标签对，并在该标签对中添加 th 和 td 元素以及各个元素属性和单元格内容。

03 ▶ 使用相同的方法制作表格中其他的内容。按快捷键 Ctrl+S 将文档保存为"源文件\第2章\2-8-5-1.html"，按 F12 键测试页面中表格的最终效果。

> **提问**：表格中可以添加背景图像吗？
> **答**：表格中可以添加背景图像，通过在 <table> 标签中添加 background 属性，并在属性值中链接需要的背景图像。

● headers

用户也可以使用 headers 属性对 th 元素和 td 元素进行定义，该属性可以为单元格元素定义一个 id 属性值。例如，用户可以为一个 th 元素定义 id，然后使用 headers 属性为 td 元素指定该 id，这样就可以将该 td 元素指定给上面所说的 th 元素。如下代码所示：

```
<table>
<caption>年级平均成绩</caption>
<tr>
  <td></td>
  <th id="n1">一年级</td>
```

```
        <th id="n2">二年级</td>
        <th id="n3">三年级</td>
    </tr>
    <tr>
        <th id="k2011">2011年</td>
    <td headers="n1 k2011">83</td>
    <td headers="n2 k2011">87</td>
    <td headers="n3 k2011">90</td>
    </tr>
    <tr>
        <th id="k2012">2012年</td>
    <td headers="n1 k2012">90</td>
    <td headers="n2 k2012">83</td>
    <td headers="n3 k2012">88</td>
    </tr>
    <tr>
        <th id="k2012">2013年</td>
    <td headers="n1 k2013">87</td>
    <td headers="n2 k2013">93</td>
    <td headers="n3 k2013">96</td>
    </tr>
</table>
```

上面的代码首先为"一年级、二年级和三年级"三个头信息定义 id 为 n1、n2 和 n3，然后定义 2011、2012 和 2013 三个头信息的 id 为 k2011、k2012 和 k2013，最后通过 headers 属性将每个年级的平均成绩数据指定给相应的年和年级上。

2.8.6 跨多行、多列的单元格

在设计表格时，设计者可能会需要合并其中部分相邻的单元格，也就是将两个或多个相邻的单元格合并成一个单元格。合并水平方向和垂直方向的单元格可以通过 rowspan 和 colspan 属性进行设置。

➡ 实例 42+ 视频：制作年级成绩平均分数单 2

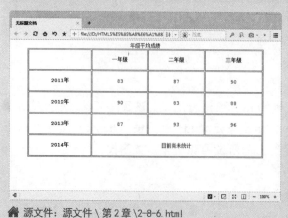

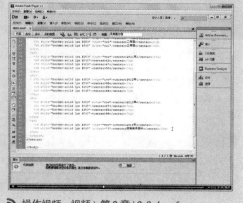

🏠 源文件：源文件 \ 第 2 章 \2-8-6.html　　📶 操作视频：视频 \ 第 2 章 \2-8-6.swf

第 2 章　网页基本 HTML 标签

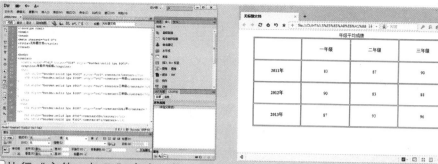

01 ▶ 执行"文件>打开"命令，将"素材\第 2 章\28601.html"文档打开，按 F12 键测试页面，观察页面的效果。

02 ▶ 将光标插入到</table>结束标签上方。输入<tr>标签对，并在该标签对中输入<th>标签对以及其中的表格样式和单元格内容。

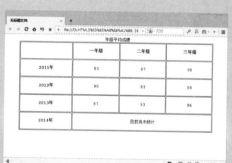

03 ▶ 再次输入<td>标签对、表格样式属性以及 colspan 跨行属性。按快捷键 Ctrl+Shift+S，将文档保存为"源文件\第 2 章\2-8-6.html"，按 F12 键测试页面的效果。

提问：跨行或跨列有什么作用？

答：跨行或跨列在实际工作中非常实用，因为有些表格内容不能完全放在一个单元格中，这时通过跨行或跨列就可以将更多的文字放在一个单元格中。

2.9 本章小结

本章主要向用户介绍网页中 HTML 的基本标签和属性，包括 HTML 基本结构标签、文字标签、图像标签、列表标签和表格标签，以及关于这些标签的各种属性。使用这些标签和属性可以制作出很多效果丰富的网页，同时也是学习制作网页的基础，希望用户可以认真学习和了解本章内容，以便后面的学习可以更加得心应手。

第 3 章 建立超链接

HTML 超链接（HyperLink）是指一个 Web 资源和另一个 Web 资源的链接，超链接有两个端点和一个方向：链接开始于"源"端并指向"终"端。

3.1 链接的基础知识

有两个 html 元素都可以用来定义链接：link 和 a。

(1) link 元素只能出现于 HTML 文档的头部（作为 head 元素的内容），定义当前文档和另一个资源之间的联系，虽然不显示，但会被浏览器渲染。

(2) a 元素只能出现于文档的主体部分（作为 body 元素的内容），它定义了当前文档中某个区域与另一个资源之间的联系。a 元素的内容（文本、图像等）将被浏览器突出呈现。

例如，a 元素用来定义页面中文本的超连接，其基本语法如下：

```
<a href="URL">超链接的文字</a>
```

其中 URL 是超链接指向的目标网页地址，"超链接的文字"是加上了超链接的正文。如下面的一行定义：

```
<a href="http://www.taobao.com">链接到淘宝</a>
```

 用 a 元素定义的链接不可以被嵌套，虽然浏览器仍然会呈现。也就是说，a 元素不能包含其他 a 元素，link 元素同样也不能嵌套。

浏览器突出显示带有超链接的文字，它们带有下划线，当鼠标单击一下，将会跳转到 http://www.taobao.com。

使用 Tab 键导航到这个超链接文字上，可以发现这段文字周围会出现突出显示的矩形。大部分的移动设备上网时会采用类似 Tab 键导航的方式将焦点移动到超链接上。

本章知识点

- ☑ 了解什么是超链接
- ☑ 熟悉基本链接的定义
- ☑ 了解链接路径
- ☑ 认识内部链接
- ☑ 掌握锚点链接

> 创建链接之前，一定要清楚文档相对路径、站点根目录相对路径以及绝对路径的工作方式。

3.2 定义基本链接

<a> 链接是基本链接，出现于文档的主体部分，使用鼠标单击可以跳转到另一个文档。下面介绍 <a> 元素的更多功能。

在文档中可以创建以下几种类型的基本链接。

(1) 电子邮件链接：新建一个收件人地址已经填好的空白电子邮件。

(2) 空链接和脚本链接：使用用户能够在对象上附加行为，或者创建执行 JavaScript 代码的链接。

(3) 链接到其他文档或文件（如图像、影片、PDF 或声音文件）的链接。

(4) 锚点链接，跳转至文档内特定位置。

3.2.1 定义链接的目标 URL（href 属性）

在 <a> 元素内添加 href 属性，用于指定超链接目标的 URL，起始标签与结束标签之间的文本就会成为网页中的超文本内容。

在浏览器窗口，如果这些超文本被访问者单击，就会切换至链接文本的目标 URL。目标 URL 既可能是另一个文档，也可能是本文档的其他位置。如下面的链接：

```
<a href="http://www.taobao.com/">链接到淘宝</a>
```

再看下面的链接，它链接到当前文档中的一个锚点：

```
<a href="#section1">第二段</a>
```

3.2.2 定义链接的目标窗口（target 属性）

在 <a> 元素内添加 target 属性，定义链接打开的目标窗口或框架，如下面的定义将会打开一个新窗口导航到 taobao 的网站：

```
<a href="http://www.taobao.com/" target="_blank">链接到淘宝</a>
```

> 如果在网页内定义了框架，还可以为框架窗口进行命名，这样做就可以要求链接目标在指定的框架窗口内打开。

属性值	功能描述
_blank	将链接的文档载入一个新的、未命名的浏览器窗口
_parent	将链接的文档载入包含该链接的框架的父框架集或窗口。如果包含链接的框架没有嵌套，则相当于 _top；链接的文档载入整个浏览器窗口

（续表）

属性值	功能描述
_self	将链接的文档载入链接所在的同一框架或窗口。此目标是默认的，所以通常不需要指定它
_top	将链接的文档载入整个浏览器窗口，从而删除所有的框架

除了上面列出的保留名称可以使用下划线作为开头，其他的自定义目标名称必须以字母开始（a~z 或者 A~Z），并且遵循 id 属性的属性值定义规定，否则，用户浏览器会忽略该目标名称。

3.2.3 定义链接的提示信息（title 属性）

在 <a> 元素内添加 title 属性，指明该链接的信息，当鼠标指针移到该链接时，显示该链接的说明；如果有屏幕阅读程序，屏幕阅读程序就会读出该链接的说明。<a> 和 <link> 元素都可以使用该属性。

例如下面的代码为 <a> 元素链接定义了 title 属性：

`<a href="http://www.taobao.com/" title="这将前往淘宝网站">链接到淘宝</a>`

当鼠标指针移动到文字上去时，指针图标改为手形，并且会出现一个提示框，提示框中会出现 title 属性的值。

3.2.4 国际化和链接（hreflang 属性）

在 <a> 元素内添加 hreflang 属性，指定被链接文档的语言，因为被链接文档可能用各种语言编写。

通过 hreflang 属性附加的知识提示，用户浏览器能够避免呈现给用户的是垃圾信息，相反，它们既可以对必要位置的文档做出正确的陈述，也可以提示用户那个文档可能无法阅读并指出原因。

3.3 链接路径

HTML 初学者会经常遇到这样一个问题，如何正确引用一个文件？怎样在一个 HTML 网页中引用另外一个 HTML 网页作为超链接 (hyperlink)？每个网页都有一个唯一的地址，称为统一资源定位符（URL）。要正确地创建链接，就必须了解链接与被链接文档之间的路径。

3.3.1 绝对路径

HTML 绝对路径 (absolute path) 指带域名的文件的完整路径。绝对路径和链接的源端点无关。只要网站的地址不变，无论文档在站点中如何移动，都可以实现正常跳转而不会发生错误。

如果注册了域名 www.admin6.com/html，并申请了虚拟主机，虚拟主机提供商将会提供一个目录，例如 www，这个 www 就是网站的根目录。

在 www 根目录下放了一个文件 index.html，这个文件的绝对路径就是 http://www.admin5.com/index.htmll

在 www 根目录下建了一个目录叫 html_tutorials，然后在该目录下放了一个文件 index.html，这个文件的绝对路径就是 http://www.admin5.com/html/html_tutorials/index.html。

3.3.2 相对路径

相对路径，对同一站点中的链接来说，使用相对路径是一个很好的方法，可以避免绝对路径的缺点。

1. 如何表示同级目录的文件

```
<a href="3.html">同目录下文件间互相链接</a>
```

2.html 和 3.html 在同一个文件夹下，如果 2.html 链接到 3.html，可以在 2.html 中这样写：

```
<a href="../1.html">链接到上级目录中的文件</a>
```

3. html 和 3.html 是 1.html 的下级目录中的文件，如果在 1.html 中链接到 2.html，可以在 1.html 中这样写：

```
<a href="first/2.html">链接到下级目录(first)中的文件</a>
```

> 插入图像时，使用图像的绝对路径，图像在远程服务器而不在本地硬盘中，无法在文档窗口中查看该图像。此时，只能在浏览器中预览该文档，所以对图像尽量使用相对路径。

3.4 内部链接

内部链接是指同一网站域名下的内容页面之间互相链接，如频道、栏目和内容页面之间的链接，乃至站内关键词之间的 Tag 链接都可以归类为内部链接，因此内部链接也可以称为站内链接。

> 当在网页中创建内部链接时，一般不会指定链接文档的完整 URL，而是指定一个相对当前文档或站点根文件夹的相对路径。

内部链接与自身网站页面有关。合理安排内部链接，尤其是大型网站，合理的内部链接部署策略同样可以极大地提升网站的 SEO 效果。

实例 43+ 视频：创建内部链接

源文件：源文件\第3章\3-4-1.html　　操作视频：视频\第3章\3-4-1.swf

01 执行"文件>新建"命令，新建一个空白的 HTML 5 文档。切换到代码视图中，在 <body> 标签下输入内容。

02 继续输入其他文字，执行"文件>保存"命令，将其保存为"源文件\第3章\3-4-1.html"，按 F12 键测试页面效果。

> **提问**：内部链接主要使用什么路径？
> **答**：在网页中创建内部链接时，一般不会指定链接文档的完整 URL，而是指定一个相对当前文档或站点根文件夹的相对路径。

3.5 锚点链接

锚点链接可以将浏览者快速带到指定位置。当网页页面过长时，可以使用锚点链接，通过点击命名锚点，不仅让我们能指向文档，还能指向页面的特定段落。

第 3 章 建立超链接

3.5.1 建立锚点

锚点就是指在给定名称的一个网页中某一位置设置标签,在创建锚点链接前,首先要建立锚点。同一个网页中可以有无数个锚点,但是不能有相同名称的两个锚点。

语法:

```
<a name="锚点名称"></a>
```

锚点名称命名规则是以字母开头的数字或字母的随意组合,利用锚点名称可以链接到任意位置,下面介绍如何建立锚点。

实例 44+ 视频:建立锚点

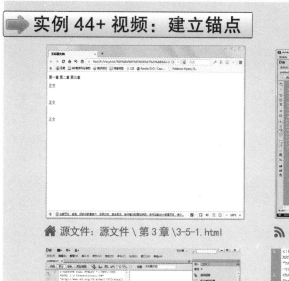

源文件:源文件 \ 第 3 章 \3-5-1.html　　操作视频:视频 \ 第 3 章 \3-5-1.swf

`01` 执行 "文件 > 新建" 命令,新建一个空白的 HTML 5 文档。切换到代码视图中,在 <body> 标签下输入内容。

`02` 将鼠标指针放在合适位置,在 "插入" 面板中单击 "命名锚记" 按钮,在弹出的对话框中输入锚记名,单击 "确定" 按钮。

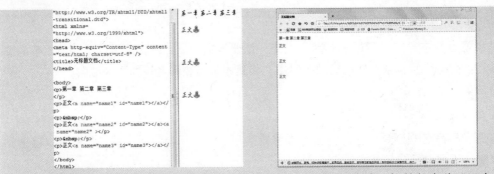

03 ▶ 使用相同的方法创建其他命名锚，执行"文件 > 保存"命令，将其保存为"源文件 \ 第 3 章 \3-5-1.html"，按 F12 键测试页面效果。

> **提问**：锚点链接与超链接有什么区别？
> **答**：HTML 也是超链接的一种，使用锚点不仅可以将链接指向一个特定文档页面，还可以准确地指向该页面中的某一个特定的段落，是精准链接的便利方法，使链接对象更加接近焦点。

3.5.2 链接同一页面中的锚点

建立了锚点后，就可以创建到锚点的链接，需要用 # 号以及锚点的名称作为 Href 属性语法如下：

```
<a href="#锚点名称">…</a>
```

实例 45+ 视频：建立锚点链接

源文件：源文件 \ 第 3 章 \3-5-2.html

操作视频：视频 \ 第 3 章 \3-5-2.swf

```
<title>无标题文档</title>
</head>

<body>
<p><a href="#name1">第一章</a>
   第二章 第三章
</p>
<p>正文<a name="name1" id="name1"></a></p>
<p> </p>
<p>正文<a name="name2" id="name2"></a></p>
<p> </p>
<p>正文<a name="name3" id="name3"></a></p>
</body>
</html>
```

01 ▶ 执行"文件 > 打开"命令，打开 3-5-1.html 文档。切换到代码视图中，修改原来的代码内容。

```
<body>
<p><a href="#name1">第一章</a>
   <a href="#name2">第二章</a>
   <a href="#name3">第三章</a>
</p>
<p>正文<a name="name1" id="name1"></a></p>
<p> </p>
<p>正文<a name="name2" id="name2"></a></p>
<p> </p>
<p>正文<a name="name3" id="name3"></a></p>
</body>
</html>
```

02 ▶ 使用相同的方法输入其他代码，执行"文件 > 保存"命令，将其保存为"源文件 \ 第 3 章 \3-5-2.html"，按 F12 键测试页面效果。

创建锚点链接，选择要建立链接的文本或图像，在属性面板的链接中输入一个 # 号和锚点名，例如 #name1。

提问：为什么有些锚点在某些时候突然不能正常跳转了？

答：如果链接的锚点已经在计算机屏幕中可见，那么浏览器就不会再进行跳转。另外，如果链接的锚点在屏幕的底部，那么浏览器也不能跳转到该锚点，因为浏览器已经到了页面底部，不可能继续向下跳转。

3.5.3 链接到其他页面中的锚点

锚点链接不但可以链接到同一页面，也可以在不同页面中设置，需要在锚点名称前添加文件所在的位置。

语法：

```
<a href="链接的文件地址#锚点名称">…</a>
```

实例 46+ 视频：链接到其他页面中的锚点

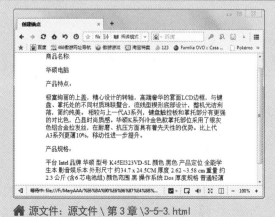

源文件：源文件 \ 第 3 章 \3-5-3.html   操作视频：视频 \ 第 3 章 \3-5-3.swf

01 ▶ 执行"文件>新建"命令，新建一个空白的 HTML 5 文档。切换到代码视图中，在 <body> 标签下输入内容，将其保存为"源文件\第 3 章\3-5-3.html"，使用相同的方法创建并保存"源文件\第 3 章\3-5-3-1.html"。

02 ▶ 按 F12 键测试"源文件\第 3 章\3-5-3.html"页面效果，单击锚点即可链接到 3-5-3-1.html 网站页面。

提问：锚点链接经常会使用到吗？

答：锚点链接常常用于一些庞大且烦琐的网站页面，通过单击命名锚点，能够快速切换到网页特定的位置，例如快速回到页面首页和回到页面顶部或切换到页面尾部。

3.6 外部链接

外部链接是指由用户的网站跳转到别的网站的链接方式，或别的网站跳到你的网站的链接。外部链接也称"反向链接"或"导入链接"，像大部分的友情链接。

高质量的外部链接指和你的网站建立链接的网站知名度高，访问量大，同时相对的外部链接较少，有助于快速提升网站的知名度和排名。

3.6.1 链接到外部网站

跳转到当前网站之外的资源中，像友情链接、大部分搜索结果都是链接到外部网站的，下面介绍它的语法。

语法：

```
<a href="http://……">…</a>
```

第3章 建立超链接

实例 47+ 视频：创建友情链接

源文件：源文件 \ 第 3 章 \3-6-1.html

操作视频：视频 \ 第 3 章 \3-6-1.swf

```
<!DOCTYPE html PUBLIC "-//W3C//DTD XHTML 1.0 Transi
<html xmlns="http://www.w3.org/1999/xhtml">
<head>
<meta http-equiv="Content-Type" content="text/html;
<title>网站外部链接</title>
</head>

<body>
<p>友情链接：</p>
<p><a href="http://www.baidu.com">百度</a></p>
<p><a href="http://www.sohu.com">搜狐</a></p>
<p><a href="http://www.google.com">google</a></p>
<p><a href="http://www.sina.com">新浪</a></p>
</body>
</html>
```

01 ▶ 执行"文件 > 新建"命令，新建一个空白的 HTML 5 文档。切换到代码视图中，在 <body> 标签下输入内容。

02 ▶ 执行"文件 > 保存"命令，将其保存为"源文件 \ 第 3 章 \3-6-1.html"，按 F12 键测试页面效果，单击链接，跳转到相应的网页。

> **提问：<a> 元素可以进行嵌套吗？**
> 答：用 <a> 元素定义的链接不可以被嵌套，也就是说 a 元素中不可以包含其他的 <a> 元素。例如 <a href="123.html"> 一个链接 <a href="456.html"> 另一个链接 </a></a>。

3.6.2 链接到 FTP

FTP 是指文件传输协议，使得主机间可以共享文件。一个 FTP 站点在服务器上通常包含一些允许上传和下载的文件目录，里面有共享的文件。FTP 客户机可以给服务器发出命令，完成下载文件、上传文件、创建或改变服务器上目录的操作。

语法：

```
<a href="ftp://ftp地址">…</a>
```

实例 48+ 视频：创建 FTP 链接

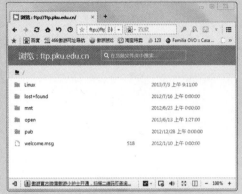

👤 源文件：源文件 \ 第 3 章 \3-6-2.html

📡 操作视频：视频 \ 第 3 章 \3-6-2.swf

01 ▶ 执行"文件 > 新建"命令，新建一个空白的 HTML 5 文档。切换到代码视图中，在 <body> 标签下输入内容。

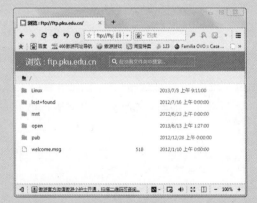

02 ▶ 执行"文件 > 保存"命令，将其保存为"源文件 \ 第 3 章 \3-6-2.html"，按 F12 键测试页面效果，单击链接，跳转到 FTP 站点。

第3章 建立超链接

提问：使用 FTP 需要什么特殊的要求吗？

答：大部分的 FTP 网站都需要一个用户名和密码才能进入网站。如果用户希望 FTP 空间设置为开放文件，那么用户可以将 FTP 空间的用户名和密码公开，这样浏览者在连接你的 FTP 空间时，才可以进行下载或上传。

3.6.3 链接到 Telnet

Telnet 是 Internet 远程登录服务的标准协议和主要方式，提供了在本地计算机上完成远程主机工作的能力，常常用来登录一些 BBS 网站和 Telnet 站点。

```
<a href="telnet://地址">…</a>
```

3.6.4 下载链接

如果要在网站中提供下载，可以使用下载文件链接，只需单击该链接，就可以下载文件。简单地说，就是一个索引，就好像你可以通过一本书的目录所对应的页码，在这本书中找到对应于目录的内容。

```
<a href="文件地址">…</a>
```

语法：

```
<a href="ftp://ftp地址">…</a>
```

实例 49+ 视频：下载数据

源文件：源文件 \ 第3章 \ 3-6-4.html　　操作视频：视频 \ 第3章 \ 3-6-4.swf

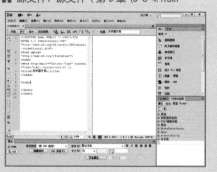

01 ▶ 执行"文件 > 新建"命令，新建一个空白的 HTML 5 文档。切换到代码视图中，在 `<body>` 标签下输入内容。

02 ▶ 执行"文件 > 保存"命令，将其保存为"源文件 \ 第 3 章 \3-6-4.html"，按 F12 键测试页面效果，单击链接，转到文件下载对话框。

> **提问：所有的文件都可以进行下载吗？**
> 答：并不是所有的文件都可以进行下载，如果是 txt 或 jpg 这种计算机自带软件的文件格式，点击链接后，并不会弹出下载框，而是直接将其打开。如果用户希望这些文件也可以实现下载，可以将其进行压缩或其他操作。

3.7 本章小结

在设计制作网站页面时，不仅要注重页面的整体美感，还要注重页面的实用性，网站链接是一个网站的灵魂，用户不仅要知道如何去创建页面之间的链接，更要知道这些链接路径形式的真正含义。

在 HTML 中，用户可以为文字、图像和多媒体等文件建立链接，本章对这些相关的内容进行了详细介绍，希望用户能够认真掌握与学习，为后面更深层次的学习打下基础。

第 4 章 使用 canvas

HTML 5 新增的元素——canvas 元素，是一个非常重要的元素，通过 canvas 元素可以绘制出丰富多彩的图形、图像和动画，本章将对 canvas 元素进行详细的讲解。

4.1 关于 canvas 元素

HTML 5 版本之前，如果需要在网页中绘制图形，必须使用 Flash 等插件，HTML 5 新增的 canvas 元素可以在不需要任何插件的前提下绘制图形。

4.1.1 canvas 的历史

canvas 元素是 Apple 在 Safari 1.3 Web 浏览器中引入的，随后，Firefox 1.5 浏览器和 Opera 9 浏览器也开始支持 canvas 元素。

canvas 元素是为了客户端矢量图形而设计的，它没有行为，但可以通过 JavaScript 脚本实现图形的绘制。

4.1.2 canvas 的使用方法

在 HTML 5 中使用 canvas 元素，首先必须追加 <canvas> 标签，然后通过 JavaScript 进行绘制。

● 获取 canvas 元素

使用 canvas 元素，必须在 HTML 5 中配置 <canvas> 标签，为了 JavaScript 可以使用 <canvas> 标签，必须在 <canvas> 标签中追加 id，基本格式如下：

```
<canvas id="myCanvas"></canvas>
```

● 获取绘图用的上下文

仅仅获取了 canvas 元素，没有由 canvas 元素获取绘图用的上下文也是无法绘制图形的，获取绘图用的上下文的基本格式如下：

```
<script type="text/javascript">
var canvas=document.getElementById('myCanvas');
</script>
```

● 使用上下文方法和属性进行绘图

获取了绘图用的上下文之后，即可调用其方法或属性进行具体图形的绘制了，基本格式如下：

```
<canvas id="myCanvas"></canvas>
<script type="text/javascript">
```

本章知识点

- ☑ 掌握 canvas 的基本概念
- ☑ 了解 canvas 的绘制方法
- ☑ 掌握绘制图形方法
- ☑ 掌握绘制文本方法
- ☑ 熟练掌握编辑图像方法

```
var canvas=document.getElementById('myCanvas');
var ctx=canvas.getContext('2d');
ctx.fillStyle='#FF0F00';
ctx.fillRect(20,20,60,80);
</script>
```

4.2 绘制矩形

在 HTML 5 中,可以使用 canvas 元素轻松绘制矩形,用于绘制矩形的 3 个函数分别是 fillRect、strokeRect 和 clearRect。

● fillRect

使用 fillRect 方法可以绘制一个矩形填充,基本语法如下:

```
var ctx = canvas.getContext("2d");
    ctx.fillStyle = "rgba(0, 0, 200, 0.5)";
    ctx.fillRect (30, 30, 55, 50);
```

● strokeRect

使用 strokeRect 方法可以绘制一个矩形轮廓,基本语法如下:

```
var ctx = canvas.getContext("2d");
    ctx.fillStyle = "rgba(0, 0, 200, 0.5)";
    ctx.strokeRect (30, 30, 55, 50);
```

● clearRect

使用 clearRect 方法可以清除指定矩形区域中的图形,使得矩形区域中的颜色全部变为透明,基本语法如下:

```
var ctx = canvas.getContext("2d");
    ctx.fillStyle = "rgba(0, 0, 200, 0.5)";
    ctx.clearRect (30, 30, 55, 50);
```

x 和 y 指定矩形左上角(相对于原点)的位置,width 和 height 是矩形的宽和高。

实例 50+ 视频:使用 canvas 绘制矩形

源文件:源文件 \ 第 4 章 \4-2.html   操作视频:视频 \ 第 4 章 \4-2.swf

第 4 章 使用 canvas

01 ▶ 在 Dreamweaver 中新建一个 HTML 5 空白文档，在 <body> 标签中输入相应的代码定义 canvas 的 id、width 和 height。

02 ▶ 在 <canvas> 标签下输入 <script>…</script> 代码以及获取 canvas 元素的相应代码。继续输入相应的代码获取绘图用的上下文对象。

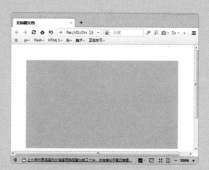

03 ▶ 输入相应的代码进行绘制处理，按快捷键 Ctrl+S，将其保存为"源文件 \ 第 4 章 \4-2.html"，按 F12 键在浏览器中查看页面效果。

提问：关于上下文种类？

答：在从 canvas 对象中获取绘图用的上下文时，必须将上下文种类指定为 2d（二维图形），现阶段只能绘制二维图形。

4.3 使用路径

路径是 canvas 绘制图形的基础，通过多次重复路径可以绘制出各种不同的复杂图形，同时，绘制路径的方法有很多种，下面将进行详细的讲解。

4.3.1 开始和闭合路径

在 HTML 5 中，使用 canvas 元素绘制路径时，可以使用 beginPath() 方法和 closePath() 方法对路径进行控制。

- beginPath()

在绘制图形的过程中，可以通过调用上下文对象的 beginPath 方法开始路径的创建，其基本语法如下：

```
cxt.beginPath();
```

- closePath()

在路径创建完成后，需要使用上下文对象的 closePath 方法将路径关闭，其基本语法如下：

```
cxt.closePath();
```

> **提示**：beginPath 方法不使用参数，通过调用即可开始创建路径，在多次循环创建路径的过程中，每次开始创建时都需要调用 beginPath 函数。

4.3.2 moveTo 和 lineTo

在 HTML 5 中，可以使用 canvas 元素绘制直线，绘制直线一般会使用 moveTo 和 lineTo 两种方法。

- moveTo

在绘制直线的过程中，使用 moveTo 方法可以将光标移动到指定的坐标点，然后以这个坐标点为起点绘制直线，基本语法如下：

```
cxt.moveTo(10,10);
```

- lineTo

在绘制直线的过程中，使用 lineTo 方法可以在 moveTo 方法指定的直线起点与参数中指定的直线终点之间绘制一条直线，其基本语法如下：

```
cxt.lineTo(150,50);
```

➡ 实例 51+ 视频：使用 lineTo 绘制图形

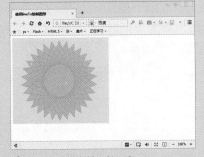 

源文件：源文件 \ 第 4 章 \4-3-2.html　　操作视频：视频 \ 第 4 章 \4-3-2.swf

第 4 章 使用 canvas

01 ▶ 在 Dreamweaver 中，新建一个 HTML 5 空白文档，在代码视图窗口的 <title> 标签中输入文档标题。

02 ▶ 输入 <script> 标签以及函数 function draw(id) {}，在函数中输入获取 canvas 元素和获取上下文的代码。

03 ▶ 输入相应的代码，绘制矩形并设置其样式。使用相同的方法，输入其他代码，绘制图形。

04 ▶ 在 <body> 标签中输入 onLoad="draw('canvas');" 代码，在 <body>…</body> 标签中输入相应的代码定义 canvas 的 id、width 和 height。

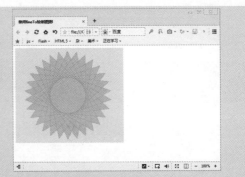

05 按快捷键 Ctrl+Shift+S，将其另存为"源文件\第 4 章\4-3-2.html"，按 F12 键在浏览器中查看页面效果。

> 提问：在 JavaScript 中，条件语句有哪些？
> 答：在 JavaScript 中，条件语句有 if 语句、if…else 语句、if…else if…else 语句和 switch 语句 4 种。

4.3.3 arc() 方法

在 HTML 5 中，可以使用图形上下文对象的 arc() 方法绘制圆弧，从指定的开始角度开始至结束角度为止，按指定的方向进行圆弧的绘制，其基本语法如下：

```
cxt.arc(x,y,radius,startAngle,endAngle,anticlockwise);
```

其中 x 为绘制圆形的起点横坐标，y 为绘制圆形的起点纵坐标，radius 为圆形半径，startAngle 为开始角度，endAngel 为结束角度。

> anticlockwise 参数为一个布尔值的参数，当参数设置为 true 时，按逆时针旋转；当参数设置为 false 时，按顺时针旋转。

➡ **实例 52 + 视频：绘制圆形**

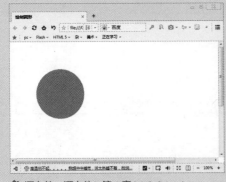

源文件：源文件\第 4 章\4-3-3.html　　操作视频：视频\第 4 章\4-3-3.swf

第 4 章 使用 canvas

01 ▶ 在 Dreamweaver 中，新建一个 HTML 5 空白文档，在代码视图窗口的 <title> 标签中输入文档标题。

```html
<!doctype html>
<html>
<head>
<meta charset="utf-8">
<title>绘制圆形</title>
</head>

<body>
<canvas id="yuan" width="800" height="600"></canvas>
</body>
</html>
```

```html
<body>
<canvas id="yuan" width="800" height="600"></canvas>
<script type="text/javascript">
  var canvas = document.getElementById('yuan');
  var ctx = canvas.getContext('2d');
</script>
</body>
</html>
```

02 ▶ 在 <body> 标签中输入相应的代码定义 canvas 的 id、width 和 height，输入 <script> 标签和相应的代码获取 canvas 元素和上下文。

```html
<script type="text/javascript">
  var canvas = document.getElementById('yuan');
  var ctx = canvas.getContext('2d')
    ctx.beginPath();
</script>
</body>
</html>
```

```html
<script type="text/javascript">
  var canvas = document.getElementById('yuan');
  var ctx = canvas.getContext('2d')
    ctx.beginPath();
    ctx.arc(150, 150, 75, 0, 2 * Math.PI, false);
</script>
</body>
</html>
```

03 ▶ 在 <script> 标签中输入 ctx.beginPath(); 代码开始创建路径，输入 ctx.arc(150, 150, 75, 0, 2 * Math.PI, false); 创建圆形路径。

```html
<script type="text/javascript">
  var canvas = document.getElementById('yuan');
  var ctx = canvas.getContext('2d')
    ctx.beginPath();
    ctx.arc(150, 150, 75, 0, 2 * Math.PI, false);
    ctx.closePath();
</script>
</body>
</html>
```

```html
<script type="text/javascript">
  var canvas = document.getElementById('yuan');
  var ctx = canvas.getContext('2d')
    ctx.beginPath();
    ctx.arc(150, 150, 75, 0, 2 * Math.PI, false);
    ctx.closePath();
    ctx.fillStyle = '#EA6179';
    ctx.fill();
</script>
</body>
</html>
```

04 ▶ 输入 ctx.closePath(); 代码关闭路径，然后输入 ctx.arc(150, 150, 75, 0, 2 * Math.PI, false); 设置绘制样式。

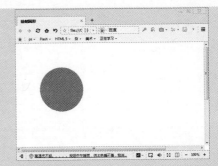

05 ▶ 执行"文件>另存为"命令,在弹出的"另存为"对话框中进行设置,单击"保存"按钮,按 F12 键在浏览器中预览该页面。

提问:如何将角度转换为弧度?

答:参数 angle 为角度,单位不是"度",而是"弧度"。角度和弧度的转换公式为 var radians = degrees*math.PI/180。

4.3.4 bezierCurveTo() 方法

在 HTML 5 中,使用 bezierCurveTo() 方法可以绘制三元抛物线,可以将从当前坐标点到指定坐标点中间的贝塞尔曲线追加到路径中,其基本语法如下:

```
context.bezierCurveTo(cp1x, cp1y, cp2x, cp2y, x, y)
```

➡ 实例 53+ 视频:绘制心形

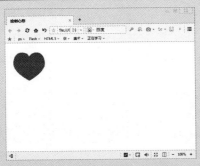

源文件:源文件\第4章\4-3-4.html　　操作视频:视频\第4章\4-3-4.swf

01 ▶ 在 Dreamweaver 中,新建一个 HTML 5 空白文档,在代码视图窗口的 <title> 标签中输入文档标题。

第4章 使用canvas

```
<!doctype html>
<html>
<head>
<meta charset="utf-8">
<title>绘制心形</title>
<script type="text/javascript">
function drawShape(){
}
</script>
</head>
```

```
<head>
<meta charset="utf-8">
<title>绘制心形</title>
<script type="text/javascript">
function drawShape(){
    var canvas = document.getElementById('xin');
}
</script>
</head>

<body>
</body>
</html>
```

02 ▶ 输入 \<script\> 标签以及函数 function drawShape(){}，在函数中输入获取 canvas 元素和获取上下文的代码。

```
<script type="text/javascript">
function drawShape(){
    var canvas = document.getElementById('xin');
    if (canvas.getContext){
        var ctx = canvas.getContext('2d');
    } else {
        alert('You need Safari or Firefox to see.');
    }
}
</script>
</head>

<body>
</body>
</html>
```

```
<script type="text/javascript">
function drawShape(){
    var canvas = document.getElementById('xin');
    if (canvas.getContext){
        var ctx = canvas.getContext('2d');
        ctx.beginPath();
    } else {
        alert('You need Safari or Firefox to see.');
    }
}
</script>
</head>

<body>
</body>
</html>
```

03 ▶ 输入 JavaScript if…else 语句代码，以及获取上下文的代码，输入 ctx.beginPath(); 创建路径。

```
<script type="text/javascript">
function drawShape(){
    var canvas = document.getElementById('xin');
    if (canvas.getContext){
        var ctx = canvas.getContext('2d');
        ctx.beginPath();
        ctx.moveTo(75,40);
    } else {
        alert('You need Safari or Firefox to see.');
    }
}
</script>
</head>

<body>
</body>
</html>
```

```
if (canvas.getContext){
    var ctx = canvas.getContext('2d');
    ctx.beginPath();
    ctx.moveTo(75,40);
    ctx.bezierCurveTo(75,37,70,25,50,25);
    ctx.bezierCurveTo(20,25,20,62.5,20,62.5);
    ctx.bezierCurveTo(20,80,40,102,75,120);
    ctx.bezierCurveTo(110,102,130,80,130,62.5);
    ctx.bezierCurveTo(130,62.5,130,25,100,25);
    ctx.bezierCurveTo(85,25,75,37,75,40);
} else {
    alert('You need Safari or Firefox to see.');
}
}
</script>
```

04 ▶ 输入 ctx.moveTo(75,40); 代码，指定坐标点，输入 ctx.bezierCurveTo 代码，绘制贝塞尔曲线。

```
if (canvas.getContext){
    var ctx = canvas.getContext('2d');
    ctx.beginPath();
    ctx.moveTo(75,40);
    ctx.bezierCurveTo(75,37,70,25,50,25);
    ctx.bezierCurveTo(20,25,20,62.5,20,62.5);
    ctx.bezierCurveTo(20,80,40,102,75,120);
    ctx.bezierCurveTo(110,102,130,80,130,62.5);
    ctx.bezierCurveTo(130,62.5,130,25,100,25);
    ctx.bezierCurveTo(85,25,75,37,75,40);
    ctx.fillStyle = '#f10415';
    ctx.fill();
} else {
    alert('You need Safari or Firefox to see.');
}
}
```

```
    ctx.fill();
} else {
    alert('You need Safari or Firefox to see.');
}
}
</script>
</head>

<body onload="drawShape();">
<canvas id="xin" width="150" height="150"></canvas>
</body>
</html>
```

05 ▶ 输入 ctx.fillStyle = '#f10415'; 和 ctx.fill(); 代码设置绘制样式。在 \<body\> 标签中输入 onLoad="draw('canvas');" 代码和定义 canvas 的 id、width 和 height 的代码。

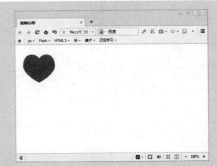

06 ▶ 执行"文件>另存为"命令,在弹出的"另存为"对话框中进行设置,单击"保存"按钮,按 F12 键在浏览器中预览该页面。

> **提问**:绘制曲线的方法是什么?
>
> **答**:在 HTML 5 中除了使用 bezierCurveTo() 方法绘制曲线外,还可以使用 quadraticCurveTo() 方法绘制二次样条曲线。

4.4 渐变图形

在 HTML 5 中还可以使用 canvas 元素绘制渐变效果,渐变是指从一种颜色过渡到另一种颜色,渐变分为线性渐变和径向渐变两种。

4.4.1 线性渐变

绘制线性渐变,需要使用 LinearGradient 对象,然后使用 createLinearGradient() 方法进行创建,该方法的定义如下:

```
CanvasGradient=context.createLinearGradient (xStart,yStart,xEnd,yEnd)
CanvasGradient.addColorstop(offset, color);
```

- xStart 为渐变起始点的横坐标。
- yStart 为渐变起始点的纵坐标。
- xEnd 为渐变结束点的横坐标。
- yEnd 为渐变结束点的纵坐标。

实例 54+ 视频:绘制线性渐变

源文件:源文件 \ 第 4 章 \4-4-1.html   操作视频:视频 \ 第 4 章 \4-4-1.swf

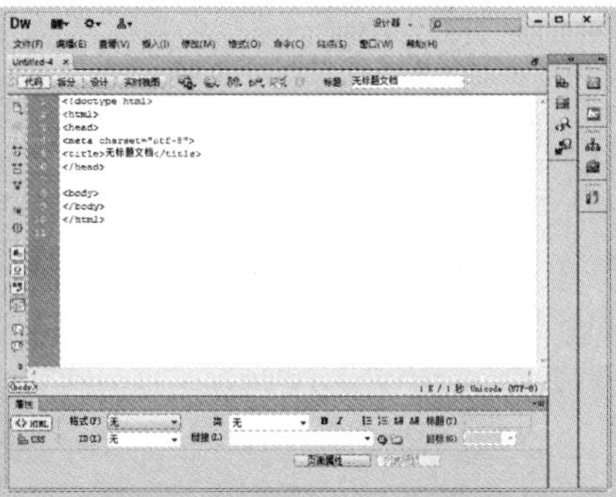

```
<!doctype html>
<html>
<head>
<meta charset="utf-8">
<title>绘制线性渐变</title>
</head>

<body>
</body>
</html>
```

01 ▶在 Dreamweaver 中，新建一个 HTML 5 空白文档，在代码视图窗口的 <title> 标签中输入文档标题。

```
<head>
<meta charset="utf-8">
<title>绘制线性渐变</title>
<script type="text/javascript">
window.onload = function()
{
}
</script>
</head>

<body>
</body>
</html>
```

```
<script type="text/javascript">
window.onload = function()
{
var canvas = document.getElementById("jianbian");
var context = canvas.getContext("2d");
}
</script>
</head>

<body>
</body>
</html>
```

02 ▶输入 <script> 标签和脚本函数 function(){}，并输入获取 canvas 元素的代码和获取上下文的代码。

```
<!doctype html>
<html>
<head>
<meta charset="utf-8">
<title>绘制线性渐变</title>
<script type="text/javascript">
window.onload = function()
{
var canvas = document.getElementById("jianbian");
var context = canvas.getContext("2d");
var g1 = context.createLinearGradient(0, 0, 0, 300);
}
</script>
</head>
```

```
<script type="text/javascript">
window.onload = function()
{
var canvas = document.getElementById("jianbian");
var context = canvas.getContext("2d");
g1.addColorStop(0, "rgb(255, 0, 0)");
g1.addColorStop(0.5, "rgb(255, 255, 0)");
g1.addColorStop(1, "rgb(0, 255, 0)");
}
</script>
</head>

<body>
</body>
</html>
```

03 ▶输入变量 var g1 = context.createLinearGradient(0, 0, 0, 300);，创建对象，输入 addColorStop，追加渐变的颜色。

```
<script type="text/javascript">
window.onload = function()
{
var canvas = document.getElementById("jianbian");
var context = canvas.getContext("2d");
g1.addColorStop(0, "rgb(255, 0, 0)");
g1.addColorStop(0.5, "rgb(255, 255, 0)");
g1.addColorStop(1, "rgb(0, 255, 0)");
context.fillStyle = g1;
context.fillRect(0, 0, 400, 300);
}
</script>
</head>

<body>
</body>
</html>
```

```
<script type="text/javascript">
window.onload = function()
{
var canvas = document.getElementById("jianbian");
var context = canvas.getContext("2d");
var g1 = context.createLinearGradient(0, 0, 0, 300);
g1.addColorStop(0, "rgb(255, 0, 0)");
g1.addColorStop(0.5, "rgb(255, 255, 0)");
g1.addColorStop(1, "rgb(0, 255, 0)");
context.fillStyle = g1;
context.fillRect(0, 0, 400, 300);
}
</script>
</head>

<body>
<canvas id="jianbian" width="600" height="400"></canvas>
</body>
</html>
```

04 ▶输入 context.fillStyle = g1;context.fillRect(0, 0, 400, 300); 代码，绘制矩形并定义绘制矩形的填充样式。在 <body> 标签中输入定义 canvas 的 id、width 和 height 的代码。

05 ▶ 执行"文件>另存为"命令,在弹出的"另存为"对话框中进行设置,单击"保存"按钮,按 F12 键在浏览器中预览该页面。

> **提问**:offset 的取值范围是多少?
>
> **答**:offset 为设定的颜色离开渐变起始点的偏移量,该参数的取值范围在 0~1 之间的浮点值。

4.4.2 径向渐变

绘制径向渐变,同样使用 createLinearGradient() 方法进行创建,使用 addColorStop() 方法追加渐变色,该方法的定义如下:

```
CanvasGradient=context.createLinearGradient (xStart,yStart,radiusStar,xEnd,yEnd,radiuseEnd)
CanvasGradient.addColorstop(offset, color);
```

- xStart 为渐变开始圆的圆心横坐标。
- yStart 为渐变起始圆的圆心纵坐标。
- radiusStar 为开始圆的半径。
- xEnd 为渐变结束圆的圆心横坐标。
- yEnd 为渐变结束圆的圆心纵坐标。
- radiuseEnd 为结束圆的半径。

➡ 实例 55+ 视频:绘制径向渐变

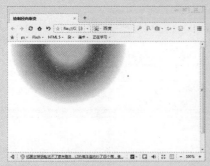 

📄 源文件:源文件 \ 第 4 章 \4-4-2. html　　　🎬 操作视频:视频 \ 第 4 章 \4-4-2. swf

第 4 章 使用 canvas

01 ▶ 在 Dreamweaver 中，新建一个 HTML 5 空白文档，在代码视图窗口的 <title> 标签中输入文档标题。

02 ▶ 输入 <script> 标签和脚本函数 function(){}，并输入获取 canvas 元素的代码和获取上下文的代码。

03 ▶ 输入变量 var g1 = context.createRadialGradient(200, 0, 0, 200, 0, 200); 创建对象，输入 addColorStop，追加渐变的颜色。

04 ▶ 输入 context.fillStyle = g1;context.fillRect(0, 0, 400, 300); 代码，绘制矩形并定义绘制矩形的填充样式。在 <body> 标签中输入定义 canvas 的 id、width 和 height 的代码。

 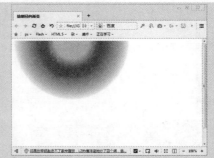

05 ▶ 执行"文件 > 另存为"命令,在弹出的"另存为"对话框中进行设置,单击"保存"按钮,按 F12 键在浏览器中预览该页面。

> **提问**:addColorStop() 方法中的 offset 的取值范围是多少?
> **答**:offset 为所设定的颜色离开渐变起始点的偏移量,该参数值范围为 0~1 之间的浮点值。

4.5 在 canvas 中绘制图像

在 HTML 5 中,不仅可以使用 canvas 元素绘制图形,还可以使用 canvas 元素读取磁盘或网络中的图像文件。

4.5.1 图像绘制的基本步骤

图像绘制的基本步骤是首先读取图像文件,然后在 canvas 中进行绘制,在读取图像之前,首先需要创建一个 Image 对象,然后设定该 Image 对象的 src 属性,再通过 onload 事件同步执行回执图像的函数,其基本语法如下:

```
var image = new Image();
image.src = "图像文件路径"
image.onload = function()
```

绘制图像时,需要使用 drawImage() 方法,一共有 3 种方式,分别是直接绘制、尺寸修改和图像截取。

● **直接绘制**

直接绘制一般有 3 个参数,image 可以是一个 img 元素,一个 video 元素或者一个 JavaScript 对象,x 和 y 为绘制时图像在画布中的起始坐标,基本语法如下:

```
context.drawImage(image,x,y);
```

● **尺寸修改**

尺寸修改的前 3 个参数和直接绘制的参数一样,w 和 h 为绘制时图像的宽度和高度,基本语法如下:

```
context.drawImage(image,x,y,w,h);
```

● **图像截取**

图像截取可以将画布中已经绘制好的图像的全部或者局部区域复制到画布中的另一个

第4章 使用 canvas

位置上，其基本语法如下：

```
context.drawImage(image,sx,sy,sw,sh,dx,dy,dw,dh);
```

提示

drawImage(image, sx, sy, sWidth, sHeight, dx, dy, dWidth, dHeight) 中的 s 是 slice 的意思，即切割；d 是 draw 的意思，即绘制。

实例 56+ 视频：绘制图像（一）

源文件：源文件 \ 第 4 章 \4-5-1（一）.html　　操作视频：视频 \ 第 4 章 \4-5-1（一）.swf

01 ▶ 在 Dreamweaver 中，新建一个 HTML 5 空白文档，在代码视图窗口的 <title> 标签中输入文档标题。

02 ▶ 输入 <script> 标签和脚本函数 function(){}，输入获取 canvas 元素的代码和获取上下文的代码。

03 ▶ 输入 var img = new Image(); 代码，创建 Image 对象。输入 img.src = '1.jpg';，设置需要绘制图像文件的路径。

> **提示**　用户还可以通过 data:url 方式来引用图像，data urls 允许使用一串 Base64 编码字符串的方式来定义一个图片。

04 ▶ 输入 img.onload = function(){} 代码设置绘制图像的函数。在 <body> 标签中输入 onLoad="draw('canvas');" 代码和定义 canvas 的 id、width 和 height 的代码。

05 ▶ 执行"文件 > 另存为"命令，在弹出的"另存为"对话框中进行设置，单击"保存"按钮，按 F12 键在浏览器中预览该页面。

> **提问**：为何要输入 onLoad="draw('canvas');"？
> 答：因为只有输入了 onLoad="draw('canvas');"，在 Image 对象的 onload 事件中同步执行绘制图像的函数，就可以边转载边绘制，无须等待。

第 4 章 使用 canvas

实例 57+ 视频：绘制图像（二）

源文件：源文件 \ 第 4 章 \4-5-1（二）.html　　操作视频：视频 \ 第 4 章 \4-5-1（二）.swf

01 ▶ 执行"文件 > 打开"命令，在弹出的对话框中选择"素材 \ 第 4 章 \45102.html"，单击"打开"按钮。

02 ▶ 打开素材，单击"代码"按钮，打开代码视图窗口，在 img.onload = function(){} 中输入 ctx.drawImage(image,510,10,240,400); 代码。

03 ▶ 执行"文件 > 另存为"命令，在弹出的"另存为"对话框中进行设置，单击"保存"按钮，按 F12 键在浏览器中预览该页面。

HTML 5 网页制作 全程揭秘

图像可能会因为大幅度的缩放而变得模糊，如果图像里面有文字，最好不要进行缩放，因为可能图像里的文字会变得无法辨认。

提问：获取图像的方式有哪些？

答：用户可以通过 document.images 集合、document.getElementsByTagName(canvasName||imageName) 方法和 document.getElementById(canvasId||imageId) 方法获取图像。

实例 58+ 视频：绘制图像（三）

源文件：源文件 \ 第 4 章 \4-5-1（三）.html　　操作视频：视频 \ 第 4 章 \4-5-1（三）.swf

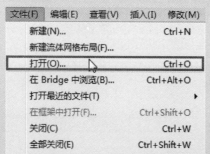

01 ▶ 执行"文件 > 打开"命令，在弹出的对话框中选择"素材 \ 第 4 章 \45103.html"，单击"打开"按钮。

02 ▶ 打开素材，单击"代码"按钮，打开代码视图窗口，在 img.onload = function(){} 中输入 ctx.drawImage(image,30,240,270,440,510,430,240,370); 代码。

第 4 章 使用 canvas

03 ▶ 执行"文件 > 另存为"命令,在弹出的"另存为"对话框中进行设置,单击"保存"按钮,按 F12 键在浏览器中预览该页面。

提问:图像截取绘制方式的用处是什么?

答:使用图像截取绘制图像的方式可以在做图像局部特写放大处理时用到。

4.5.2 图像平铺

在 HTML 5 中还可以实现图像平铺效果,所谓图像平铺是指图像按一定比例缩小将画布填满,除了使用 drawImage() 方法之外,还可以使用 createPattern() 方法实现平铺效果,其基本语法如下:

```
context.createPattern(image,type);
```

其中 type 参数的值有 4 种字符串可供选择:

```
no-repeat:不平铺
repeat-x:横方向平铺
repeat-y:纵方向平铺
repeat:全方向平铺
```

➡ 实例 59+ 视频:绘制平铺图像

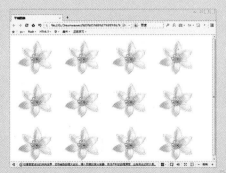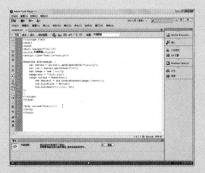

🏠 源文件:源文件 \ 第 4 章 \4-5-2.html　　📶 操作视频:视频 \ 第 4 章 \4-5-2.swf

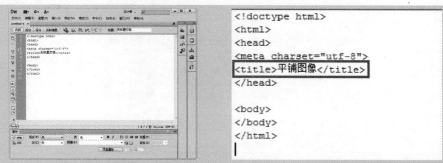

`01` ▶ 在 Dreamweaver 中，新建一个 HTML 5 空白文档，在代码视图窗口的 <title> 标签中输入文档标题。

`02` ▶ 输入 <script> 标签和脚本函数 function(){}，输入获取 canvas 元素的代码和获取上下文的代码。

`03` ▶ 输入 var img = new Image(); 代码，创建 Image 对象。输入 img.src = '452011.png';，设置需要绘制图像文件的路径。

`04` ▶ 输入 img.onload = function(){} 代码并创建填充样式，全方向平铺。输入相应的代码，设置填充样式和填充画布。

第 4 章　使用 canvas

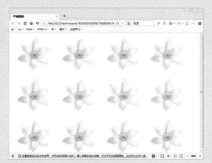

`05` 在 <body> 标签中输入 onLoad="draw('canvas');" 代码，并输入定义 canvas 的 id、width 和 height 的代码。

`06` 执行"文件 > 另存为"命令，在弹出的"另存为"对话框中进行设置，单击"保存"按钮，按 F12 键在浏览器中预览该页面。

> **提问**：drawImage() 方法和 createPattern() 方法的区别是什么？
> **答**：使用 drawImage() 方法需要使用几个变量以及循环处理，比较复杂，而 createPattern() 方法只需使用几个参数即可达到平铺效果，比较简单。

4.5.3　图像裁剪

在使用 canvas 绘制图像时，常常只需要保留图像的一部分，除了使用以上的方法外，还可以使用图形上下文对象的 clip() 方法实现图像的裁剪，其基本语法如下：

```
context.clip();
```

➡ 实例 60+ 视频：裁剪图像

🏠 源文件：源文件 \ 第 4 章 \4-5-3. html　　📶 操作视频：视频 \ 第 4 章 \4-5-3. swf

111

HTML 5 〉网页制作 〉全程揭秘

01 ▶ 在 Dreamweaver 中，新建一个 HTML 5 空白文档，在代码视图窗口的 <title> 标签中输入文档标题。

02 ▶ 输入 <script> 标签和脚本函数 function(){}，输入获取 canvas 元素的代码和获取上下文的代码。

03 ▶ 输入 var img = new Image(); 代码，创建 Image 对象。输入 img.src = '45301.png';，设置需要绘制图像文件的路径。

04 ▶ 输入 img.onload = function(){} 代码，设置绘制图像的函数。使用相同的方法，输入 function drawImage() {} 函数和获取 canvas 元素的代码和获取上下文的代码。

第4章 使用 canvas

```
function drawImage() {
    var c=document.getElementById("tuxiang");
    var ctx=c.getContext("2d");
    ctx.beginPath();
    ctx.arc(300, 290, 200, 0, 2 * Math.PI, false);
}
</script>
</head>

<body>
</body>
</html>
```

```
function drawImage() {
    var c=document.getElementById("tuxiang");
    var ctx=c.getContext("2d");
    ctx.beginPath();
    ctx.arc(300, 290, 200, 0, 2 * Math.PI, false);
    ctx.closePath();
    ctx.fillStyle = '#EA6179';
    ctx.fill();
}
</script>
</head>

<body>
</body>
</html>
```

05 ▶ 输入相应的代码创建并绘制路径，输入 ctx.closePath(); 代码关闭路径并设置填充样式。

```
function drawImage() {
    var c=document.getElementById(
    var ctx=c.getContext("2d");
    ctx.beginPath();
    ctx.arc(300, 290, 200, 0,
    ctx.closePath();
    ctx.fillStyle = '#EA6179';
    ctx.fill();
    ctx.clip();
}
```

```
</script>
</head>
<body onload="draw(); drawImage();" >
<canvas id="tuxiang" width="600" height="585"></canvas>
</body>
</html>
```

06 ▶ 输入 ctx.clip(); 代码设置裁剪区域，在 \<body\> 标签中输入 onLoad="draw(); drawImage();" 代码和定义 canvas 的 id、width 和 height 的代码。

07 ▶ 执行"文件 > 另存为"命令，在弹出的"另存为"对话框中进行设置，单击"保存"按钮，按 F12 键在浏览器中预览该页面。

> **提问：如何取消裁剪区域？**
> 答：如果需要取消设置好的裁剪区域，可以使用 save 方法保存图形上下文的当前状态。

4.5.4 像素处理

在 HTML 5 中，不仅可以使用 canvas 处理图像，还可以处理像素。使用 canvas 可以获取图像中的每一个像素，从而得到该像素颜色的 rgb 值或 rgba 值。使用图形上下文对象的 getImageData() 方法可以获取图像中的像素，其基本语法如下：

```
var imagedata=context.getImageData(sx, sy, sw, sh);
```

sx、sy 分别表示所获取区域的起点横坐标和起点纵坐标，sw、sh 分别表示所获取区域的宽度和高度。

实例 61+ 视频：绘制随机像素

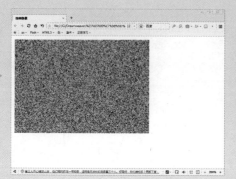

源文件：源文件\第4章\4-5-4.html

操作视频：视频\第4章\4-5-4.swf

01 ▶ 在 Dreamweaver 中，新建一个 HTML 5 空白文档，在代码视图窗口的 <title> 标签中输入文档标题。

02 ▶ 输入 <script> 标签和脚本函数 function(){}，然后输入获取 canvas 元素的代码和获取上下文的代码。

提示：在使用 createImageData 获取像素后，即可对这些像素进行处理，最后必须使用 putImageData 方法渲染上下文才可显示。

第4章 使用canvas

```
<head>
<meta charset="utf-8">
<title>绘制像素</title>
<script type="text/javascript">
function draw() {
    var canvas = document.getElementById("tuxiang");
    var context = canvas.getContext("2d");
    var imageData = context.createImageData(300, 200);
}
</script>
</head>

<body>
</body>
</html>
```

```
<script type="text/javascript">
function draw() {
    var canvas = document.getElementById(
    var context = canvas.getContext("2d")
    var imageData = context.createImageDa
    var pixels = imageData.data;
}
</script>
</head>

<body>
</body>
</html>
```

03 ▶ 输入 var imageData = context.createImageData(300, 200); 代码创建像素，输入 var pixels = imageData.data; 代码访问 CanvasPixelArray 中的像素。

```
<head>
<meta charset="utf-8">
<title>绘制像素</title>
<script type="text/javascript">
function draw() {
    var canvas = document.getElementById("tuxiang");
    var context = canvas.getContext("2d");
    var imageData = context.createImageData(300, 200);
    var pixels = imageData.data;
    var numPixels = imageData.width*imageData.height;
}
</script>
</head>

<body>
</body>
</html>
```

```
<script type="text/javascript">
function draw() {
    var canvas = document.getElementById("tuxiang");
    var context = canvas.getContext("2d");
    var imageData = context.createImageData(300, 200);
    var pixels = imageData.data;
    var numPixels = imageData.width*imageData.height;
    for (var i = 0; i < numPixels; i++)
    {
    };
}
</script>
</head>

<body>
</body>
</html>
```

04 ▶ 输入变量 numPixels 保存 ImageData 对象中的像素个数，输入 for (var i = 0; i < numPixels; i++){}; 遍历每一个像素。

```
<script type="text/javascript">
function draw() {
    var canvas = document.getElementById("tuxiang");
    var context = canvas.getContext("2d");
    var imageData = context.createImageData(300, 200);
    var pixels = imageData.data;
    var numPixels = imageData.width*imageData.height;
    for (var i = 0; i < numPixels; i++)
    {
        pixels[i*4]   = Math.floor(Math.random()*255);
        pixels[i*4+1] = Math.floor(Math.random()*255);
        pixels[i*4+2] = Math.floor(Math.random()*255);
        pixels[i*4+3] = 255;
    };
}
</script>
</head>
```

```
    for (var i = 0; i < numPixels; i++)
    {
        pixels[i*4]   = Math.floor(Math.random()*255);
        pixels[i*4+1] = Math.floor(Math.random()*255);
        pixels[i*4+2] = Math.floor(Math.random()*255);
        pixels[i*4+3] = 255;
    };
    context.putImageData(imageData, 0, 0);
}
</script>
</head>

<body>
</body>
</html>
```

05 ▶ 输入相应的代码赋予每一个像素颜色值，输入 context.putImageData(imageData, 0, 0); 代码渲染上下文。

```
</script>
</head>

<body onLoad="draw();">
</body>
</html>
```

```
{
    pixels[i*4]   = Math.floor(Math.random()*255);
    pixels[i*4+1] = Math.floor(Math.random()*255);
    pixels[i*4+2] = Math.floor(Math.random()*255);
    pixels[i*4+3] = 255;
};
context.putImageData(imageData, 0, 0);
}
</script>
</head>

<body onLoad="draw();">
<canvas id="tuxiang" width="300" height="200"></canvas>
</body>
</html>
```

06 ▶ 在 <body> 标签中输入 onLoad="draw();" 代码，在 <body></body> 标签中输入定义 canvas 的 id、width 和 height 的代码。

> **提示**：对于 canvas 的像素处理技术只有部分浏览器支持，建议使用 Opera 浏览器进行代码测试。

 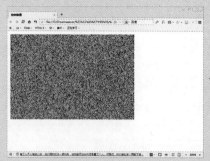

07 ▶ 执行"文件>另存为"命令，在弹出的"另存为"对话框中进行设置，单击"保存"按钮，按 F12 键在浏览器中预览该页面。

> **提问**：imagedata 具有哪些属性？
> 答：imagedata 变量是一个 CanvasPixelArray 对象，具有 height、width 和 data 等属性。

4.6 图形的变形

在绘制图形的过程中，常常需要对图形进行一些变形操作，HTML 5 新增的 canvas 元素也提供了路径旋转、移动和扩大等变形功能。

4.6.1 平移

使用图形上下文对象的 translate 方法可以移动坐标轴圆点，从而实现图形的平移，该方法的基本定义如下：

```
context.translate(x,y);
```

➡ **实例 62+ 视频：平移图形**

🏠 源文件：源文件 \ 第 4 章 \4-6-1.html　　📶 操作视频：视频 \ 第 4 章 \4-6-1.swf

第 4 章 使用 canvas

```
<head>
<meta charset="utf-8">
<title>图形的变形</title>
</head>

<body>
</body>
</html>
```

01 ▶ 在 Dreamweaver 中，新建一个 HTML 5 空白文档，在代码视图窗口的 <title> 标签中输入文档标题。

```
<head>
<meta charset="utf-8">
<title>图形的变形</title>
<script type="text/javascript">
function draw(){

}
</script>
</head>
```

```
<head>
<meta charset="utf-8">
<title>图形的变形</title>
<script type="text/javascript">
function draw(){
    var canvas = document.getElementById("tuxiang");
    var context = canvas.getContext("2d");
}
</script>
</head>
<body>
</body>
</html>
```

02 ▶ 输入 <script> 标签和脚本函数 function(){}，输入获取 canvas 元素的代码和获取上下文的代码。

```
<head>
<meta charset="utf-8">
<title>图形的变形</title>
<script type="text/javascript">
function draw(){
    var canvas = document.getElementById("tuxiang");
    var context = canvas.getContext("2d");
    context.fillStyle = "#ffefff";
    context.fillRect(0, 0, 400, 300);
}
</script>
</head>
<body>
</body>
</html>
```

```
function draw(){
    var canvas = document.getElementById
    var context = canvas.getContext("2d"
    context.fillStyle = "#ffefff";
    context.fillRect(0, 0, 400, 300);
    context.translate(200, 50);
}
</script>
</head>
<body>
</body>
```

03 ▶ 输入相应的代码，绘制矩形，输入 context.translate(200, 50); 代码设置移动坐标轴原点。

```
var context = canvas.getContext("2d");
context.fillStyle = "#ffefff";
context.fillRect(0, 0, 400, 300);
context.translate(200, 50);
context.fillStyle = 'rgba(152,3,45,0.25)'
for(var i = 0; i < 50; i++)
{
    context.translate(25, 25);
    context.fillRect(0,0,50,30)
}
}
</script>
</head>
```

```
    for(var i = 0; i < 50; i++)
    {
        context.translate(25, 25);
        context.fillRect(0,0,50,30)
    }
}
</script>
</head>
<body onLoad="draw();">
<canvas id="tuxiang" width="400" height="300"></canvas>
</body>
</html>
```

04 ▶ 输入相应的代码，设置绘制矩形的平移。在 <body> 标签中输入 onLoad="draw();" 代码和定义 canvas 的 id、width 和 height 的代码。

117

05 ▶ 执行"文件>另存为"命令,在弹出的"另存为"对话框中进行设置,单击"保存"按钮,按 F12 键在浏览器中预览该页面。

> **提问**:translate 方法中参数的含义是什么?
> **答**:translate 方法中的 x 表示将坐标轴原点向左移动多少个单位,y 表示将坐标轴原点向下移动多少个单位。

4.6.2 扩大

使用图形上下文对象的 scale 方法可以将图形放大或缩小,该方法的基本定义如下:

```
context.scale(x,y);
```

➡ 实例 63+ 视频:扩大图形

🏠 源文件:源文件 \ 第 4 章 \4-6-2.html   📶 操作视频:视频 \ 第 4 章 \4-6-2.swf

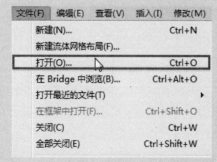 

01 ▶ 执行"文件>打开"命令,在弹出的对话框中选择"素材 \ 第 4 章 \46201.html",单击"打开"按钮。

第 4 章 使用 canvas

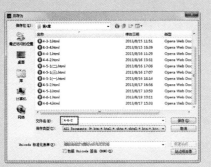

```
for(var i = 0; i < 50; i++)
{
    context.translate(25, 25);
    context.scale(0.95, 0.95);
    context.fillRect(0,0,50,30)
}
}
</script>
</head>
```

`02▶` 打开素材，单击"代码"按钮，打开代码视图窗口，在 <script> 标签中输入 context.scale(0.95, 0.95); 代码。

`03▶` 执行"文件 > 另存为"命令，在弹出的"另存为"对话框中进行设置，单击"保存"按钮，按 F12 键在浏览器中预览该页面。

> **提问**：scale 方法的参数范围是什么？
> **答**：scale 方法有两个参数，分别是 x 和 y，这两个参数的范围均为 0~1。

4.6.3 旋转

使用图形上下文对象的 rotate 方法可以对图形进行旋转操作，该方法的基本定义如下：

```
context.rotate(angle);
```

➡ 实例 64+ 视频：旋转图形

源文件：源文件 \ 第 4 章 \4-6-3.html   操作视频：视频 \ 第 4 章 \4-6-3.swf

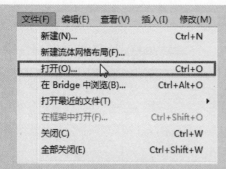

`01` ▶ 执行"文件 > 打开"命令，在弹出的对话框中选择"素材\第 4 章\46301.html"，单击"打开"按钮。

`02` ▶ 打开素材，单击"代码"按钮，打开代码视图窗口，在 <script> 标签中输入 context.rotate(Math.PI / 8); 代码。

`03` ▶ 执行"文件 > 另存为"命令，在弹出的"另存为"对话框中进行设置，单击"保存"按钮，按 F12 键在浏览器中预览该页面。

> **提问：如何使图形按逆时针旋转？**
> 答：rotate 方法的参数 angle 指旋转的角度，默认是以顺时针方向进行旋转，将其设置为负数即可按逆时针旋转。

4.6.4 变形矩阵

变形矩阵是专门用来实现图形变形的，它与坐标配合使用，从而达到变形的目的，使用图形上下文对象的 transforms 方法可以修改变形矩阵，该方法的定义如下：

第4章 使用 canvas

```
context.transform(m11,m12,m21,m22,dx,dy)
```

该方法使用一个新的变形矩阵与当前变形矩阵进行乘法运算，从而实现图形的变形，该变形矩阵的形式如下：

m11	m21	dx
m12	m22	dy
0	0	1

实例 65+ 视频：使用矩阵变换

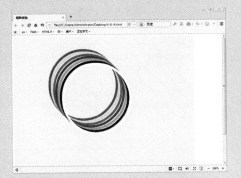
源文件：源文件 \ 第 4 章 \4-6-4.html

操作视频：视频 \ 第 4 章 \4-6-4.swf

01 ▶ 在 Dreamweaver 中，新建一个 HTML 5 空白文档，在代码视图窗口的 <title> 标签中输入文档标题。

02 ▶ 输入 <script> 标签和脚本函数 function(){}，输入获取 canvas 元素的代码和获取上下文的代码。

```
<meta charset="utf-8">
<title>矩阵变换</title>
    <script type="text/javascript">
    window.onload = function()
    {
    var canvas = document.getElementById
    var context = canvas.getContext("2d
    context.fillStyle = "#efe";
    context.fillRect(0, 0, 800, 600);
    }
    </script>
</head>

<body>
```

```
<script type="text/javascript">
window.onload = function()
{
var canvas = document.getElementById("tuxiang");
var context = canvas.getContext("2d");
context.fillStyle = "#efe";
context.fillRect(0, 0, 800, 600);
var colors = ["red", "yellow", "green", "blue",
"orange", "navy", "white"];
}
</script>
</head>

<body>
</body>
</html>
```

03 ▶ 输入相应的代码，绘制矩形并设置填充样式，输入 var colors = ["red", "yellow", "green", "blue", "orange", "navy", "white"]; 代码定义颜色。

```
<script type="text/javascript">
window.onload = function()
{
var canvas = document.getElementBy
var context = canvas.getContext("2
context.fillStyle = "#efe";
context.fillRect(0, 0, 800, 600);
var colors = ["red", "yellow", "gr
context.lineWidth = 10;
}
</script>
```

```
<script type="text/javascript">
window.onload = function()
{
var canvas = document.getElementById("t
var context = canvas.getContext("2d");
context.fillStyle = "#efe";
context.fillRect(0, 0, 800, 600);
var colors = ["red", "yellow", "green",
context.lineWidth = 10;
context.transform(1, 0, 0, 1, 100, 0);
}
</script>
```

04 ▶ 输入相应的代码，定义绘制线条的宽度。输入 context.transform(1, 0, 0, 1, 100, 0); 代码，设置变换矩阵。

```
<script type="text/javascript">
window.onload = function()
{
var canvas = document.getElementById("tuxiang");
var context = canvas.getContext("2d");
context.fillStyle = "#efe";
context.fillRect(0, 0, 800, 600);
var colors = ["red", "yellow", "green", "blue"
context.lineWidth = 10;
context.transform(1, 0, 0, 1, 100, 0);
for(var i = 0, j = colors.length; i < j; i++)
{
context.transform(1, 0, 0, 1, 10, 10);
}
}
</script>
```

```
for(var i = 0, j = colors.length; i < j; i++)
{
context.transform(1, 0, 0, 1, 10, 10);
context.strokeStyle = colors[i];
}
}
</script>
ead>

dy>
ody>
ml>
```

05 ▶ 输入相应的代码，定义每次向下移动 10 个像素的变换矩阵。输入 context.strokeStyle = colors[i]; 代码定义颜色。

```
var colors = ["red", "yellow", "green", "
context.lineWidth = 10;
context.transform(1, 0, 0, 1, 100, 0);
for(var i = 0, j = colors.length; i < j;
{
context.transform(1, 0, 0, 1, 10, 10);
context.strokeStyle = colors[i];
context.beginPath();
context.arc(200, 200, 150, 150, 2, true);
context.stroke();
}
}
</script>
```

```
for(var i = 0, j = colors.length; i < j; i++)
{
context.transform(1, 0, 0, 1, 10, 10);
context.strokeStyle = colors[i];
context.beginPath();
context.arc(200, 200, 150, 150, 2, true);
context.stroke();
}
}
</script>
</head>

<body>
<canvas id="tuxiang" width="800" height="700"></canvas>
</body>
</html>
```

06 ▶ 输入相应的代码，绘制圆弧。在 \<body\> 标签中输入定义 canvas 的 id、width 和 height 的代码。

第 4 章　使用 canvas

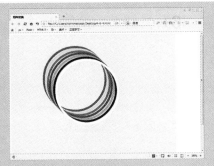

07 ▶ 执行"文件 > 另存为"命令，在弹出的"另存为"对话框中进行设置，单击"保存"按钮，按 F12 键在浏览器中预览该页面。

> **提问**：变形矩阵的其他方法是什么？
> 答：除了使用 transform 方法以外，必要时还可以使用 setTransform 方法将变形矩阵进行重置，它的参数和用法与 transform 相同。

4.7 绘制文本

在 HTML 5 中，不仅可以绘制图形，还可以绘制图像，甚至还可以绘制文本，绘制文本的方法如下：

方　法	说　明
context.fillText(text,x,y)	使用填充方式绘制文本
context.fillText(text,x,y,maxWidth)	使用填充方式绘制文本
context.strokeText(text,x,y)	使用轮廓方式绘制文本
context.strokeText(text,x,y,maxWidth)	使用轮廓方式绘制文本

绘制文本的相关属性如下：

属　性	效　果
context.font	定义文本的样式
context.textAlign	定义文本的对齐方式
context.textBaseline	定义文本的基准线

> **提示**：在绘制文字的过程中，可以使用 fillText 和 strokeText 方法中的 maxWidth 参数表示显示文字时的最大宽度。

实例 66+ 视频：绘制文本

源文件：源文件 \ 第 4 章 \4-7.html

操作视频：视频 \ 第 4 章 \4-7.swf

01 ▶ 在 Dreamweaver 中，新建一个 HTML 5 空白文档，在代码视图窗口的 <title> 标签中输入文档标题。

02 ▶ 输入 <script> 标签和脚本函数 function(){}，输入获取 canvas 元素的代码和获取上下文的代码。

03 ▶ 输入相应的代码设置绘制文字的字体和填充样式，输入 context.fillText("HELLO!", 50, 100); 代码绘制文字。

第 4 章 使用 canvas

04 ▶ 在 \<body\> 标签中输入定义 canvas 的 id、width 和 height 的代码。执行"文件 > 另存为"命令，保存文件，按 F12 键在浏览器中预览该页面。

> **提问**：绘制文字的方法是什么？
>
> 答：绘制文字可以使用 fillText 或 strokeText 两种方法，不同的是一个是填充方式，一个是轮廓方式。

4.7.1 对齐方式

在 HTML 5 中，可以使用 textAlign 属性控制文本的左对齐、右对齐或者居中等，该属性的基本定义如下：

```
context.textAlign="center";
```

4.7.2 基准线

textAlign 属性用于定义文本的水平方向的基准，textBaseline 属性用于定义文本的垂直方向的基准，用户可以在 textBaseline 中指定 top、middle、bottom、hanging、alphabetic 和 ideographic 等，该属性的基本定义如下：

```
context.textBaseline = "middle";
```

实例 67+ 视频：调整绘制文本

源文件：源文件 \ 第 4 章 \4-7-2.html　　操作视频：视频 \ 第 4 章 \4-7-2.swf

01 ▶ 在 Dreamweaver 中，新建一个 HTML 5 空白文档，在代码视图窗口的 <title> 标签中输入文档标题。

02 ▶ 输入 <script> 标签和脚本函数 function(){}，输入获取 canvas 元素的代码和获取上下文的代码。

03 ▶ 输入相应的代码设置文字的字体和填充样式，输入 context.textAlign = "center"; 代码设置文字的水平对齐方式。

04 ▶ 输入 context.textBaseline = "top"; 代码设置文字的垂直对齐方式，输入相应的代码，绘制文字。

第 4 章 使用 canvas

05 ▶ 在 <body> 标签中输入定义 canvas 的 id、width、height 和 style 的代码。执行"文件 > 另存为"命令，保存文件，按 F12 键在浏览器中预览该页面。

> **提问**：textBaseline 属性都有哪些属性值？
>
> 答：textBaseline 属性的属性值包括 top、hanging、middle、alphabetic、ideographic 和 bottom。

4.8 图形的组合

在 canvas 中可以将一个图形重叠绘制在另一个图形上方，使用图形上下文对象的 globalCompositeOperation 属性即可设置图像的组合方式，其基本语法如下：

```
context.globalCompositeOperation = type;
```

type 的值必须是下面几种字符串之一：

- source-over

source-over 为 globalCompositeOperation 属性的默认值，表示新图形覆盖在原有图形的上方。

- destination-over

destination-over 表示在原有图形的下方绘制新图形。

- source-in

source-in 表示新图形与原有图形作 in 运算，只显示新图形中与原有图形重叠的部分，新图形与原有图形的其他部分变为透明。

- destination-in

destination-in 表示原有图形与新图形作 in 运算，只显示原有图形中与新图形重叠的部分，新图形与原有图形的其他部分变为透明。

- source-out

source-out 表示新图形与原有图形作 out 运算，只显示新图形中与原有图形不重叠的部分，新图形与原有图形的其他部分变为透明。

- destination-out

destination-out 表示原有图形与新图形作 out 运算，只显示原有图形中与新图形不重叠的部分，新图形与原有图形的其他部分变为透明。

- source-atop

source-atop 表示只绘制新图形中与原有图形重叠的部分与未被重叠覆盖的原有图形，新图形的其他部分变为透明。

- destination-atop

destination-atop 表示只绘制原有图形中被新图形重叠覆盖的部分与新图形的其他部分，原有图形中的其他部分变为透明，不绘制新图形中与原有图形重叠的部分。

- lighter

lighter 表示原有图形与新图形均绘制，重叠部分做加色处理。

- xor

xor 表示只绘制新图形中与原有图形不重叠的部分，重叠部分变为透明。

- copy

copy 表示只绘制新图形，原有图形中未与新图形重叠的部分变为透明。

> **提示**　2D 渲染上下文的 globalCompositeOperation 属性的默认值是 source-over。

实例 68+ 视频：组合图形

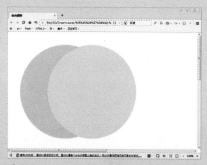
源文件：源文件 \ 第 4 章 \4-8.html

操作视频：视频 \ 第 4 章 \4-8.swf

01 ▶ 在 Dreamweaver 中，新建一个 HTML 5 空白文档，在代码视图窗口的 <title> 标签中输入文档标题。

第4章 使用 canvas

```html
<head>
<meta charset="utf-8">
<title>组合图形</title>
<script>
window.onload = function()
{
}
</script>
</head>
```

```html
<head>
<meta charset="utf-8">
<title>组合图形</title>
<script>
window.onload = function()
{
    var context = document.getElementById("zuhe").getContext("2d");
}
</script>
</head>
<body>
</body>
</html>
```

02 ▶ 输入 <script> 标签和脚本函数 function(){}，并输入获取 canvas 元素的代码和获取上下文的代码。

```html
<script>
window.onload = function()
{
    var context = document.getElementById("zuhe").getContext("2d");
    context.fillStyle = "rgb(0, 250, 255)";
    context.arc(120, 120, 100, 0, Math.PI*2, false);
    context.fill();
}
</script>
</head>
<body>
</body>
</html>
```

```html
<script>
window.onload = function()
{
    var context = document.getElementById("zuhe").getContext("2d");
    context.fillStyle = "rgb(0, 250, 255)";
    context.arc(120, 120, 100, 0, Math.PI*2, false);
    context.fill();
    context.globalCompositeOperation = "source-over";
}
</script>
</head>
<body>
</body>
</html>
```

03 ▶ 输入相应的代码绘制圆形，并输入 context.globalCompositeOperation = "source-over"; 代码设置图形组合方式。

```html
<script>
window.onload = function()
{
    var context = document.getElementById("zuhe").get
    context.fillStyle = "rgb(0, 250, 255)";
    context.arc(120, 120, 100, 0, Math.PI*2, false);
    context.fill();
    context.globalCompositeOperation = "source-over";
    context.beginPath();
    context.fillStyle = "rgb(255, 250, 0)";
    context.arc(180, 120, 100, 0, Math.PI*2, false);
    context.fill();
}
</script>
</head>
<body>
</body>
```

```html
    context.globalCompositeOperation = "source-over";
    context.beginPath();
    context.fillStyle = "rgb(255, 250, 0)";
    context.arc(180, 120, 100, 0, Math.PI*2, false);
    context.fill();
}
</script>
</head>
<body>
<canvas id="zuhe" width="800" height="600"></canvas>
</body>
</html>
```

04 ▶ 使用相同的方法，输入相应的代码绘制另一个圆形，在 <body> 标签中输入定义 canvas 的 id、width、height 的代码。

 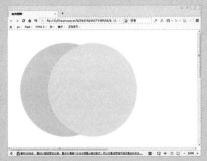

05 ▶ 执行"文件 > 另存为"命令，在弹出的"另存为"对话框中进行设置，单击"保存"按钮，按 F12 键在浏览器中预览该页面。

```
<script>
window.onload = function()
{
    var context = document.getElementById("zuhe").getCon
    context.fillStyle = "rgb(0, 250, 255)";
    context.arc(120, 120, 100, 0, Math.PI*2, false);
    context.fill();
    context.globalCompositeOperation = "source-in";
    context.beginPath();
    context.fillStyle = "rgb(255, 250, 0)";
    context.arc(180, 120, 100, 0, Math.PI*2, false);
    context.fill();
}
</script>
</head>

<body>
<canvas id="zuhe" width="800" height="600"></canvas>
</body>
</html>
```

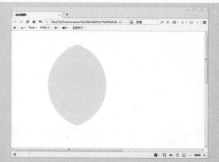

06 ▶ 将 context.globalCompositeOperation = "source-over"; 代码修改为 context.globalCompositeOperation = "source-in";。

```
<script>
window.onload = function()
{
    var context = document.getElementById("zuhe").getCon
    context.fillStyle = "rgb(0, 250, 255)";
    context.arc(120, 120, 100, 0, Math.PI*2, false);
    context.fill();
    context.globalCompositeOperation = "source-out";
    context.beginPath();
    context.fillStyle = "rgb(255, 250, 0)";
    context.arc(180, 120, 100, 0, Math.PI*2, false);
    context.fill();
}
</script>
</head>

<body>
<canvas id="zuhe" width="800" height="600"></canvas>
</body>
</html>
```

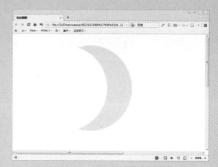

07 ▶ 将 context.globalCompositeOperation = "source-in"; 代码修改为 context.globalCompositeOperation = "source-out";。

```
<script>
window.onload = function()
{
    var context = document.getElementById("zuhe").getCon
    context.fillStyle = "rgb(0, 250, 255)";
    context.arc(120, 120, 100, 0, Math.PI*2, false);
    context.fill();
    context.globalCompositeOperation = "source-atop";
    context.beginPath();
    context.fillStyle = "rgb(255, 250, 0)";
    context.arc(180, 120, 100, 0, Math.PI*2, false);
    context.fill();
}
</script>
</head>

<body>
<canvas id="zuhe" width="800" height="600"></canvas>
</body>
</html>
```

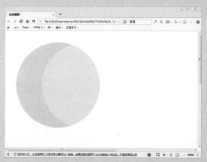

08 ▶ 将 context.globalCompositeOperation = "source-out"; 代码修改为 context.globalCompositeOperation = "source-atop";。

```
<script>
window.onload = function()
{
    var context = document.getElementById("zuhe").getContext
    context.fillStyle = "rgb(0, 250, 255)";
    context.arc(120, 120, 100, 0, Math.PI*2, false);
    context.fill();
    context.globalCompositeOperation = "destination-over";
    context.beginPath();
    context.fillStyle = "rgb(255, 250, 0)";
    context.arc(180, 120, 100, 0, Math.PI*2, false);
    context.fill();
}
</script>
</head>

<body>
<canvas id="zuhe" width="800" height="600"></canvas>
</body>
</html>
```

 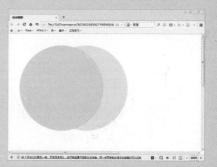

09 ▶ 将 context.globalCompositeOperation = "source-over"; 代码修改为 context.globalCompositeOperation = "destination-over";。

第 4 章 使用 canvas

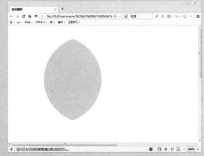

10 ▶ 将 context.globalCompositeOperation = "destination-over"; 代码修改为 context.globalCompositeOperation = "destination-in";。

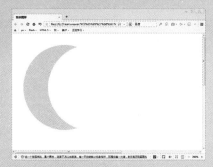

11 ▶ 将 context.globalCompositeOperation = "destination-in"; 代码修改为 context.globalCompositeOperation = "destination-out";。

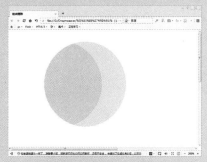

12 ▶ 将 context.globalCompositeOperation = "destination-out"; 代码修改为 context.globalCompositeOperation = "destination-atop";。

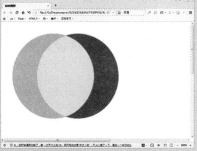

13 ▶ 为了查看效果，修改绘制圆形的颜色，并将 context.globalCompositeOperation = "destination-atop"; 代码修改为 context.globalCompositeOperation = "lighter";。

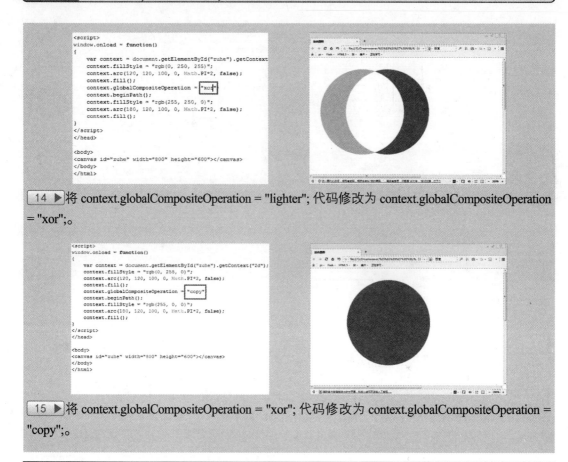

14 ▶ 将 context.globalCompositeOperation = "lighter"; 代码修改为 context.globalCompositeOperation = "xor";。

15 ▶ 将 context.globalCompositeOperation = "xor"; 代码修改为 context.globalCompositeOperation = "copy";。

提问：为何有时候无法显示图形？

答：因为一些浏览器不支持全部的 globalCompositeOperation 值，所以需要使用支持 globalCompositeOperation 的浏览器查看效果。

4.9 绘制阴影

在 HTML 5 中，使用 canvas 元素可以为绘制的图形添加阴影效果，使用图形上下文对象的相关属性即可，相关属性如下所示：

属性	效果
shadowOffsetX	阴影的横向位移量
shadowOffsetY	阴影的纵向位移量
shadowColor	阴影的颜色
shadowBlur	阴影的模糊范围

第 4 章 使用 canvas

实例 69+ 视频：为图形添加阴影

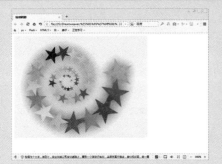

源文件：源文件 \ 第 4 章 \4-9.html　　　　操作视频：视频 \ 第 4 章 \4-9.swf

01 执行"文件 > 打开"命令，在弹出的对话框中选择"素材 \ 第 4 章 \4901.html"，单击"打开"按钮。

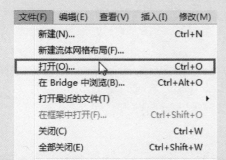

02 单击"代码"按钮，打开代码视图窗口，在 function createPic(){} 函数中输入 context.shadowColor = "rgb(255, 0, 0)"; 代码设置阴影的颜色。

03 输入 context.shadowBlur = 50; 设置阴影的模糊范围，输入 context.shadowOffsetX = 0; 设置阴影的横向位移量。

133

04 ▶ 输入 context.shadowOffsetY = 0; 代码设置阴影的纵向位移量，执行"文件 > 另存为"命令。

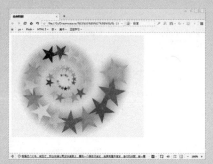

05 ▶ 在弹出的"另存为"对话框中进行设置，单击"保存"按钮，按 F12 键在浏览器中预览该页面。

> **提问**：为图形添加阴影有何用途？
> 答：通过组合使用各种模糊和颜色值，可以实现一些与阴影完全无关的效果。例如使用模糊黄色阴影在一个对象周围创建出光照效果，如太阳或发光体。

4.10 绘制动画效果

在 canvas 中除了可以使用多种方法绘图，还可以实现动画，在 canvas 中制作动画相对比较简单，就是一个不断擦除、重绘的过程，具体步骤如下。

(1) 更新需要绘制的对象。
(2) 清除画布。
(3) 在画布中重新绘制对象。
(4) 使用 setInterval 方法设置动画的间隔时间。

在绘制动画的过程中，需要注意的是在清除对象之前不要绘制对象，否则将看不到任何对象。

第 4 章 使用 canvas

实例 70+ 视频：使用 canvas 绘制动画

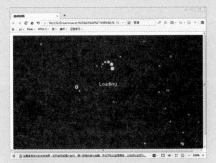

源文件：源文件 \ 第 4 章 \4-10.html

操作视频：视频 \ 第 4 章 \4-10.swf

```
<html>
<head>
<meta charset="utf-8">
<title>绘制动画</title>
</head>

<body>
</body>
</html>
```

01 ▶ 在 Dreamweaver 中，新建一个 HTML 5 空白文档，在代码视图窗口的 <title> 标签中输入文档标题。

```
<head>
<meta charset="utf-8">
<title>绘制动画</title>
    <style>
        #cvs{
            border:solid 1px #999;
            background-color:#000;
        }
    </style>
</head>

<body>
</body>
```

```
绘制动画</title>
    <style>
        #cvs{
            border:solid 1px #999;
            background-color:#000;
        }
    </style>
    <script src="41001.js"></script>
```

02 ▶ 输入 <style></style> 标签设置 cvs 的样式，输入 <script src="41001.js"></script> 代码引用外部脚本。

```
<style>
    #cvs{
        border:solid 1px #999;
        background-color:#000;
    }
</style>
<script src="41001.js"></script>
<script>
    window.onload = function(){
        var angle = [20,50,80,115,150,190,235];
        var alpha = [0.4,0.5,0.6,0.7,0.8,0.9,1];
        var size = [2,2.5,3,3.5,4,4.5,4.6];
        var h5dctx = H5D.D2('cvs');
    }
</script>
```

```
setInterval(function()
{
    h5dctx.clear();
    for(var i = 0;i < 7;i++){
        if(angle[i]==360){angle[i]=0;}
        var x = 14*Math.cos((angle[i])*Math.PI/180)+240;
        var y = 14*Math.sin((angle[i])*Math.PI/180)+80;
        h5dctx.drawCircle(x,y,size[i]).fill(
        {   color:"rgba(156,236,255,"+alpha[i]+")",
            shadow:{
        }});

        angle[i]+=8;
    }
},33);
```

03 ▶ 输入 <script> 标签和脚本函数 function(){}，在函数 function(){} 中输入 setInterval 设置动画的间隔时间。

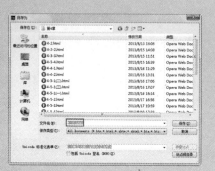
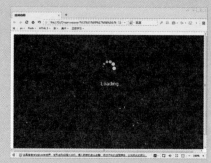

`04` 输入 drawText 方法的代码绘制文本，在 <body> 标签中输入定义 canvas 的 id、width 和 height 的代码。

`05` 执行"文件>另存为"命令，在弹出的"另存为"对话框中进行设置，单击"保存"按钮，按 F12 键在浏览器中预览该页面。

> 提问：setInterval 方法有几个参数？
> 答：setInterval 方法有两个参数，第一个参数表示执行动画的函数，第二个参数表示为时间间隔，单位为毫秒。

4.11 保存与恢复绘图状态

在使用 canvas 绘制图形的过程中，常常需要对绘图状态进行保存与恢复，从而可以继续绘制其他图形。用户可以使用 canvas 中的 save 和 restore 两个方法分别保存和恢复图形上下文的当前绘图状态。

> 绘图状态是指描述某一时刻 2D 渲染上下文外观的整套属性，从简单的颜色值到复杂的变换矩阵以及其他特性。

图形上下文对象当前状态的保存与恢复是一个比较独立的知识点，它与其他知识没有关联，可以应用在以下几个情况下：

● 图像或图形变形。

第4章 使用 canvas

- 图像裁剪。
- 改变图形上下文的以下属性时：fillStyle、font、globalAlpha、globalComposite、Operation、lineJoin、lineWidth、miterLimit、shadowBlue、shadowColor、shadowOffsetX、shadowOffsetY、strokeStyle、textAlign和textBaseline。

4.11.1 保存绘图状态

在 HTML 5 中，使用 canvas 中渲染上下文的 save 方法即可保存画布状态，该方法的代码如下：

```
context.save();
```

4.11.2 恢复绘图状态

在 HTML 5 中，使用 canvas 中渲染上下文的 restore 方法即可恢复画布状态，该方法的代码如下：

```
context.restore();
```

▶ 实例 71+ 视频：使用 restore 绘制图形

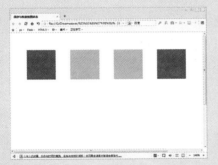
源文件：源文件\第4章\4-11-2.html

操作视频：视频\第4章\4-11-2.swf

```
<head>
<meta charset="utf-8">
<title>保存与恢复绘图状态</title>
</head>

<body>
</body>
</html>
```

01 ▶ 在 Dreamweaver 中，新建一个 HTML 5 空白文档，在代码视图窗口的 <title> 标签中输入文档标题。

 在绘制图形的过程中，需要注意的是画布上的当前路径和当前位图（正在显示的内容）并不属于状态。

137

```
<head>
<meta charset="utf-8">
<title>保存与恢复绘图状态</title>
<script type="text/javascript">
window.onload = function(){

}
</script>
</head>

<body>
</body>
</html>
```

```
<head>
<meta charset="utf-8">
<title>保存与恢复绘图状态</title>
<script type="text/javascript">
window.onload = function(){
    var canvas = document.getElementById('fang');
    var context = canvas.getContext('2d');
}
</script>
</head>

<body>
</body>
</html>
```

02 ▶ 输入 <script> 标签和脚本函数 function(){}，并输入获取 canvas 元素的代码和获取上下文的代码。

```
window.onload = function(){
    var canvas = document.getElementById('fang');
    var context = canvas.getContext('2d');
    context.fillStyle = "rgb(255, 0, 0)";
}
</script>
</head>

<body>
</body>
</html>
```

```
window.onload = function(){
    var canvas = document.ge
    var context = canvas.get
        context.fillStyle =
        context.save();
    }
</script>
</head>

<body>
```

03 ▶ 输入 context.fillStyle = "rgb(255, 0, 0)"; 代码设置填充样式，输入 context.save(); 代码保存绘图状态。

```
<script type="text/javascript">
window.onload = function(){
  var canvas = document.getElementById('fang');
  var context = canvas.getContext('2d');
      context.fillStyle = "rgb(255, 0, 0)";
      context.save();
      context.fillRect(50, 50, 100, 100);
    }
</script>
</head>

<body>
</body>
</html>
```

```
window.onload = function(){
  var canvas = document.getElementById('fang');
  var context = canvas.getContext('2d');
      context.fillStyle = "rgb(255, 0, 0)";
      context.save();
      context.fillRect(50, 50, 100, 100);
      context.fillStyle = "rgb(0, 255, 0)";
      context.save();
      context.fillRect(200, 50, 100, 100);
    }
</script>
</head>

<body>
</body>
</html>
```

04 ▶ 输入 context.fillRect(50, 50, 100, 100); 代码绘制矩形，使用相同的方法，输入相应的代码绘制图形并保存绘图状态。

```
canvas = document.getElement
context = canvas.getContext(
context.fillStyle = "rgb(255
context.save();
context.fillRect(50, 50, 100
context.fillStyle = "rgb(0,
context.save();
context.fillRect(200, 50, 10
context.restore();
}
```

```
canvas = document.getElementById('fang');
context = canvas.getContext('2d');
context.fillStyle = "rgb(255, 0, 0)";
context.save();
context.fillRect(50, 50, 100, 100);
context.fillStyle = "rgb(0, 255, 0)";
context.save();
context.fillRect(200, 50, 100, 100);
context.restore();
context.fillRect(350, 50, 100, 100);
}
```

05 ▶ 输入 context.restore(); 代码恢复绘图状态，输入 context.fillRect(350, 50, 100, 100); 代码绘制矩形。

第4章 使用 canvas

```
canvas = document.getElementById('fang');
context = canvas.getContext('2d');
context.fillStyle = "rgb(255, 0, 0)";
context.save();
context.fillRect(50, 50, 100, 100);
context.fillStyle = "rgb(0, 255, 0)";
context.save();
context.fillRect(200, 50, 100, 100);
context.restore();
context.fillRect(350, 50, 100, 100);
context.restore();
context.fillRect(500, 50, 100, 100);
}
```

```
context.save();
context.fillRect(200, 50, 100, 100);
context.restore();
context.fillRect(350, 50, 100, 100);
context.restore();
context.fillRect(500, 50, 100, 100);
}
</script>
</head>
<body>
<canvas id="fang" width="800" height="600"></canvas>
</body>
</html>
```

06 ▶ 使用相同的方法，输入相应的代码恢复绘图状态并绘制矩形，在 <body> 标签中输入定义 canvas 的 id、width、height 的代码。

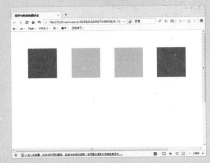

07 ▶ 执行"文件 > 另存为"命令，在弹出的"另存为"对话框中进行设置，单击"保存"按钮，按 F12 键在浏览器中预览该页面。

> **提问**：如何使用 restore 恢复绘图状态的顺序？
> **答**：在使用 canvas 绘制图形保存多个绘图状态后，使用 restore 恢复绘图状态时，先恢复最后一次保存的绘图状态，以此类推。

4.12 本章小结

本章主要讲解了 HTML 5 中新增 canvas 元素的基本知识。通过本章的学习，读者可以熟练掌握如何在 HTML 5 文档中绘制简单图形、渐变图形、图像，以及如何对图形进行变形、组合和添加阴影等操作。

第 5 章 CSS 基础

在制作网页时,通过使用 CSS 样式可以将页面的内容和表现形式分离,从而进一步对页面进行美化,本章将对 CSS 基础进行详细的讲解。

5.1 什么是 XHTML

XHTML 是 Extensible HyperText Markup Language 的缩写,与 HTML 相比,XHTML 具有更加规范的书写标准和更好的跨平台能力。

XHTML 是由国际 W3C 组织制定并公布发行的,它是一种过渡技术,结合了 HTML 的简单特性,也结合了 XML 的部分功能。

5.1.1 为何要升级到 XHTML

HTML 是为了网页的设计和表现,而 XHTML 是面向结构的语言,用于对网页内容进行结构设计,严谨的语法结构更加有利于浏览器进行解析处理。

XHTML 是 XML 的过渡语言,可以帮助用户快速适应结构化的设计,XHTML 可以与其他基于 XML 的标记语言、应用程序及协议进行良好的交互。

XHTML 是 Web 的发展趋势,具有更好的兼容性,使用 XHTML 既可以设计出适合 XML 系统的页面,又适合 HTML 浏览器的页面。

5.1.2 XHTML 的页面结构

XHTML 的页面结构与 HTML 的页面结构基本相似,一个完整的 XHTML 文档必须包括如下几个基本元素:

● **文档类型声明**

文档类型声明部分由 <!DOCTYPE> 元素定义,页面代码如下:

```
<!DOCTYPE html PUBLIC "-//W3C//DTD XHTML 1.0
Transitional//EN" "http://www.w3.org/TR/
xhtml1/DTD/xhtml1-transitional.dtd">
```

● **<html> 元素**

<html> 元素是 XHTML 文档中必须使用的元素,所有的文档内容都必须包含在 <html> 元素之中,基本语法

本章知识点

- ☑ 掌握什么是 XHTML
- ☑ 了解 XHTML 的优势
- ☑ 掌握 CSS 样式的概念
- ☑ 掌握 CSS 样式的分类
- ☑ 熟练掌握 CSS 选择器

如下：

```
<html>文档的内容</html>
```

● **<head> 元素**

<head> 元素也是 XHTML 文档中必须使用的元素，其作用是定义页面头部的信息，基本语法如下：

```
<head>文档信息</head>
```

● **<title> 元素**

<title> 元素用于定义页面的标题，基本语法如下：

```
<title>标题</title>
```

● **<body> 元素**

<body> 元素用于定义页面显示的内容，页面信息主要通过它来传递，在 <body> 元素中可以包含所有页面元素，基本语法如下：

```
<body>页面信息</body>
```

> 在预览和发布页面时，XHTML 文档中的 <title> 元素包含的文本会显示在浏览器的标题栏中。

5.1.3　XHTML 的代码规范

在使用 XHTML 语言进行网页制作时，必须遵循一定的语法规则，同时，这些语法规范也是 XHTML 与 HTML 的主要区别，具体的语法规则如下：

● **属性必须小写**

在 XHTML 文档中，属性和属性值必须使用小写，正确的写法如下：

```
<head>
<meta charset=utf-8" />
<title>标题</title>
</head>
```

● **属性值必须使用英文的双引号括起来**

在 XHTML 文档中，属性值需要使用英文的双引号 """ 括起来。

```
<head>
<meta http-equiv="content-type" content="text/html; charset=utf-8" />
</head>
```

● **所有的标签必须有结束标签**

在 XHTML 文档中，所有的标签必须有结束标签，正确的写法如下：

```
<tr>
  <th scope="row">单位</th>
</tr>
```

● **明确属性值**

在 XHTML 文档中，规定每一个属性都必须有一个属性值，如果属性没有值，必须以自己的名称作为值，代码如下：

```
<input name="sox" type="text" checked="checked" />
```

● 声明 DOCTYPE

在 XHTML 文档中必须声明文档的类型，便于浏览器识别，声明 DOCTYPE 必须放置在文档的第一行，当浏览器检测到 DOCTYPE 即会转换到标准模式，页面显示的速度也会较快。

```
<!DOCTYPE html PUBLIC "-//W3C//DTD XHTML 1.0 Transitional//EN" "http://www.w3.org/TR/xhtml1/DTD/xhtml1-transitional.dtd">
<html xmlns="http://www.w3.org/1999/xhtml">
<head>
<meta http-equiv="Content-Type" content="text/html; charset=utf-8" />
<title>无标题文档</title>
</head>

<body>
</body>
</html>
```

 在 XHTML 文档中，DOCTYPE 声明既不是 XHTML 的一部分，也不是文档的一个元素，无须加结束标签。

● 使用 id 属性代替 name 属性

在 XHTML 文档中，元素的 name 属性不可以使用，需要使用 id 属性代替 name 属性。错误写法如下：

```
<img src="file:///C|/Users/Administrator/Pictures/5.jpg" name="picture/" width="894" height="894" />
```

正确写法如下：

```
<img src="file:///C|/Users/Administrator/Pictures/5.jpg" id="picture/" width="894" height="894" />
```

● XHTML 文档格式必须规范

在 XHTML 文档中，所有的标签必须被嵌套使用在 <html> 根标签中，所有其他的标签还可以有自己的子标签。

```
<html xmlns="http://www.w3.org/1999/xhtml">
<head>
<meta http-equiv="Content-Type" content="text/html; charset=utf-8" />
<title>文档标题</title>
</head>

<body>
   <p>页面内容</p>
</body>
</html>
```

● XHTML 元素必须是完全嵌套的

在 XHTML 文档中，元素必须是嵌套的，而 HTML 并不严格，有时候会有不完全嵌套的元素。

```
<div class="hidden-template main-news clearfix">
    <ul class="rec-act">
    <li class="float-left">
    <a target="_blank">
    <img width="115" height="80"/>
    <span></span>
    </a>
    </li>
    <li class="float-right">
    <a target="_blank">
    <img width="115" height="80"/>
    <span></span>
    </a>
    </li>
    </ul>
</div>
```

5.1.4 在 Dreamweaver 中编辑 XHTML

XHTML 可以在任何文本编辑器中进行编辑，在实际工作中，为了提高工作效率，一般选择使用 Dreamweaver 软件。

➡ 实例 72+ 视频：创建 XHTML 文档

源文件：源文件 \ 第 1 章 \5-1-4.html

操作视频：视频 \ 第 1 章 \5-1-4.swf

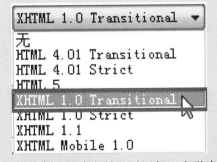

01 ▶ 打开 Dreamweaver 软件，按快捷键 Ctrl+N，弹出"新建文档"对话框，在弹出的"新建文档"对话框中设置"文档类型"。

> **提示**：XHTML 文档可以被任何文本编辑器读取，因此使用 XHTML 代码编写的页面可以在手机和掌上计算机等移动设置上显示。

02 ▶ 单击"创建"按钮，即可创建一个 XHTML 页面，执行快捷键 Ctrl+S，将其保存为"源文件\第5章\5-1-4.html"。

> **提问**：XHTML 有几种文档类型？
>
> **答**：XHTML 1.0 一共有 3 种文档类型，分别是 XHTML 1.0 Transitional、XHTML 1.0 Strict 和 XHTML Mobile 1.0。

5.1.5 HTML 和 XHTML 的转换

在实际工作中，为了避免使用 HTML 文件的网站重新构建网站耗费大量资金，可以将 HTML 转换为 XHTML，只需熟练掌握 XHTML 的基本语法即可。

● **DOCTYPE 声明**

打开一个 HTML 文档，在首行添加如下 DOCTYPE 声明：

```
<!DOCTYPE html PUBLIC "-//W3C//DTD XHIML 1.0 Transitional//EN" "http://www.w3.org/TR/xhtml1/DTD/xhtml1-transitional.dtd">
```

● **小写的属性和标签名**

XHTML 只接受小写的 HTML 标签和属性名，将 HTML 中所有的大写标签替换为小写标签，属性名也替换为小写。

● **给属性加引号**

由于 W3C XHTML 1.0 标准中要求所有的属性值都必须加引号，所以将 HTML 文档中所有元素的属性值使用英文的双引号括起来。

● **空标签**

在 XHTML 文档中不允许有空标签，在 HTML 文档中，需要使用 <hr/> 和
 代替 <hr> 和
。

● **验证站点**

在完成以上的转换后，需要通过官方的 W3C DTD 进行校验，可能还有一些错误，需要逐一修改。

> 在 W3C 网站中有一个开放源代码（open-source）的软件叫做 HTML Tidy，它可以帮助用户直接将 HTML 升级到 XHTML。

5.2 CSS 的概念

CSS 是 Cascading Style Sheets（层叠样式表）的缩写，是一种对 Web 文档添加样式的简单机制，用于控制 Web 页面内容的外观，也是一种表现 HTML 或 XML 等页面外观的计算机语言，由 W3C 定义和维护。

通过使用 CSS 样式设置页面的格式，可以将页面内容与表现形式分离，页面内容和定义代码表现形式的文件分别放置在不同的位置，可以更加容易维护站点。

5.2.1 CSS 的基本语法

一个基本的 CSS 样式包括 3 部分，分别是 Selector（选择器）、Property（属性）和 Value（属性值），基本语法如下：

```
selector{property1: value1; property2: value2; property3: value3; ...}
```

5.2.2 CSS 的优势

随着互联网的发展，网页的表现形式更加多样化，使用 CSS 可以控制整个页面的风格，它具有以下几个优点：

- 可以更好地控制页面布局。
- 更加灵活地设置一段文本的行高、缩进，还可以加入三维效果的边框。
- 可以方便地为网页中任何元素设置不同的背景颜色和背景图像。
- 可以精确地控制网页中各元素的位置。
- 可以为网页中的元素设置各种过滤器，从而产生阴影、模糊和透明等效果。
- 可以与脚本语言相结合，从而产生各种动态效果。

5.2.3 CSS 样式的类型

CSS 样式可以位于文档的 `<head></head>` 标签之间，其作用范围由 class 或其他任何复合 CSS 规范的文本设置，CSS 层叠样式包括如下几种类型。

● 自定义 CSS 样式

该样式与某些字处理程序中使用的样式相似，只是没有区分字符样式和段落样式。用户可以将自定义的 CSS 样式应用于一个完整的文本块或一个局部的文本范围，自定义 CSS 样式表代码如下：

```
1. font01{
2.     font-family:"宋体";
3.     font-size: 10px;
4.     color: #ffffff
```

```
5.}
```
将自定义的CSS样式表代码应用在<td>标签中，代码如下：
```
<td c lass="font01">
```

● HTML 样式

HTML样式是指通过CSS样式对HTML标签原有的样式效果进行重新的定义，当用户创建或改变一个CSS样式表时，所有包含在该标签中的内容将遵循所定义的CSS样式表的格式显示，定义的HTML样式表代码如下：

```
1.body{
2.    background-color: #000000;
3.    background-image: url (image/01.png) ;
4.    background-repeat:repeat-x;
5.    margin:3px;
6.}
```

● CSS 选择器样式

使用CSS选择器样式重新定义一些特定的标签组合或包含特定id属性的标签，CSS选择器样式代码如下：

```
1.a:link{
2.    font-weight: bold;
3.    text-decoration: none;
4.    color: #000000;
5.}
6.a:visited{
7.    font-weight: bold;
8.    text-decoration: none;
9.    color: #000fff;
10.}
11.a:hover{
12.    font-weight: bold;
13.    text-decoration: none;
14.    color: #00348;
15.}
16.a:active{
17.    font-weight: bold;
18.    text-decoration: none;
19.    color: #01572f;
20.}
```

> 提示：a:link 为链接未单击，a:visted 为链接已单击，a:hover 为鼠标经过链接，a:active 为介于 hover 和 visited 之间的一个状态，即链接被按下时的状态。

5.3 CSS 的分类

CSS样式表可以以多种方式灵活地应用到所设计的HTML页面中，选择方式根据设计的不同要求来制定。一般可以将CSS样式分为3种，分别是内联样式、内部样式表和外部样式表。

5.3.1 内联样式

内联样式是指将 CSS 样式表写在 HTML 标签中，其基本格式如下：

```
<p style="color: #12531f; font-size: 10px; background-color: #eeeeee">内联样式</p>
```

实例 73+ 视频：设置内联样式

源文件：源文件 \ 第 5 章 \5-3-1.html

操作视频：视频 \ 第 5 章 \5-3-1.swf

01 执行"文件 > 打开"命令，在弹出的"打开"对话框中选择"素材 \ 第 5 章 \53101.html"，单击"打开"按钮，打开素材。

02 单击"代码"按钮，打开代码视图窗口，在 <p> 标签中添加 style 属性，为其添加内联样式，使用相同的方法，完成其他 <p> 标签内联样式的添加。

 提示　内联 CSS 样式是所有 CSS 样式中比较简单、直观的方法，可以直接把 CSS 样式代码添加到 HTML 标签中，即作为 HTML 标签的属性存在。

03 按快捷键 Ctrl+S，在弹出的"另存为"对话框中进行设置，单击"保存"按钮，按 F12 键在浏览器中预览该页面。

> **提问**：内联 CSS 样式有何特点？
>
> **答**：内联 CSS 样式是 HTML 标签对于 style 属性的支持所产生的一种 CSS 样式表编写方式，并不符合表现与内容分离的设计模式，它和表格布局从代码结构上完全相同，利用了 CSS 对于元素的精确控制优势。

5.3.2 内部样式表

● **内部样式表**

内部样式表是指写在 HTML 的 \<head>…\</head> 标签中，以 \<style> 标签开始，\</style> 标签结束，其基本格式如下：

```
<!doctype html>
<html>
<head>
<meta charset="utf-8">
<title>内部样式表</title>
<style type="text/css">
*{
    padding:2px;
    margin:2px;
    border:2px;
}
body{
    font-family:"Courier New", Courier, monospace;
    font-size:9px;
    color:#0C9
}
</style>
</head>

<body>

    内部样式表

</body>
</html>
```

第5章 CSS基础

实例74+视频：设置内部样式

源文件：源文件\第5章\5-3-2.html

操作视频：视频\第5章\5-3-2.swf

01 ▶ 执行"文件>打开"命令，在弹出的"打开"对话框中选择"素材\第5章\53201.html"，单击"打开"按钮，打开素材。

02 ▶ 单击"代码"按钮，打开代码视图窗口，可以看到该页面的内部CSS样式表代码，在内部样式表中定义一个名为.font01的类CSS样式。

03 ▶ 在 <p> 标签中定义 class 属性，添加相应的代码。按快捷键 Ctrl+S 保存文件，按 F12 键在浏览器中预览该页面。

149

内部样式表是 CSS 样式表的初级应用形式，它只能针对当前页面，不能跨页面使用。

提问：内部 CSS 样式表有什么缺点？

答：内部 CSS 样式不适合一个多页面的网站，只适合在单一页面中设置单独的 CSS 样式。

5.3.3 外部样式表

● 外部样式表

外部样式是 CSS 样式表中较为理想的一种形式，可以将 CSS 样式表代码单独编写在一个独立的文件中，由网页进行调用，其基本格式如下：

```
<!doctype html>
<html>
<head>
<meta charset="utf-8">
  <title>外部样式表</title>
  <link href="style/css.css" rel="stylesheet" type="text/css"/>
</head>

<body>
外部样式表
</body>
</html>
```

➡ 实例 75+ 视频：设置外部样式

源文件：源文件 \ 第 5 章 \5-3-3.html

操作视频：视频 \ 第 5 章 \5-3-3.swf

外部的 CSS 样式文件应该与 HTML 文件放置在同一个目录下，否则需要修改 CSS 样式代码中所引用的背景图像的位置。

第 5 章 CSS 基础

`01` ▶ 执行"文件＞打开"命令，在弹出的"打开"对话框中选择"素材\第 5 章\53301.html"，单击"打开"按钮，打开素材。

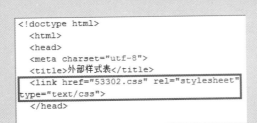
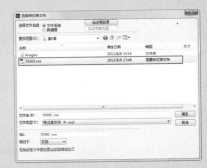

`02` ▶ 在代码视图窗口中输入相应的代码，导入外部 CSS 样式文件。

`03` ▶ 按快捷键 Ctrl+S，在弹出的"另存为"对话框中进行设置，单击"保存"按钮，按 F12 键在浏览器中预览该页面。

> **提问**：外部 CSS 样式表有何优点？
> 答：多个网页可以调用同一个外部样式表文件，从而实现代码的最大化多用以及网站文件的最优化配置。

5.4 CSS 文档结构

CSS 通过与 HTML 文档结构相对应的 selector 选择器来实现控制页面显示。CSS 文档结构不仅在 CSS 应用上很重要，对于行为也很重要。

5.4.1 文档结构

所有的 CSS 都是基于标签之间层层嵌套的关系，<html> 标签被称为"根"，它是所有标签的源头，然后层层包含在每一个层中，称上层标签为下层标签的"父"标签，下层标签为上层标签的"子"标签，以下为一个简单的 HTML 文档结构：

```html
<!doctype html>
<html>
<head>
<meta charset="utf-8">
<title>CSS文档结构</title>
</head>

<body>
    <h1>中国最著名的工商业城市<em>上海<em/></h1>
    <p>欢迎来到具有深厚近代城市文化底蕴和众多历史古迹的<i>上海</i></p>
    <ul>
        <li>在这里，你可以：
    <ul>
        <li>领略大都市的繁华</li>
        <li>体验生活的乐趣</li>
        <li>感受大自然的活力</li>
    </ul>
        </li>
    </ul>
</body>
</html>
```

5.4.2 CSS 的继承性

在 CSS 语言中，子标签继承父标签的样式，子标签还可以在父标签样式的基础上修改，产生新的样式，而不影响父标签。

5.4.3 CSS 的特殊性

CSS 的特殊性规定了当多个规则同时应用在一个元素中时，权重高的样式会被优先采用，以下例子中的颜色会优先采用红色：

```css
.font01{
  color:red;
}
p{
  color:green
}
<p class="font01">内容</p>
```

5.4.4 CSS 的层叠性

CSS 层叠是指在同一个 Web 文档中可以有多个样式，当拥有相同特殊性的规则应用在同一元素时，根据顺序，后定义的规则会优先采用，它是 W3C 组织批准的一个辅助

HTML 设计的新特性,它可以统一整个 HTML 的外观,可以在设置文本之前就指定整个文本的属性,层叠样式表为网页制作带来了很大的灵活性。

根据 CSS 的层叠性,可以推断出内联样式(写在标签内)＞内部样式表(写在文档头部)＞外部样式表(写在外部样式表文件中)。

5.4.5 CSS 的重要性

不同的规则具有不同的权重,对于同一选择器,后定义的 CSS 样式会替代先定义的 CSS 样式,但有时需要某个 CSS 样式拥有最高的权重,使用 important 即可标出 CSS 样式的重要性,以下例子中的颜色会优先采用绿色:

```
.font01{
  color:red;
}
p{
  color:green; ! important
}
<p class="font01">内容</p>
```

在 CSS 样式表中,important 声明的规则将高于访问者本地样式的定义,因此需要谨慎使用。

5.5 CSS 选择器

选择器也成为选择符,HTML 中的所有标签都是通过不同的 CSS 选择器进行控制的,选择器不仅仅是 HTML 文档中的元素标签,还是 class(类)、id(元素的位移标识名称)和元素的某种状态(例如 a: hover)。根据选择器的用途,可以将其分为标签选择器、类选择器、id 选择器、通配选择器、伪类选择器和组合选择器。

5.5.1 标签选择器

HTML 文档是由多个不同的标签组成的,可以使用 CSS 选择器控制标签的应用样式,例如 body 选择器可以用来控制页面中所有 <body> 标签的样式,标签选择器的语法格式如下:

```
body {
    font-family: "Times New Roman", Times, serif;
    font-size: 14px;
    color: #0C9;
}
```

实例 76+ 视频：使用标签选择符

源文件：源文件 \ 第 5 章 \5-5-1.html

操作视频：视频 \ 第 5 章 \5-5-1.swf

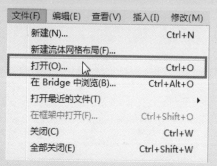

`01` 执行"文件 > 打开"命令，在弹出的"打开"对话框中选择"素材 \ 第 5 章 \55101.html"，单击"打开"按钮，打开素材。

```
    padding-top:340px;
    margin-left:372px;
}
img{
    margin:0 8px 0 8px
}
</style>
</head>
```

`02` 按 F12 键在浏览器中预览该页面，单击"代码"按钮，打开代码视图窗口，输入相应的标签选择符代码。

`03` 执行"文件 > 另存为"命令，在弹出的"另存为"对话框中进行设置，单击"保存"按钮，按 F12 键在浏览器中预览该页面。

提问:margin 元素有何作用?

答:本实例中标签选择符 img 中的属性 margin 用来设置元素与元素之间的距离。

5.5.2 类选择器

在制作网页的过程中,可以根据网页设计的实际需要,类选择器可以使用同一个 class 定义多个元素,类选择器的语法格式如下:

```
.p {
    font-size: 9px;
    font-weight: lighter;
    background-color: #096;
    width: auto;
}
```

在定义类选择器时,需要在选择器名称的前面加一个英文句点(.),例如 .font{font-size: 10px}。

实例 77+ 视频:使用类选择符

源文件:源文件 \ 第 5 章 \5-5-2.html　　操作视频:视频 \ 第 5 章 \5-5-2.swf

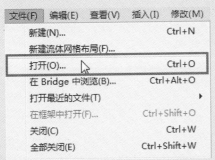

01 ▶ 执行"文件 > 打开"命令,在弹出的"打开"对话框中选择"素材 \ 第 5 章 \55201.html",单击"打开"按钮,打开素材。

`02` ▶ 按 F12 键在浏览器中预览该页面，单击"代码"按钮，打开代码视图窗口，输入相应的类选择符代码。

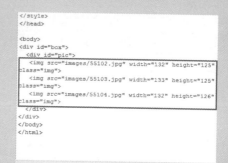

`03` ▶ 在 <img> 标签中输入相应的代码，使用相同的方法，完成其他相应代码的添加。

`04` ▶ 执行"文件>另存为"命令，在弹出的"另存为"对话框中进行设置，单击"保存"按钮，按 F12 键在浏览器中预览该页面。

> **提问**：类选择符与标签选择符有什么区别？
> **答**：标签选择符定义的是所有定义的标签元素，而类选择符可以通过 class 名称来定义不同的元素，允许重复使用。

5.5.3 id 选择器

id 选择器可以定义 HTML 页面中某一个特定的元素，即一个网页中只能有一个元素使用某一个 id 属性值，id 可以理解为一个标识，在网页中每一个 id 名称只能使用一次，具有唯一性，id 选择器的语法格式如下：

第5章 CSS基础

```
#main {
    font-size: 16px;
    font-style: italic;
    line-height: normal;
    color: #30F;
}
```

实例78+视频：使用id选择符

源文件：源文件 \ 第5章 \5-5-3.html　　　　操作视频：视频 \ 第5章 \5-5-3.swf

01 ▶ 执行"文件>打开"命令，在弹出的"打开"对话框中选择"素材\第5章\55301.html"，单击"打开"按钮，打开素材。

02 ▶ 按F12键在浏览器中预览该页面，单击"代码"按钮，打开代码视图窗口，可以看到自定义的id标签。

提示　　　id选择符和class选择符均是CSS提供的由用户自定义标签名称的一种选择符模式，用户可以使用id和class对页面中的HTML标签名称进行自定义，从而达到扩展HTML标签和组合HTML标签的目的。

`03` ▶ 在 <head> 标签中输入相应的 id 选择符代码。使用相同的方法，完成其他 id 标签选择符代码的添加。

`04` ▶ 执行"文件＞另存为"命令，在弹出的"另存为"对话框中进行设置，单击"保存"按钮，按 F12 键在浏览器中预览该页面。

> 提问：id 选择符有什么作用？
> 答：使用 id 选择符，用户可以自定义名称，有助于细化页面的界面结构，使用符合页面需求的名称来进行结构设计，可以增强代码的可读性。

5.5.4 通配选择器

在网页设计中，可以使通配选择器设置页面中所有的 HTML 标签使用同一种样式，它对所有的 HTML 元素起作用，通配选择器的语法格式如下：

```
* {
   margin:0px;
   border:0px;
   padding:0px;
      font-size: 16px;
   font-style: italic;
   line-height: normal;
}
```

> 通配符中的 * 就如同 DOS 命令中的 *.* 表示所有文件，*.bat 表示所有扩展名为 .bat 的文件，可以对对象使用模糊指定方式进行选择。

第 5 章 CSS 基础

➡ 实例 79+ 视频：使用通配选择符

🏠 源文件：源文件\第 5 章\5-5-4.html　　📶 操作视频：视频\第 5 章\5-5-4.swf

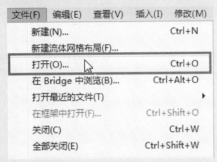 

01 ▶ 执行"文件＞打开"命令，在弹出的"打开"对话框中选择"素材\第 5 章\55401.html"，单击"打开"按钮，打开素材。

```
<style type="text/css">
*{
    margin:0px;
    border:0px;
    padding:0px;
}
#body{
    height: 672px;
```

02 ▶ 按 F12 键在浏览器中预览该页面，单击"代码"按钮，打开代码视图窗口，输入通配符代码。

03 ▶ 执行"文件＞另存为"命令，在弹出的"另存为"对话框中进行设置，单击"保存"按钮，按 F12 键在浏览器中预览该页面。

提问：通配选择器的作用范围有哪些？

答：通配选择器中的 * 表示应用于所有对象，包含所有不同的 id，不同的 class 的 HTML 的所有标签。

5.5.5 组合选择器

组合选择器是指将多种选择器进行组合使用，如将标签选择器和类选择器组合或将类选择器和 id 选择器组合等，组合选择器的语法格式如下：

```
h1 .p {
}
```

CSS 在选择器的使用上是非常自由的，用户可以根据需要灵活选择和组合各种选择器。

5.6 CSS 选择器声明

使用 CSS 选择器可以控制 HTML 标签的样式，不但可以在每个选择器属性中声明多个 CSS 属性来修饰 HTML 标签，还可以同时定义多个选择器的属性。

5.6.1 群选择器

除了可以对单个 HTML 元素进行样式设置外，还可以对一组选择器进行相同的样式设置，群选择器的语法格式如下：

```
h1,h2,p,span {
    font-size: 16px;
    font-style: italic;
    line-height: normal;
}
```

在定义群选择器时，需要使用逗号对选择器进行分隔。

5.6.2 派生选择器

使用派生选择器可以针对某一个对象中的子对象进行样式设置，对象之间使用空格作为分隔，派生选择器的语法格式如下：

```
h1 span{
    font-size: 16px;
```

```
    font-style: italic;
    line-height: normal;
}
```

font-size:16px、 font-style: italic 和 line-height: normal 样式将应用在 <h1> 标签下的 <span> 标签中的内容上。

对于单独的 <h1> 标签或者单独的 <span> 标签，以及其他标签下的 <span> 标签将不会应用此样式。

5.7 伪类及伪对象

伪类和伪对象是一种特殊的类和对象，它属于 CSS 的一种扩展型类和对象，名称不可以自定义，必须按照标准格式进行应用，使用格式如下：

```
a:link {
    font-size: 12px;
    color: #0FF;
    word-spacing: normal;
    border-top-style: dotted;
    border-right-style: dotted;
    border-bottom-style: dotted;
    border-left-style: dotted;
}
```

伪类和伪对象有两种形式组成，分别是"选择器：伪类"和"选择器：伪对象"，伪类用于指定连接标签 a 当鼠标移至其上方时的状态，CSS 样式内置了几个标准的伪类用于用户的样式定义如下：

伪 类	用 途
:link	a 链接标签未被访问前的样式
:hover	将鼠标移至鼠标上时的样式
:active	对象被用户单击以及被单击释放之前的样式
:visited	a 链接对象被访问后的样式
:focus	对象成为输入焦点时的样式
:first-child	对象的第一个子对象的样式
:first	对于页面的第一页使用功能的样式

CSS 样式还内置了几个标准的伪对象用于用户的样式定义，具体如下：

伪 类	用 途
:after	设置某一个对象之后的内容

（续表）

伪 类	用 途
:first-letter	对象内的第一个字符的样式设置
:first-line	对象内第一行的样式设置
:before	设置某一个对象之前的内容

5.8 本章小结

　　本章主要讲解了在网页制作方面起重要作用的 CSS 样式的概念、分类和选择器等基础知识，以及 XHTML 的相关知识。通过本章的学习，读者可以熟练掌握创建和应用 CSS 样式的方法和技巧。

第 6 章 SVG

SVG 是采用 HTML 标签形式创建一种可缩放的矢量图形技术,用于描述 2D 图形和图形应用程序,并且 SVG 与 CSS 和 Javascript 具有非常好的兼容性,这可以使 Web 开发人员很容易习惯与掌握该技术。

6.1 SVG 的基础概要

SVG 是一种可缩放的矢量图形技术(Scalable Vector Graphics,简称 SVG),该技术使用 XML 来描述二维图形的语言(SVG 严格遵从 XML 语法)。

6.1.1 为什么要使用 SVG

在 HTML 4 时代,浏览器中显示的图像大多都是 jpeg、gif 和 png 等格式,这些都属于位图图像,而位图图像格式是基于像素的,在图像中定义了每个像素的颜色值,浏览器读取这些值并做出相应的显示。

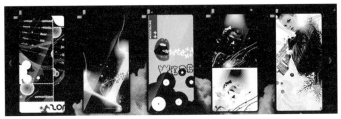

这种图像的再现能力比较强,但是在某些情形下会显得不足。例如当浏览器以不同大小显示一幅图像时,通常会产生锯齿边缘,这时浏览器不得不为那些在原始图像中不存在的像素插入一些猜测的颜色数值,这就会导致图像出现失真的现象。

而矢量图是根据几何特性来绘制图形,通过指定每个像素的值所需的指令,而不是指定这些值本身,克服了这些困难中的一部分。例如需要绘制一个直径为 1cm 的圆,矢量图形不再为这个圆提供任何像素值,而是直接告诉浏览器创建一个直径为 1cm 的圆,然后让浏览器(或插件)做其余事情,这就消除了像素图形的许多限制。

本章知识点

- ☑ 了解 SVG 的基础
- ☑ 认识 SVG 的语法结构
- ☑ 掌握 SVG 绘制图形的方法
- ☑ 掌握 SVG 绘制文本的方法
- ☑ 掌握 SVG 绘制渐变的方法

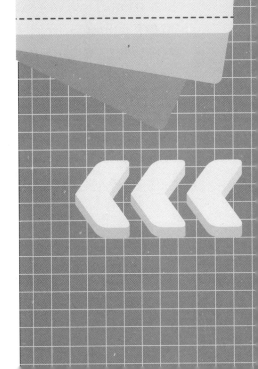

6.1.2　SVG 规范

W3C 推荐的 SVG 规范有 SVG 1.1、SVG Tiny 1.2、SVG Mobile 1.1 三种。在 Windows 系统计算机中，Web 浏览器中支持的是 SVG 1.1，本章也将着重介绍 SVG 1.1 规范。

Internet 5 Explorer 从版本 5 开始支持被称为 VML 的语言，而该语言是基于 SVG 的矢量图形语言，但当时却没有支持 SVG，因为 SVG 是由多个模块构成的巨大规范，在 Internet Explorer 以外的浏览器中受到的支持情况并不顺利，因此很长一段时间内 SVG 并没有被广大的 Web 开发人员所接受。

但是在 2010 年 3 月，微软公司宣布在 Internet Explorer 9 中全面支持 SVG，其他的 Web 浏览器也一起同步支持，一时间 SVG 受到了大家的一致关注。

6.1.3　SVG 的特征

SVG 是由 XML 语言记录的，因此 SVG 文件可以通过文本编辑器进行编辑，可以充分发挥文本文件的便利性。

但是当绘制复杂图像或图形时，文件将会变得很大，这往往会成为问题所在。此时使用 gzip 工具进行压缩，文件的后缀也将变成 .gz。

> gzip 是 GNUzip 的缩写，gzip 最早由 Jean-loup Gailly 和 Mark Adler 创建，用于 UNIX 系统的文件压缩。gzip 现今也已经成为 Internet 上使用非常普遍的一种数据压缩格式。

SVG 作为图像格式，已经有多个图像处理软件支持读写 SVG 形式的图像。专业性图像处理软件如 Adobe 公司旗下的 Illustrator 和微软公司的 Office Visio 等软件，免费图像处理软件如 Inkscape 等都支持读写 SVG 格式图像。特别是 Inkscape，该软件是以 SVG 为标准图像格式而进行开发的，支持 SVG 的绝大多数功能。

6.1.4　SVG 在浏览器中的显示方法

在 HTML 5 中可以将 SVG 直接嵌入（内嵌式 SVG）到 HTML 中，目前支持内嵌式 SVG 的有 Internet Explorer 9 和 Firefox 4beta 以及更高版本。

● **将 SVG 嵌入到 <object> 标签中**

通过 <object> 标签将 SVG 文件链接到 HTML 文档中是一种较为简便的显示 SVG 的方式，代码的书写方式如下：

```
<object data="map.svg" type="image/svg+xml"></object>
```

在上面的代码中，通过 data 属性指定 SVG 文件的路径，然后通过 sype 属性告诉浏览器文件的类型。

● **将 SVG 嵌入到 <iframe> 标签中**

将 SVG 嵌入 <object> 标签中也是比较方便的方法，如 img 元素的 src 属性，代码的书写方式如下：

```
<iframe src="map.svg"></iframe>
```

在上面的代码中，通过 src 属性指定 SCG 文件的路径，然后直接在浏览器中进行显示，同时用户也可以通过 width 和 height 属性定义 SVG 图像的大小，代码如下所示：

```
<iframe src="map.svg" width="300" height="300"></iframe>
```

实例 80+ 视频：将 SVG 图像链接到 HTML 文档中

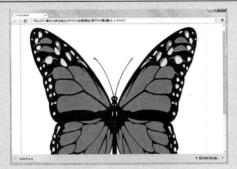
源文件：源文件 \ 第 6 章 \6-1-4.html

操作视频：视频 \ 第 6 章 \6-1-4.swf

01 执行"文件>新建"命令，新建一个空白的 HTML 5 文档。按快捷键 Ctrl+S 将文档保存为"源文件 \ 第 6 章 \6-1-4.html"。

```
<!doctype html>
<html>
<head>
<meta charset="utf-8">
<title>无标题文档</title>
</head>

<body>
<iframe src="images\61401.svg"></iframe>
</body>
</html>
```

02 在 <body> 标签下输入 <iframe> 标签以及其中的各项属性。按 F12 键测试页面中的 SVG 图像效果。

```
<!doctype html>
<html>
<head>
<meta charset="utf-8">
<title>无标题文档</title>
</head>

<body>
<iframe src="images\61401.svg" height=
"1000px" width="1000px"></iframe>
</body>
</html>
```

03 返回 Dreamweaver 软件中，为 <iframe> 标签添加 height 属性和 width 属性，以及其中的属性值。再次按 F12 键观察 SVG 图像发生的变化。

> 提问：还可以通过什么标签将 SVG 文件嵌入到 HTML 文档中？
> 答：SVG 文件除了可以通过标签 <object> 和 <iframe> 嵌入到 HTML 文档中，还可以通过标签 <embed> 嵌入到 HTML 文档中。

6.2 SVG 的语法基础

SVG 具有自己独特的语法，要绘制 SVG 图形，就必须要了解 SVG 的语法，本节将对 SVG 的语法基础进行介绍。

SVG 文档属于 XML 类型文档，主要由 XML 声明、文档类型声明和根元素 3 个元素构成。如下方的代码书写方式：

```
<?xml version="1.0" encoding="UTF-8" standalone="no"?>
<!DOCTYPE svg PUBLIC "-//W3C//DTD SVG 1.1//EN" "http://www.w3.org/Graphics/SVG/1.1/DTD/svg11.dtd">
<svg width="50" height="50" xmlns="http://www.w3.org/1999/xlink"></svg>
```

● 第一行

从本质上说，SVG 文档就是 XML 文档，所以文档应该以 XML 声明，也就是以 <?xml version="1.0"?> 开始。

其中的 version 属性表示 XML 的版本，因为解析器对不同版本的解析会有区别，尽管目前版本只有 1.0 版本，但在声明中必须指定 version 属性。

encoding 属性用于指定一个字符编码集。由于可以采用不同的字符编码集来书写 XML 文档，所以浏览器、软件工具或者分析器就需要知道该 XML 文档所使用的字符编码方式。

standalone 属性用于规定 SVG 文件是否是独立的文档，如果将其设置为 "yes"，则表示该文档没有依赖外面的任何文件，而可以独立存在，既不需要 DTD 文件来验证其中的标识是否有效，也不需要 XSL 或 CSS 文件来控制其显示外观。

将 standalone 属性设置为 "no" 时，则表示该文档依赖于外面的某个文件，例如依赖于某个 DTD 文件、XSL 文件或者是 CSS 文件。

> 提示：DTD 是一套关于标记符的语法规则。它是 XML 1.0 版本规则中的一部分。

> 提示：standalone 属性的默认值是 "yes"。

● 第二行

XML 文档通过使用 DOCTYPE 声明语句来指明它所遵循的 DTD 文件。DOCTYPE 声明语句紧跟在 XML 文档声明语句后面，有两种格式：

```
<!DOCTYPE文档类型名称SYSTEM "DTD文件的URL">
```

```
<!DOCTYPE文档类型名称PUBLIC "DTD名称" "DTD文件的URL">
```

文档类型名称可以由 XML 文档编写者自己定义，一个通用的习惯是使用 XML 文档的根元素名称来作为文档类型名称。

> 提示：根元素即文档元素，是一个文档的单个顶层元素，只有它可以包含其他元素。

关键字 SYSTEM 表明 XML 文件所遵循的是一个本地或组织内部所编写和使用的 DTD 文件。

关键字 PUBLIC 表明该 XML 文件所遵循的是一个由权威机构制定的、公开提供给特定行业或公众使用的 DTD 文件，而不是某个组织内部的规范文件。

"DTD 名称"用于指定该 DTD 文件的标识名称，它只在使用关键字 PUBLIC 的 DOCTYPE 声明语句中出现。

DTD 标识名称应符合一些标准的规定，对于 ISO 标准的 DTD 以 ISO 开头；被改进的非 ISO 标准的 DTD 以加号"+"开头；未被改进的非 ISO 标准的 DTD 以减号"-"开头。紧跟着开始部分后面的是双斜杠"//"及 DTD 所有者的名称，在这个名称之后又是双斜杠"//"，之后是 DTD 所描述文件的说明，最后在双斜杠"//"之后是语言的种类。

"DTD 文件的 URL"部分指定该 DTD 文件所在的位置。对于使用 PUBLIC 属性的 DOCTYPE 语句，"DTD 文件的 URL"指定该 DTD 文件在 Internet 上的绝对 URL，例如用于 Java Web 应用程序的配置文件的 DTD 文件的位置为：

```
"http://java.sun.com/dtd/Web-app_2_3.dtd"
```

除了输入互联网上的一个绝对 URL 外，它还可以是一个本地文件的相对路径。

● 第三行

<svg> 标记用于标注这是一个 SVG 文档，SVG 文档的宽和高用 height 和 width 属性来定义，如果不定义 width 和 height 属性的话，画布的范围将是整个浏览器，在指定 width 和 height 后，我们实际上就建立了一个显示图形的显示区，单位可以使用 em、ex、px、pt、pc、cm 和 mm，如果不指定单位，则默认的单位是像素点。

SVG 文档以根元素 <svg> 开始，包含开始标签 <svg> 和结束标签 </svg>，xmlns 属性定义了 SVG 的名称空间。

6.3 绘制 SVG 基本图形

本节开始对 SVG 基本图形的绘制进行介绍，SVG 中提供了很多的基本形状，用户可以对这些元素进行直接使用。

6.3.1 绘制矩形

使用 rect 元素可以绘制矩形效果，x 和 y 属性用于定义矩形左上角的坐标位置，宽度和高度由 width 和 height 定义，ry 属性定义矩形的圆角半径。

实例 81+ 视频：绘制矩形和圆角矩形

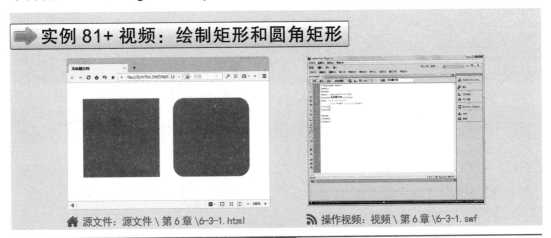

源文件：源文件 \ 第 6 章 \6-3-1.html　　操作视频：视频 \ 第 6 章 \6-3-1.swf

`01` ▶ 执行"文件>新建"命令，新建一个空白的 HTML 5 文档。按快捷键 Ctrl+S 将文档保存为"源文件\第 6 章\6-3-1.html"。

```
<!doctype html>
<html>
<head>
<meta charset="utf-8">
<title>无标题文档</title>
<svg version="1.1"></svg>
</head>

<body>
</body>
</html>
```

```
<!doctype html>
<html>
<head>
<meta charset="utf-8">
<title>无标题文档</title>
<svg version="1.1"
     width="400" height="200">
</svg>
</head>
```

`02` ▶ 在 </head> 标签上方输入 <svg> 标签对，并在其中输入 version 属性以及版本号。使用 width 属性和 height 属性设置 SVG 画布的大小。

```
<!doctype html>
<html>
<head>
<meta charset="utf-8">
<title>无标题文档</title>
<svg version="1.1"
     width="700" height="400"
     xmlns="http://www.w3.org/2000/svg">
</svg>
</head>

<body>
</body>
</html>
```

```
<!doctype html>
<html>
<head>
<meta charset="utf-8">
<title>无标题文档</title>
<svg version="1.1"
     width="700" height="400"
     xmlns="http://www.w3.org/2000/svg">
     <rect x="50" y="50" width="280" height="280" style="fill:#C63;"/>
</svg>
</head>

<body>
</body>
</html>
```

`03` ▶ 输入 SVG 的名称空间，继续输入 <rect> 标签，添加 x、y、style 和宽高属性，设置矩形的位置、大小以及颜色。

 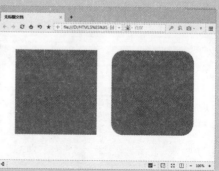

`04` ▶ 使用相同的方法再次绘制一个矩形，并为其添加 ry 属性，使其形成圆角矩形效果。按 F12 键测试绘制的矩形效果。

第6章 SVG

提问：如何设置绘制矩形的样式？

答：用户可以通过 style 属性为绘制的矩形定义填充颜色透明度和笔触颜色的透明度等样式。

6.3.2 绘制圆形

使用元素可以绘制圆形效果，cx 和 cy 属性用于定义圆的中心坐标位置，同时使用 r 属性定义半径。

➡ 实例 82+ 视频：使用 SVG 绘制正圆

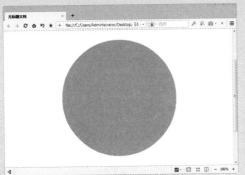

源文件：源文件 \ 第 6 章 \6-3-2.html

操作视频：视频 \ 第 6 章 \6-3-2.swf

```
1   <!doctype html>
2   <html>
3   <head>
4   <meta charset="utf-8">
5   <title>无标题文档</title>
6   <svg version="1.1"
7        width="800" height="800">
8   </svg>
9   </head>
10
11  <body>
12  </body>
13  </html>
```

01 ▶ 执行"文件 > 新建"命令，新建一个空白的 HTML 5 文档。在 </head> 标签上方输入 <svg> 标签对，并添加版本信息以及 SVG 的画布大小属性。

02 ▶ 在画布大小属性下方输入 SVG 的名称空间。继续输入 <circle> 标签，添加 cx、cy、style 和 r 属性，设置圆形的位置、半径以及填充颜色。

169

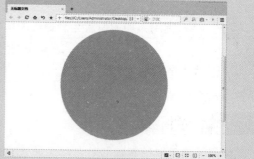

03 ▶ 执行"文件>保存"命令,将文档保存为"源文件\第6章\6-3-2.html",按F12键测试页面中的SVG圆形绘制效果。

> **提问:可否省略 cx 和 cy 属性?**
> 答:用户在使用 circle 绘制图形的时候可以省略 cx 和 xy 属性,此时圆的中心会被设置为 (0, 0)。

6.3.3 绘制椭圆

使用 ellipse 元素绘制椭圆,使用 cx 和 cy 属性定义椭圆的中心坐标,rx 属性定义椭圆的长轴半径,ry 属性定义椭圆的短轴半径。

➡ 实例 83+ 视频:使用 SVG 绘制椭圆

🏠 源文件:源文件 \ 第 6 章 \6-3-3.html   📶 操作视频:视频 \ 第 6 章 \6-3-3.swf

01 ▶ 执行"文件>新建"命令,新建一个空白的 HTML 5 文档。在 </head> 标签上方输入 <svg> 标签对,并添加版本信息以及 SVG 的画布大小属性。

第 6 章 SVG

02 ▶ 输入 SVG 的名称空间，以及椭圆形状属性代码。将文档保存为"源文件 \ 第 6 章 \6-3-3.html"，按 F12 键测试绘制的椭圆效果。

提问：哪些浏览器支持内联 SVG？

答：Internet Explorer 9、Firefox、Opera、Chrome 和 Safari 浏览器支持内联 SVG。

6.3.4 绘制直线

使用 line 元素可以绘制出直线效果，使用 x1 和 y1 属性定义直线的起点坐标，使用 x2 和 y2 属性定义直线的结束坐标。

实例 84+ 视频：使用 SVG 绘制直线

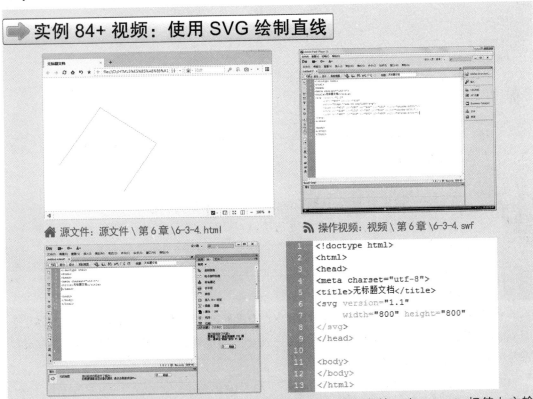

01 ▶ 执行"文件 > 新建"命令，新建一个空白的 HTML 5 文档。在 </head> 标签上方输入 <svg> 标签对，并添加版本信息以及 SVG 的画布大小属性。

```
1   <!doctype html>
2   <html>
3   <head>
4   <meta charset="utf-8">
5   <title>无标题文档</title>
6   <svg version="1.1"
7       width="800" height="400"
8       xmlns="http://www.w3.org/2000/svg">
9       <line x1="400" y1="230" x2="200" y2="100" style="stroke:#F39;"/>
10  </svg>
```

02 ▶ 输入 SVG 的名称空间,输入完成后,在其下方输入 <line> 标签,添加 x1、y1、x2、y2 和 style 等属性,设置直线的起始位置和结束位置以及线条颜色。

```
1   <!doctype html>
2   <html>
3   <head>
4   <meta charset="utf-8">
5   <title>无标题文档</title>
6   <svg version="1.1"
7       width="800" height="400"
8       xmlns="http://www.w3.org/2000/svg">
9       <line x1="400" y1="230" x2="200" y2="100" style="stroke:#F39;"/>
10      <line x1="200" y1="100" x2="50" y2="300" style="stroke:#F39;"/>
11      <line x1="400" y1="230" x2="280" y2="400" style="stroke:#F39;"/>
12  </svg>
```

03 ▶ 使用相同的方法再次绘制另外两条直线。

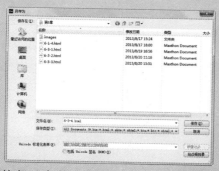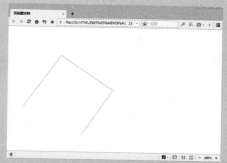

04 ▶ 执行"文件 > 保存"命令,将文档保存为"源文件 \ 第 6 章 \6-3-4.html",按 F12 键测试绘制的直线效果。

> **提问**:在使用 line 绘制直线时,可否指定填充颜色?
> **答**:用户在使用 line 绘制直线的时候,可以指定颜色,但无法指定填充颜色。

6.3.5 绘制折线与多角星形

使用 polyline 和 polygon 元素可以绘制出折线或多角星形效果,绘制这两种效果都是通过 point 属性进行每一条线段的端点坐标指定,而两者的区别在于是否将开始点与结束点进行连接闭合。下面为折线效果的代码书写方式:

```
<svg version="1.1" width="800" height="500" xmlns="http://www.w3.org/2000/svg">
    <polyline points="200,200 500,180 55,500" style="stroke:#F39" stroke-width="3px" fill="none"/>
</svg>
```

第6章 SVG

实例 85+ 视频：使用 SVG 绘制五角星

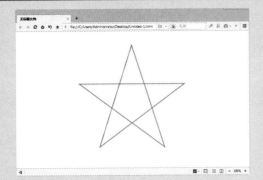

源文件：源文件 \ 第6章 \6-3-5.html　　　操作视频：视频 \ 第6章 \6-3-5.swf

```
1   <!doctype html>
2   <html>
3   <head>
4   <meta charset="utf-8">
5   <title>无标题文档</title>
6   <svg version="1.1"
7       width="800" height="500"
8   </svg>
9   </head>
10
11  <body>
12  </body>
13  </html>
```

01 ▶ 执行"文件 > 新建"命令，新建一个空白的 HTML 5 文档。在 </head> 标签上方输入 <svg> 标签对，并添加版本信息以及 SVG 的画布大小属性。

02 ▶ 在画布大小属性下方输入 SVG 的名称空间。继续输入 <polygon> 标签，并在该标签中定义五角星每一个角点的坐标数值。

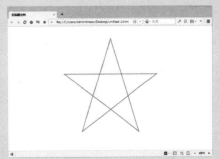

03 ▶ 定义五角星的线条颜色和线条粗细等属性。按快捷键 Ctrl+S，将文档保存为"源文件 \ 第6章 \6-3-5.html"，按 F12 键测试页面中绘制的五角星效果。

173

> **提问**：可否为 SVG 元素添加滤镜？
>
> **答**：用户可以在每个 SVG 元素上使用 SVG 滤镜，从而向形状和文本添加特殊的效果。

6.3.6 使用 path 元素绘制图形

使用 path 元素也可以绘制各种各样的图形效果，上面所介绍的基本图形，使用 path 元素同样也可以实现。但是使用 path 元素进行绘图时，步骤略微复杂一些。

path 元素通过将命令与坐标进行组合来绘制图形，以"命令＋参数 1＋参数 2"作为一个集合，参数与参数之间可以以空格或者逗号进行间隔。

> **提示**：命令为大写字母时，path 元素的坐标为绝对坐标。当命令为小写字母时，path 元素的坐标为相对坐标。

➡ 实例 86＋视频：使用 path 元素绘制五角星

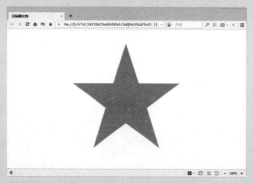

源文件：源文件\第6章\6-3-6.html　　　　操作视频：视频\第6章\6-3-6.swf

```
1   <!doctype html>
2   <html>
3   <head>
4   <meta charset="utf-8">
5   <title>无标题文档</title>
6   <svg version="1.1"
7        width="800" height="500">
8   </svg>
9   </head>
10
11  <body>
12  </body>
13  </html>
```

01 ▶ 执行"文件>新建"命令，新建一个空白的 HTML 5 文档。在 </head> 标签上方输入 <svg> 标签对，并添加版本信息以及 SVG 的画布大小属性。

第 6 章 SVG

```
<!doctype html>
<html>
<head>
<meta charset="utf-8">
<title>无标题文档</title>
<svg version="1.1"
    width="800" height="500"
    xmlns="http://www.w3.org/2000/svg">
</svg>
</head>

<body>
</body>
</html>
```

```
<!doctype html>
<html>
<head>
<meta charset="utf-8">
<title>无标题文档</title>
<svg version="1.1"
    width="800" height="500"
    xmlns="http://www.w3.org/2000/svg">
    <path d="M459,47 L589,445 L249,198 L669,198 L330,445 z"
</svg>
</head>

<body>
</body>
</html>
```

02 ▶ 在画布大小属性下方输入 SVG 的名称空间。继续输入 <polygon> 标签，并在该标签中定义五角星每一个角点的坐标数值。

```
<!doctype html>
<html>
<head>
<meta charset="utf-8">
<title>无标题文档</title>
<svg version="1.1"
    width="800" height="500"
    xmlns="http://www.w3.org/2000/svg">
    <path d="M459,47 L589,445 L249,198 L669,198 L330,445 z"
    stroke-width="3px" fill="#F39"/>
</svg>
</head>

<body>
</body>
</html>
```

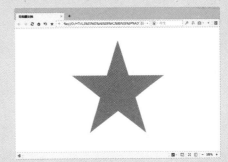

03 ▶ 定义五角星的填充颜色和线条粗细等属性。按快捷键 Ctrl+S，将文档保存为"源文件 \ 第 6 章 \6-3-6.html"，按 F12 键测试页面中绘制的五角星效果。

> **提问**：path 元素都有哪些命令？
> **答**：path 元素的命令有：移动位置（M）、描绘曲线（C）、描绘直线（L）、描绘圆弧（A）和封闭路径（Z）等。

6.3.7 坐标与编组

在 SVG 中可以使用 g 元素将其他多个元素组织在一起。由 g 元素编组在一起的元素可以设置相同的颜色，也可以进行坐标变换等。

➡ 实例 87+ 视频：通过 g 元素对图形进行编组

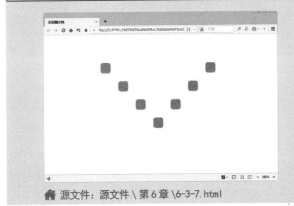

🏠 源文件：源文件 \ 第 6 章 \6-3-7.html　　📡 操作视频：视频 \ 第 6 章 \6-3-7.swf

`01` 执行"文件>新建"命令,新建一个空白的 HTML 5 文档。在 </head> 标签上方输入 <svg> 标签对,并添加版本信息以及 SVG 的画布大小属性。

`02` 在画布大小属性下方输入 SVG 的名称空间,继续输入 <g> 标签,并在该标签中定义填充颜色属性。

`03` 继续输入 <rect> 标签,定义一个圆角矩形图像效果。使用相同的方法定义其他的圆角矩形图像效果。

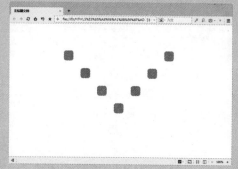

`04` 执行"文件>保存"命令,将文档保存为"源文件\第 6 章\6-3-7.html",按 F12 键测试页面中的 SVG 绘制效果。

第6章 SVG

> **提问**：编组的实现方式有哪些？
>
> 答：除了使用 SVGDOM 可以实现编组，还可以使用相应的 Rephael 中的 set 实现与编组相近的功能。

6.3.8 使用 transform 属性

用户可以通过 transform 属性对 g 元素中绘制图形的位置、形状和角度等属性进行整体的设置。transform 属性所包含的属性值及其功能说明如下表所示：

属性值	描述	说明
translate(x,y)	移动整体元素	移动 x 轴与 y 轴（y 可省略，省略后默认为 0）
scale(x,y)	放大/缩小整体元素	指定 x 轴与 y 轴的缩放比例（当省略 y 时，自动将其默认为与 x 相同的值）
skewX(x)	向 x 轴方向倾斜	指定 x 轴的倾斜
skewY(y)	向 y 轴方向倾斜	指定 y 轴的倾斜
rotate(角度,cx,cy)	旋转元素	按用户指定的 cx 与 cy 坐标为中心进行旋转（cx 与 cy 省略后默认为 0）

➡ **实例 88+ 视频：对编组元素进行操作**

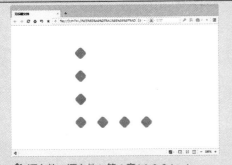
🏠 源文件：源文件 \ 第 6 章 \6-3-8.html

📶 操作视频：视频 \ 第 6 章 \6-3-8.swf

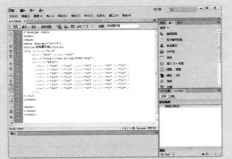

01 ▶ 执行"文件 > 打开"命令，将"源文件 \ 第 6 章 \6-3-7.html"文档打开。在 `<g>` 标签中添加 transform 属性，并指定属性值为 translate。

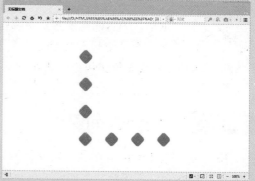

02 再次为transform属性添加一个rotate属性值。按快捷键Ctrl+Shift+S，将文档另存为"源文件\第6章\6-3-8.html"，按F12键测试页面效果。

提问：可否为g元素添加x和y坐标？

答：使用g元素时不能设置x和y坐标，并且width、height等属性也同样不能添加。

● matrix 属性值

transform属性还有另外一个属性值，那就是matrix，使用该属性值可以直接对移动、缩放和旋转同时进行控制，matrix属性值包含了6个参数，分别为x轴的伸缩、y轴的伸缩、x轴的倾斜、y轴的倾斜、x轴的移动和y轴的移动。

需要注意translate的属性值是有先后之分的，例如下面两个代码所得到的结果就是不同的，因为旋转后移动与移动后旋转的中心点发生了关系变化。

```
transform="rotate(45) translate(50,0)"
transform="translate(50,0) rotate(45)"
```

同时用户还要注意一点，transform的特点是从右侧开始执行。

6.4 绘制文本

SVG中使用text元素可以很简单地设置字符串，并让其在页面中显示。但是这些字符串不能换行也不支持禁则，这时候为了防止字符串中途被截断或出现重叠，就需要对其进行一些设置。

禁则是指禁止掉文本规定，也就是说不再按照字符规定排列字符，例如当换行时，标点符号异能出现在句子的开始位置等规则。

实例 89+ 视频：使用 SVG 绘制文本

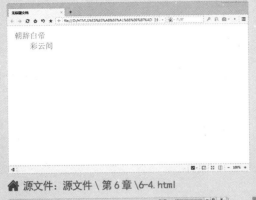

源文件：源文件 \ 第 6 章 \6-4.html

操作视频：视频 \ 第 6 章 \6-4.swf

```
<!doctype html>
<html>
<head>
<meta charset="utf-8">
<title>无标题文档</title>
<svg version="1.1"
     width="800" height="500"
     xmlns="http://www.w3.org/2000/svg">
</svg>
</head>

<body>
</body>
</html>
```

01 ▶ 执行"文件 > 新建"命令，新建一个空白的 HTML 5 文档。在 </head> 标签上方输入 <svg> 标签对，并添加版本信息以及 SVG 的画布大小属性。

```
<!doctype html>
<html>
<head>
<meta charset="utf-8">
<title>无标题文档</title>
<svg version="1.1"
     width="800" height="500"
     xmlns="http://www.w3.org/2000/svg">
    <g fill="#F39" font-size="30" font-family="宋体">
    </g>
</svg>
</head>

<body>
</body>
</html>
```

```
<!doctype html>
<html>
<head>
<meta charset="utf-8">
<title>无标题文档</title>
<svg version="1.1"
     width="800" height="500"
     xmlns="http://www.w3.org/2000/svg">
    <g fill="#F39" font-size="30" font-family="宋体">
        <text x="20" y="40">
            朝辞白帝
            <tspan x="80" y="80">
            彩云间
            </tspan>
        </text>
    </g>
</svg>
```

02 ▶ 继续输入 <g> 标签，并添加字符颜色、字符大小以及字体等属性。在 <g> 标签内添加 <text> 标签和 <tspan> 标签，以及标签中的内容。

03 ▶ 执行"文件 > 保存"命令，将文档保存为"源文件 \ 第 6 章 \6-4.html"，按 F12 键测试页面中的文字效果。

提问：如何调整 text 元素中的文字？

答：用户可以通过使用 tspan 元素调整 text 元素内任意文字的颜色、大小和位置。

用户可以使用 textPath 元素沿特定的路径描绘文本，路径的定义需要将其放置在 defs 元素中。

实例 90+ 视频：制作波浪纹路径文本

源文件：源文件 \ 第 6 章 \6-4-1.html

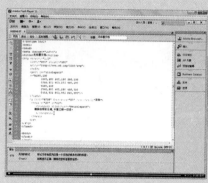

操作视频：视频 \ 第 6 章 \6-4-1.swf

```
<!doctype html>
<html>
<head>
<meta charset="utf-8">
<title>无标题文档</title>
<svg version="1.1"
     width="800" height="500"
     xmlns="http://www.w3.org/2000/svg">
</svg>
</head>

<body>
</body>
```

01 ▶ 执行"文件＞新建"命令，新建一个空白的 HTML 5 文档。在 </head> 标签上方输入 <svg> 标签对，并添加版本信息以及 SVG 的画布大小属性。

```
 1  <!doctype html>
 2  <html>
 3  <head>
 4  <meta charset="utf-8">
 5  <title>无标题文档</title>
 6  <svg version="1.1"
 7       width="800" height="500"
 8       xmlns="http://www.w3.org/2000/svg">
 9      <defs>
10        <path id="circlepath"/>
11      </defs>
12  </svg>
13  </head>
```

```
<meta charset="utf-8">
<title>无标题文档</title>
<svg version="1.1"
     width="800" height="500"
     xmlns="http://www.w3.org/2000/svg">
    <defs>
      <path id="circlepath"
      d="M260,200
         C260,200 300,150 350,200
         C350,200 400,250 440,200
         M360,300
         C360,300 400,250 450,300
         C450,300 500,350 540,300"/>
    </defs>
</svg>
```

02 ▶ 输入 <defs> 标签，并在其中添加 <path> 标签。在 <path> 标签内添加 d 属性，并定义曲线的各个坐标。

03 ▶ 在 </defs> 标签下方添加 <g> 标签，并为其添加字符颜色、字符大小和字体等属性。在 <g> 标签中添加 <text> 元素，并添加坐标属性。

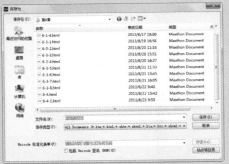 

04 ▶ 在 text 元素中添加 <textpath> 标签，并为该标签中添加属性以及文字内容。使用相同的方法输入其他的代码。

05 ▶ 按快捷键 Ctrl+S，将文档保存为"源文件\第 6 章\6-4-1.html"，按 F12 键测试页面中的路径文本效果。

提问：defs 元素有什么作用？

答：defs 元素是一个不进行任何图形绘制的元素，defs 元素与 HTML 中的 head 元素类似。

6.5 SVG 渐变效果

SVG 中并非只能使用纯色进行填充，用户还可以实现颜色渐变效果。通过 linearGradient 元素和 radialGradient 元素可以定义渐变的绘图方法，只需要将图形的 fill 属性指定为对应的 id 即可。

6.5.1 线性渐变

线性渐变是一种沿着一根轴线进行多种颜色间的逐渐混合,也就是说颜色将会从起点到终点颜色进行顺序渐变。

实例 91+ 视频:制作横向与纵向线性渐变效果

源文件:源文件 \ 第 6 章 \6-5-1.html　　操作视频:视频 \ 第 6 章 \6-5-1.swf

```
<!doctype html>
<html>
<head>
<meta charset="utf-8">
<title>无标题文档</title>
<svg version="1.1"
     width="800" height="500"
     xmlns="http://www.w3.org/2000/svg">
</svg>
</head>

<body>
</body>
```

01 ▶ 执行"文件>新建"命令,新建一个空白的 HTML 5 文档。在 </head> 标签上方输入 <svg> 标签对,并添加版本信息以及 SVG 的画布大小属性。

```
1  <!doctype html>
2  <html>
3  <head>
4  <meta charset="utf-8">
5  <title>无标题文档</title>
6  <svg version="1.1"
7       width="800" height="500"
8       xmlns="http://www.w3.org/2000/svg">
9       <defs>
10      </defs>
11  </svg>
12  </head>
13
14  <body>
```

```
<html>
<head>
<meta charset="utf-8">
<title>无标题文档</title>
<svg version="1.1"
     width="800" height="500"
     xmlns="http://www.w3.org/2000/svg">
    <defs>
      <linearGradient id="colorGradient">
        <stop offset="0%" stop-color="#F0F"/>
        <stop offset="100%" stop-color="#00F"/>
      </linearGradient>
    </defs>
</svg>
```

02 ▶ 在 xmlns 属性的下方输入 <defs> 标签。在该标签中添加 <linearGradient> 标签和 <stop> 标签,并添加相应的属性。

 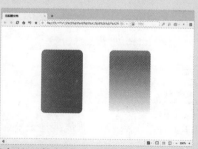

03 ▶ 在 </defs> 标签的下方输入 <rect> 标签,定义渐变的形状与大小。执行"文件 > 保存"命令,将文档保存为"源文件 \ 第 6 章 \6-5-1.html",按 F12 键测试页面中的线性渐变效果。

第 6 章 SVG

> **提问**：<linearGradient> 标签通常放置在哪个位置？
> 答：<linearGradient> 标签必须嵌套在 <defs> 的内部。<defs> 标签是 definitions 的缩写，它可对诸如渐变之类的特殊元素进行定义。

6.5.2 径向渐变

径向渐变是从起点到终点进行多种颜色间的逐渐混合的渐变效果，并且径向渐变是由内向外进行圆形效果的渐变。

实例 92 + 视频：制作径向渐变效果

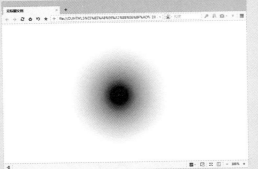

源文件：源文件\第6章\6-5-2.html　　操作视频：视频\第6章\6-5-2.swf

```
<!doctype html>
<html>
<head>
<meta charset="utf-8">
<title>无标题文档</title>
<svg version="1.1"
     width="800" height="500"
     xmlns="http://www.w3.org/2000/svg">
</svg>
</head>

<body>
</body>
```

01 ▶ 执行"文件>新建"命令，新建一个空白的 HTML 5 文档。在 </head> 标签上方输入 <svg> 标签对，并添加版本信息以及 SVG 的画布大小属性。

```
<!doctype html>
<html>
<head>
<meta charset="utf-8">
<title>无标题文档</title>
<svg version="1.1"
     width="800" height="500"
     xmlns="http://www.w3.org/2000/svg">
    <defs>
      <radialGradient id="colorGradient">
      </radialGradient>
    </defs>
</svg>
```

```
<!doctype html>
<html>
<head>
<meta charset="utf-8">
<title>无标题文档</title>
<svg version="1.1"
     width="800" height="500"
     xmlns="http://www.w3.org/2000/svg">
    <defs>
      <radialGradient id="colorGradient">
        <stop offset="0%" stop-color="#000" stop-opacity="1"/>
        <stop offset="100%" stop-color="#FFF" stop-opacity="0.2"/>
      </radialGradient>
    </defs>
</svg>
</head>

<body>
</body>
</html>
```

02 ▶ 输入 <defs> 标签，并在其中添加 <radialGradient> 标签，设置渐变效果为径向渐变。在 <radialGradient> 标签内添加 <stop> 标签，定义渐变的颜色。

03 ▶ 添加 <rect> 标签，设置渐变的形状，并将填充颜色设置为上面所设置的渐变效果。将文档保存为"源文件 \ 第 6 章 \6-5-2.html"，按 F12 键测试页面中的径向渐变效果。

提问：radialGradient 元素有哪些属性？

答：<radialGradient> 标签的 id 属性可为渐变定义一个唯一的名称，每种颜色通过一个 <stop> 标签来规定，offset 属性用来定义渐变的开始和结束位置。

6.6 样式单

SVG 与 HTML 一样，也可以通过样式单来修饰外观。样式单与 textPath 的定义一样，可以放在 defs 元素中。

➡ 实例 93+ 视频：使用样式控制绘制元素的外观

🏠 源文件：源文件 \ 第 6 章 \6-6.html　　📶 操作视频：视频 \ 第 6 章 \6-6.swf

```
<!doctype html>
<html>
<head>
<meta charset="utf-8">
<title>无标题文档</title>
<svg version="1.1"
    width="800" height="500"
    xmlns="http://www.w3.org/2000/svg">
</svg>
</head>

<body>
</body>
```

01 ▶ 执行"文件 > 新建"命令，新建一个空白的 HTML 5 文档。在 </head> 标签上方输入 <svg> 标签对，并添加版本信息以及 SVG 的画布大小属性。

第6章 SVG

02 ▶ 输入 <defs> 标签，并在其中添加 <style> 标签，用于定义样式。在 <style> 标签中定义三个类样式，并为每个样式添加样式参数。

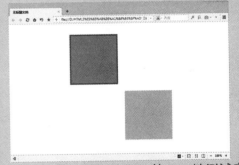

03 ▶ 在 </style> 标签下方输入 <rect> 标签，绘制一个正方形。添加 <use> 标签，将前面定义的样式添加到绘制的正方形上。

04 ▶ 按快捷键 Ctrl+S，将文档保存为"源文件\第6章\6-6.html"，按 F12 键测试定义样式后的形状效果。

> **提问：SVG 有哪些样式？**
> 答：用户可以使用 CSS 选择器和语法来修改 SVG 绘图的外观，既可以指定内嵌 CSS 样式，也可以作为外部样式表来引用。

6.7 本章小结

本章主要向用户介绍了 SVG 的效果和 SVG 的使用方法。使用这种可缩放式的 SVG 图形既提高了图像文件的可读性，又便于图像后续的修改和编辑。同时 SVG 图像与一些现有的技术可以互相兼容，例如 CSS 和 JavaScript 等技术都可以与 SVG 融合使用。

第 7 章 音频和视频

在 HTML 5 中,可以通过 audio 元素和 video 元素轻松处理音频和视频,本章将对 HTML 5 处理音频和视频的方法和技巧进行详细的讲解。

7.1 <audio> 和 <video> 的概要

在 HTML 5 问世之前,如果需要在网络上展示音频、视频和动画,可以使用第三方开发的播放器或者 Flash,但它们都需要在浏览器中安装各种插件,而且播放速度也很慢。

在 HTML 5 中提供了音频和视频的标准接口,播放音频、视频和动画就不需要安装插件了,只需要一个支持 HTML 5 的浏览器即可。

HTML 5 中新增了 <audio> 和 <video> 两个专业元素,其中 <audio> 元素专门用来播放网络上的音频数据,而 <video> 元素用来播放网络上的视频和电影。

● <audio> 的基本格式

如果需要在 HTML 5 中显示音频数据,只需在 <audio> 标签中指定音频的 URL 地址即可,基本格式如下:

```
<body>
<audio src="sample.mp3"></audio>
</body>
```

● <video> 的基本格式

如果需要在 HTML 5 中显示视频数据,只需在 <video> 标签中指定视频的长、宽等属性,并指定视频的 URL 地址,基本格式如下:

```
<body>
<embed src="move.flv" width="32" height="32">
</embed>
</body>
```

用户还可以通过 <source> 元素为同一个多媒体数据指定多个播放格式和编码方式,以确保浏览器可以从中选择一种可以支持的播放格式进行播放,基本格式如下:

```
<video src="move.flv" width="32" height="32">
  <source src="move.move" type="video/quicktime">
  <source src="move.ogv" type="video/ogg">
</video>
```

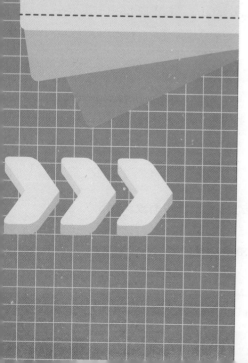

本章知识点

- ☑ 掌握音频和视频的概要
- ☑ 掌握音频和视频的属性
- ☑ 掌握音频和视频的方法
- ☑ 了解事件的处理方式
- ☑ 熟练掌握多媒体事件

7.2 <audio> 和 <video> 的属性

<audio> 元素和 <video> 元素具有的属性基本相同,包括 src、autoplay、preload 和 loop 等属性。

- **src**

  在 src 属性中可以指定媒体数据的 URL 地址。

  ```
  <video src="move.flv"></video>
  ```

- **autoplay**

  在 autoplay 属性中可以指定媒体数据是否在页面加载后自动播放,其基本语法如下:

  ```
  <video src="move.flv" autoplay></video>
  ```

- **preload**

  在 preload 属性中可以指定媒体数据是否预加载,其基本语法如下:

  ```
  <video src="move.flv" preload="auto"></video>
  ```

  该属性有 3 个属性值,分别是 none、metadata 和 auto,默认值为 auto。
  - none 表示不进行预加载。
  - metadata 表示只预加载媒体的元数据(媒体字节数、第一帧、播放列表和持续时间等)。
  - auto 表示预加载全部视频或音频。

- **loop**

  在 loop 属性中可以指定是否循环播放视频或音频,其基本语法如下:

  ```
  <video src="move.flv" preload="auto" loop></video>
  ```

- **controls**

  在 controls 属性中可以指定是否为视频或音频添加浏览器自带播放用的控制条,控制条中包括播放、暂停等按钮,其基本语法如下:

  ```
  <video src="move.flv" loop controls></video>
  ```

> **提示** 如果使用 preload 属性进行预加载,浏览器就会将视频或音频数据进行缓冲,从而加快播放的速度。

实例 94+ 视频:导入视频

源文件:源文件 \ 第 7 章 \7-2-1.html

操作视频:视频 \ 第 7 章 \7-2-1.swf

`01` 在 Dreamweaver 中新建一个 HTML 5 空白文档，在 <title> 标签中输入文档标题。

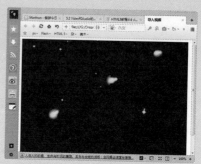

`02` 在 <body> 标签中输入 <video src="move.flv"></video> 代码，按快捷键 Ctrl+S，将其保存为"源文件\第 7 章\7-2-1.html"，按 F12 键在浏览器中查看页面效果。

> 提问：video 支持的视频格式有哪些？
> 答：HTML 5 规定了一种通过 video 元素来包含视频的标准方法，video 支持的视频格式有 Ogg、MPEG4 和 WebM 3 种格式。

实例 95+ 视频：设置 video 自动播放

源文件：源文件\第 7 章\7-2-2.html　　操作视频：视频\第 7 章\7-2-2.swf

> 提示：如果不为 <video> 添加 autoplay 属性，打开页面以后，视频将处于第 1 帧位置，不进行播放。

第 7 章 音频和视频

01 ▶ 执行"文件>打开"命令,在弹出的"打开"对话框中选择"素材\第 7 章\7201.html",单击"打开"按钮,打开素材。

02 ▶ 单击"代码"按钮,打开代码视图窗口,在 <video> 标签中添加 autopaly 属性,按快捷键 Ctrl+Shift+S,将其另存为"源文件\第 7 章\7-2-2.html",按 F12 键在浏览器中查看页面效果。

> **提问**:autoplay 属性的定义和用法有哪些?
> **答**:autoplay 属性的定义是如果视频准备就绪,就马上开始播放,用法是在 <video> 标签中设置 autoplay 属性,视频将自动播放。

➡ 实例 96+ 视频:添加 video 播放条

🏠 源文件:源文件\第 7 章\7-2-3.html　　📶 操作视频:视频\第 7 章\7-2-3.swf

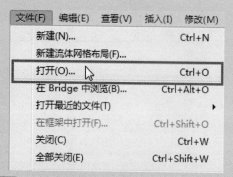

`01` ▶ 执行"文件 > 打开"命令,在弹出的"打开"对话框中选择"素材\第7章\72101.html",单击"打开"按钮,打开素材。

`02` ▶ 单击"代码"按钮,打开代码视图窗口,在 <video> 标签中添加 controls 属性,按快捷键 Ctrl+Shift+S,将其另存为"源文件\第7章\7-2-3.html",按 F12 键在浏览器中查看页面效果。

提问:浏览器控件包括什么?

答:浏览器控件应该包括播放、暂停、定位、音量、全屏切换、字幕(如果可用)和音轨(如果可用)。

---

poster(video 元素独有属性)

当视频不可用时,可以使用 poster 属性向用户展示一幅替代图片,以免展示视频的区域中出现一片空白,其基本语法如下:

```
<video src="move.flv" poster="pic.jpg"></video>
```

width(video 元素独有属性)
在 width 属性中可以指定视频的宽度(以像素为单位)。

height(video 元素独有属性)
在 height 属性中可以指定视频的高度(以像素为单位),其基本语法如下:

```
<video src="move.flv" width="120" height="50"></video>
```

第 7 章　音频和视频

实例 97+ 视频：使用 poster 替换 video

源文件：源文件 \ 第 7 章 \7-2-4.html

操作视频：视频 \ 第 7 章 \7-2-4.swf

01 ▶ 执行"文件>打开"命令，在弹出的"打开"对话框中选择"素材 \ 第 7 章 \72101.html"，单击"打开"按钮，打开素材。

02 ▶ 单击"代码"按钮，打开代码视图窗口，在 <video> 标签中输入 poster 属性。

03 ▶ 按快捷键 Ctrl+Shift+S，将其另存为"源文件 \ 第 7 章 \7-2-4.html"，按 F12 键在浏览器中查看页面效果。

提问：使用 poster 属性有何作用？

答：使用 poster 属性可以避免视频在浏览器中出现问题时在页面中显示为空白。

7.3 <audio> 和 <video> 的方法

在 HTML 5 中，<audio> 元素和 <video> 元素都属于媒体处理范畴，是都可以使用导入、播放、暂停来检查是否可以播放的方法。

7.3.1 play 方法

使用 play 方法可以播放媒体，自动将元素的 paused 属性的值变为 false，其基本语法如下：

```
var audio=document.creatElement("audio");
audio.src="audio/source.mp3";//路径
audio.play();
```

➡ 实例 98+ 视频：控制播放 audio

源文件：源文件\第7章\7-3-1.html

操作视频：视频\第7章\7-3-1.swf

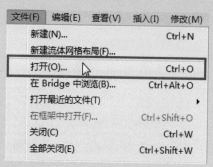

01 ▶ 执行"文件>打开"命令，在弹出的"打开"对话框中选择"素材\第7章\73101.html"，单击"打开"按钮，打开素材。

第7章 音频和视频

02 ▶ 单击选项栏中的"代码"按钮,将界面切换到代码视图中,在 <body> 标签中输入 <div id="b1"><button onclick="playVid()" type="button"> 播放音频 </button></div> 代码。

03 ▶ 输入 <script> 标签,在标签中输入 document.getElementById 方法用来访问 HTML 5 中的 audio1,继续定义 play() 方法。

04 ▶ 执行"文件 > 另存为"命令,在弹出的"另存为"对话框中进行设置,单击"保存"按钮,按 F12 键在浏览器中预览该页面。

> 提问:如何访问 HTML 中的元素?
> 答:可以使用 document.getElementById 方法从 JavaScript 访问某个 HTML 元素,但需要使用 id 属性来标识 HTML 元素。

7.3.2 pause 方法

使用 pause 方法可以暂停播放,自动将元素的 paused 属性的值变为 true。

```
function aPause() {
    audio.pause();
}
```

实例 99+ 视频：设置暂停 audio

源文件：源文件\第7章\7-3-2.html

操作视频：视频\第7章\7-3-2.swf

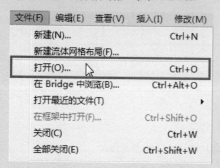

`01` ▶ 执行"文件>打开"命令，在弹出的"打开"对话框中选择"素材\第7章\73201.html"，单击"打开"按钮，打开素材。

`02` ▶ 单击"代码"按钮，打开代码视图窗口，输入相应的方法访问 HTML 元素和相应的方法控制 audio1。

`03` ▶ 执行"文件>另存为"命令，在弹出的"另存为"对话框中进行设置，单击"保存"按钮，按 F12 键在浏览器中预览该页面。

提问：<button>标签有何作用？

答：<button>标签用来定义按钮，在 button 元素内可以放置内容，例如文本或图像等。

7.3.3 load 方法

使用 load 方法可以重新载入媒体进行播放，自动将元素的 playbackRate 属性值变为 defaultPlaybackRate 属性的值，自动将元素的 error 的值变为 null。

```
audio.load()
```

7.3.4 canPlayType 方法

使用 canPlayType 方法可以测试浏览器是否支持指定的媒体类型，其基本语法如下：

```
var support=videoElement.canPalyType(type)
```

7.4 <audio> 和 <video> 的事件

audio 和 video 定义的属性在浏览器中请求媒体数据、下载媒体数据、播放媒体数据和结束播放数据一系列过程中会触发各种事件，事件及描述如下：

事件	描述
loadstart	浏览器开始在网页上寻找媒体数据
progress	浏览器正在获取媒体数据
suspend	浏览器暂停获取媒体数据，但还在进行下载
abort	浏览器在没有下载完全部媒体数据前中止获取媒体数据
error	浏览器获取媒体数据的过程中出现错误
emptied	audio 元素和 video 元素所在网络突然变为未初始化状态
stalled	浏览器尝试获取媒体数据失败
paly	当执行 paly 方法时触发，浏览器开始播放媒体数据
pause	当执行 pause 方法时触发，浏览器暂停播放媒体数据
loadedmetadata	浏览器获取媒体数据的时间长和字节数

（续表）

事 件	描 述
loaddata	浏览器已经加载完毕当前播放位置的媒体数据，准备播放
waiting	在播放过程中由于下一帧尚未加载完毕而暂停播放
playing	正在播放媒体数据
canplay	浏览器可以播放媒体数据，但播放期间需要缓冲
canplaythrough	浏览器可以播放媒体数据，以当前播放速率可以将媒体数据播放完毕，不再需要进行缓冲
seeking	seeking 属性为 true，浏览器即正在请求数据
seeked	seeking 属性为 false，浏览器停止请求数据
timeupdate	当前播放位置被改变
ended	播放结束后停止播放
ratechange	defaultpalybackRate 属性（默认播放速率）或 palybackRate（当前播放速率）属性被改变
durationchange	播放时长被改变
volumechange	volume 属性（音量）被改变或 muted 属性（静音状态）被改变

导致网络变为未初始化状态的两个可能原因，分别是载入媒体过程中突然发生一个致命错误和在浏览器正在选择支持的播放格式时，又调用了 load 方法重新载入媒体。

在利用 audio 元素或 video 元素读取或播放媒体数据触发一系列事件时，可以使用 JavaScript 脚本来捕捉事件，从而对事件进行处理。

● 捕捉事件

使用 video 元素或 audio 元素的 addEventListener 方法可以对事件的发生进行监听，基本语法如下：

```
videoElement.addEventListener(type,listener,useCapture);
```

videoElement 表示页面中的 video 元素或 audio 元素，type 表示事件名称，listener 表示绑定的函数，useCapture 表示布尔值，表示该事件的响应顺序。

● 事件处理

使用 JavaScript 脚本中常见的获取事件句柄的方式处理事件，基本语法如下：

```
<video id="video1" src="sample.mov" onplay="begin_playing();"></video>
```

```
function begin_playing()
{

};
```

实例 100+ 视频：设置监听 audio

源文件：源文件 \ 第 7 章 \7-4-1.html

操作视频：视频 \ 第 7 章 \7-4-1.swf

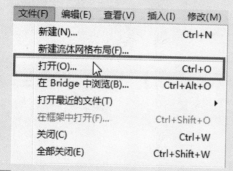

01 ▶ 执行"文件>打开"命令，在弹出的"打开"对话框中选择"素材 \ 第 7 章 \74101.html"，单击"打开"按钮，打开素材。

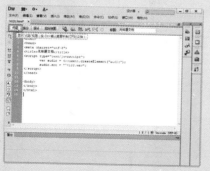

02 ▶ 单击"代码"按钮，打开代码视图窗口，输入 audio.addEventListener("canplaythrough", function () {alert('音频文件已经准备好，随时待命');}, false); 事件来监听音频。

如果需要在 HTML 文档中插入 JavaScript，必须使用 <script></script> 标签。

03 ▶ 执行"文件 > 另存为"命令,在弹出的"另存为"对话框中进行设置,单击"保存"按钮,按 F12 键在浏览器中预览该页面。

提问:canplaythrough 事件有何作用?

答:使用 canplaythrough 事件监听音频可以了解音频加载的进度,以及是否准备播放。

7.5 本章小结

本章主要讲解了 HTML 5 中新增的 audio 元素和 video 元素所具有的属性、方法和事件。通过本章的学习,读者可以熟练掌握如何在 HTML 5 文档中完成音频和视频的添加,以及如何控制音频和视频。

第 8 章 链入内联框架、对象和其他多媒体元素

使用 video 元素和 audio 元素可以在网页内播放视频和音频，还可以使用 img 元素将图片链入网页中，这些都是最常用的多媒体功能。

除此之外，还可以使用 iframe 元素将另一个网页链入到当前网页中，并且使用 object 元素和 embed 元素将更多类型的多媒体对象链入当前网页，不仅是图片、视频和音频。例如 Flash 影片（SWF）和 Shockwave 影片（DIR）、QuickTime、AVI、applet、ActiveX 控件以及各种格式的音频文件。在 HTML 网页中，这些多媒体文件统称为对象，本章将对其进行详细的讲解。

本章知识点

- ☑ 了解内联框架
- ☑ 掌握内联框架的属性
- ☑ 掌握 object 元素
- ☑ 了解沙盒安全限制
- ☑ 掌握 embed 元素

8.1 内联框架（iframe 元素）

使用 HTML 中的内联框架可以在多个视图窗口中展示网页，视图可以是独立窗口或子窗口。多视图模式可以实现保持某一个视图始终可视，而其他视图可以滚动或者被替换。

内联框架即 iframe 元素，是浏览器窗口中的一个区域或者一个容器，可以用于在一个页面中插入和显示另一个页面。

> 提示　内联框架不是一个 HTML 文件，而是存放一个单独 HTML 文件的容器。

8.2 iframe 元素的属性

在 HTML 5 中使用 iframe 元素，可以通过对多个属性进行设置完成框架的构建。

8.2.1 src 的属性

使用 iframe 元素的 src 属性可以定义框架所指向的文档资源，用于引用 URL 地址，其基本格式如下：

```
<iframe src="URL"></iframe>
```

HTML 5 网页制作 全程揭秘

src 属性定义的内容是框架窗口的初始内容,可以是一个 HTML 文档,也可以是一张图片。

8.2.2 width 和 height 属性

使用 iframe 元素的 width 属性和 height 属性可以指定框架的宽度和高度,其基本格式如下:

```
<iframe src="URL" width="420" height="330"></iframe>
```

➡ 实例 101+ 视频:创建内联框架

源文件:源文件\第8章\8-2-2.html

操作视频:视频\第8章\8-2-2.swf

01 ▶ 执行"文件 > 新建"命令,新建一个 HTML 5 的空白文档。在 <title> 标签中单击并输入文档标题。

02 ▶ 在 <body> 标签中输入 <iframe src="82201.jpg"></iframe> 代码定义框架的 URL 地址,输入相应的代码设置框架的宽度和高度。

第8章 链入内联框架、对象和其他多媒体元素

03 ▶ 执行"文件 > 保存"命令,将其保存为"源文件 \ 第 8 章 \8-2-2.html",按 F12 键在浏览器中查看页面效果。

提问:使用内联框架有何优势?

答:使用内联框架可以将一个页面的"标志和标题"、"导航条"和"主要信息"等分开为独立的 HTML 页面,使得浏览器无须重复加载。

8.2.3　frameborder 属性

使用 iframe 元素的 frameborder 属性可以设置页面区域边框的宽度,取值范围为 0~1,0 表示不显示边框,1 表示在每个页面之间均显示边框,其基本格式如下:

```
<iframe frameborder="x"></iframe>
```

一般情况下,为了使得内联框架与邻近的内容相融合,经常将 frameborder 属性值设置为 0。

8.2.4　marginwidth 和 marginwidht 属性

marginwidth 属性和 marginwidht 属性用来指定显示内容与窗口边界之间的空白距离大小,其中 marginwidth 属性用来确定显示内容与左右边界之间的距离,maginwidht 用来确定显示内容与上下边界之间的距离,基本格式如下:

```
<iframe marginwidth="2" marginheight="0" ></iframe>
```

marginwidth 属性和 marginwidht 属性的参数值都是数字,分别表示左右上下边距所占的像素点数。

8.2.5　name 属性

在 HTML 5 中可以为每个框架定义一个 name 属性指定一个名称作为框架的标识,用于其他框架文档通过 name 属性和 target 属性将其作为目标指向,其基本格式如下:

```
<iframe name="fram01"></iframe>
```

在 HTML 5 中，可以通过超链接的 target 属性为框架页面建立超链接，target 属性不仅可以用来建立链接，还可以建立图像映射以及表单等，其属性值和说明如下：

属性值	说　明
_blank	在一个新的、未命名的浏览器窗口中打开链接的页面
_parent	如果是嵌套的框架，链接会在父框或窗口中打开；如果不是嵌套的框架，则等同于 _top，链接会在整个浏览器窗口中显示
_selt	在当前页面所在窗口或框架中打开链接的页面
_top	在完整的浏览器窗口中打开链接的页面

8.2.6 align 属性

使用 iframe 元素的 align 属性可以用来设置框架的垂直方向和水平方向的对齐方式，其基本格式如下：

```
<iframe align="top" ></iframe>
```

8.2.7 scrolling 属性

当 src 指定的 HTML 文件在指定的区域中不能完全显示的时候，可以使用 iframe 元素的 scrolling 属性定义是否显示滚动条，一共有 3 个属性值，分别如下：

- yes：显示滚动条。
- no：不显示滚动条。
- auto：当需要时才显示滚动条。

8.3 沙盒安全限制

由于 iframe 元素的安全问题备受争议，HTML 5 为 iframe 元素新增了 sandbox 属性，sandbox 属性可以实现沙盒安全限制，即通过限制被签入内容所允许的操作而提升 iframe 的安全性。

sandbox 属性有以下几个属性值：

- allow-same-origin

allow-same-origin 表示允许将 iframe 中的内容当做是与父页面同源，可以访问父页面中的内容。

- allow-top-navigation

allow-top-navigation 表示允许 iframe 中的内容导航父页面中的内容。

第 8 章 链入内联框架、对象和其他多媒体元素

- allow-forms

  allow-forms 表示允许 iframe 中的表单被提交。

- allow-scripts

  allow-scripts 表示允许 iframe 中的内容运行其中的脚本。

8.4 使用 object 元素链入对象

除了使用前面介绍的一些元素方便用户链入图片、音频和视频等，HTML 5 还提供了 object 元素，它是一个通用的用于链入多媒体内容的元素，其基本语法如下：

```
<object data = "image.png" ></object>
```

实例 102+ 视频：链入 jpg 图像

源文件：源文件 \ 第 8 章 \8-4.html

操作视频：视频 \ 第 8 章 \8-4.swf

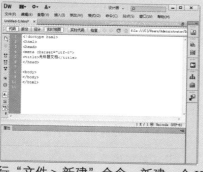

01 ▶ 执行 "文件 > 新建" 命令，新建一个 HTML 5 的空白文档。在 <title> 标签中单击并输入文档标题。

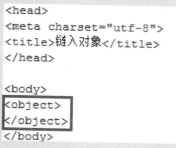

02 ▶ 在 <body> 标签中输入 <object></object> 标签，在 <object> 中输入相应的代码设置链入对象。

03 ▶ 执行"文件>保存"命令，将其保存为"源文件\第8章\8-4.html"，按F12键在浏览器中查看页面效果。

提问：object 元素与 embed 元素有何区别？

答：object 元素用于 IE 浏览器，embed 元素用于非 IE 浏览器，为了保证兼容性，通常同时使用两个元素，浏览器会自动忽略它不支持的标签。同时使用两个元素时，应该把 <embed> 标签放在 <object> 标签的内部。

8.4.1　object 元素的属性

在 HTML 5 中，object 元素有多种属性用于设置链入的对象，它的具体属性值和说明如下：

属性值	说　明
data	该属性用来指定对象数据的位置
type	该属性用来指定 data 属性的内容类型，该属性是可选的，但是建议与 data 属性一起使用
name	为对象定义一个唯一的名称
width	定义对象的宽度
height	定义对象的高度
usemap	规定与对象一同使用的客户端图像映射的 URL
align	定义围绕该对象的文本对齐方式
border	定义对象周围的边框

8.4.2　渲染对象的规则

一般情况下，用户浏览器会根据以下优先级来渲染 object 元素。

用户的浏览器首先必须渲染对象，而不是渲染 object 元素的内容，但是浏览器必须检查 object 元素的内容，因为 object 元素的内容中有可能包含 param 元素或者 map 元素，这两个元素可以辅助渲染对象。

第8章 链入内联框架、对象和其他多媒体元素

无论是何种原因导致的浏览器无法渲染对象，浏览器将会渲染 object 元素的内容，因此如果需要在 head 元素内使用 object 元素，object 元素中不可以包含用于浏览器渲染的内容。

8.4.3 对象初始化（param 元素）

param 标签为包含它的 <object> 标签提供参数。object 元素可以包含任何数量的 param 元素，并且没有先后顺序要求，但是需要放置在 <object> 开始标签之后，基本语法如下：

```
<object classid="clsid:F08DF954-8592-11D1-B16A-00C0F0283628" id="Slider1"
width="100" height="50">
<param name="BorderStyle" value="1" />
<param name="MousePointer" value="0" />
<param name="Enabled" value="1" />
<param name="Min" value="0" />
<param name="Max" value="10" />
</object>
```

param 元素有以下两个属性：

- name

该属性定义了运行时参数的参数名，参数名必须是对象可以识别的，参数名是否区分大小写，取决于对象的实现是否定义为区分大小写。

- value

该属性定义了运行时参数的参数值，该参数值与某个参数名相对应。

> param 元素允许你为插入 XHTML 文档的对象规定 run-time 设置，在 XHTML 中，<param> 标签必须关闭。

8.4.4 内联数据和外部数据

在使用 object 元素链入对象时，对象的实现可以使用两种方式进行数据的渲染，一种是内联方式，一种是外部数据。

- **内联方式**

内联方式一般是指将数据转换为一种编码方式供对象实现读取，编码方式一般使用的是 base64。

- **外部数据**

外部数据方式即链接到一个外部文件，例如链入一个图片、一段音频和视频或者一个 Java 文件。

> 内联方式能够较快地进行渲染，因为数据位于 HTML 文件内，而外部数据方式则较慢，需要加载和解码。

8.5 使用 embed 元素链入多媒体对象

在 HTML 5 中，还可以使用 embed 元素链入各种多媒体文件供插件使用，embed 元素的语法很简单，通常用来播放 Windows Media Player 支持的格式，但是也可以播放一些其他的格式，其基本语法如下：

```
< embed src="audio.mid" autostart="true" loop="2" width="80" height="30">
```

> 在 embed 元素标签中，url 为音频或视频文件及其路径，既可以是相对路径，也可以是绝对路径。

在 HTML 5 中，embed 元素除了具有基本属性之外，还可以自定义属性，用于向播放多媒体内容传递参数，例如 <embed src="sample.swf" quality="high">，自定义 quality 属性，向 Flash 播放器传递参数，设置 Flash 的呈现质量为高。

8.5.1 设置自动播放

使用 autostart 属性可以设置音频或视频文件是否在下载完成后自动播放，其基本语法如下：

```
<embed src="audio.mid" autostart=true>
<embed src="audio.mid" autostart=false>
```

该属性有两个属性值，分别是 true 和 false，true 表示在多媒体文件下载完成后自动播放，false 表示在多媒体文件下载完成后不自动播放。

8.5.2 设置循环播放

使用 loop 属性可以设置音频或视频文件是否在下载完成后循环和循环次数，其基本语法如下：

```
<embed src="audio.mid" autostart=true loop=3>
<embed src="audio.mid" autostart=true loop=true>
<embed src="audio.mid" autostart=true loop=false>
```

该属性有 3 个属性值，分别是正整数、true 和 false，当属性值为正整数值时，表示音频或视频文件的循环次数与正整数值相同；属性值为 true 时，表示音频或视频文件循环；值为 false 时，表示音频或视频文件不循环。

控制面板的显示

n 属性可以设置控制面板是否显示，默认值为 no，其基本语法如下：

```
ur.mid" hidden=ture>
ur.mid" hidden=no>
```

两个属性值，分别是 true 和 no，ture 表示在页面中隐藏面板，no 表示在

8.5.4 设置开始时间

使用 starttime 属性可以设置音频或视频文件开始播放的时间，如果未定义该属性，则表示从文件开头播放，基本语法如下：

```
<embed src="audio.mid" starttime="00:10">
```

8.5.5 设置音量大小

使用 volume 属性可以设置音频或视频文件的音量大小，如果未定义该属性，则表示使用系统本身的设定，基本语法如下：

```
<embed src="audio.mid" volume="10">
```

8.5.6 设置容器属性

使用 height 和 width 属性可以设置控制面板的高度和宽度。height 用于控制面板的高度；width 用于控制面板的宽度，基本语法如下：

```
<embed src="audio.mid" height=200 width=200>
```

> 提示：height 属性的取值和 width 属性的取值均为正整数或者百分数，单位为像素。

8.5.7 外观设置

使用 controls 属性可以设置控制面板的外观，其默认值为 console，基本语法如下：

```
<embed src="audio.mid" controls=smallconsole>
```

controls 属性一共有 6 个属性值，分别是 console、smallconsole、playbutton、pausebutton、stopbutton 和 volumelever。

- console表示为一般正常面板。
- smallconsole表示为较小的面板。
- playbutton表示为只显示播放按钮。
- pausebutton表示只显示暂停按钮。
- stopbutton表示只显示停止按钮。
- volumelever表示只显示音量调节按钮。

8.5.8 设置对象名称和文字说明

使用 name 属性可以为对象定义一个名称，便于其他对象使用，其基本语法如下：

```
<embed src="audio.mid" >
```

使用 title 属性可以设置音频或视频文件的说明文字，其基本语法如下：

```
<embed src="audio.mid" title="一首歌的时间">
```

8.5.9 设置背景

使用 palette 属性可以设置嵌入的音频或视频文件的前景色和背景色，第一个值为前景色，第二个值为背景色，中间用 | 隔开，其基本语法如下：

```
<embed src="audio.mid" palette="red|black">
```

> embed 元素的 color 属性的值可以是 RGB，也可以是颜色名称，还可以是 transparent（透明）。

8.5.10 设置对齐方式

使用 embed 元素的 align 属性可以设置控制面板和当前行中对象的对齐方式，其基本语法如下：

```
<embed src="audio.mid" align=top>
```

align 属性一共有 10 个属性值，分别是 top、bottom、center、baseline、left、right、texttop、middle、absmiddle 和 absbottom。

- center 表示控制面板居中。
- left 表示控制面板居左。
- right 表示控制面板居右。
- top 表示控制面板的顶部与当前行中的最高对象的顶部对齐。
- bottom 表示控制面板的底部与当前行中的对象的基线对齐。
- baseline 表示控制面板的底部与文本的基线对齐。
- texttop 表示控制面板的顶部与当前行中的最高的文字顶部对齐。
- middle 表示控制面板的中间与当前行的基线对齐。
- absmiddle 表示控制面板的中间与当前文本或对象的中间对齐。
- absbottom 表示控制面板的底部与文字的底部对齐。

➡ 实例 103+ 视频：链入 swf 文件

源文件：源文件 \ 第 8 章 \8-5-10.html

操作视频：视频 \ 第 8 章 \8-5-10.swf

01 执行"文件>新建"命令,新建一个 HTML 5 的空白文档。在 <title> 标签中单击并输入文档标题。

02 在 <body> 标签中输入 <embed></embed> 标签,在 <embed> 中输入 src="851001.swf" 代码设置链入 swf 文件的路径。

03 输入 type="application/x-shockwave-flash" 设置 embed 链入对象的类型,输入 hidden="no" width="500" height="300" 设置控制面板的显示。

04 执行"文件>保存"命令,将其保存为"源文件\第 8 章\8-5-10.html",按 F12 键在浏览器中查看页面效果。

提问：embed 支持的格式有哪些？

答：embed 可以用来插入各种多媒体，格式可以是 Midi、Wav、AIFF、AU 和 MP3 等。

8.6 本章小结

本章主要讲解了如何在 HTML 5 中链入内联框架、对象和其他多媒体元素。通过本章的学习，读者可以熟练掌握 iframe 元素、object 元素和 embed 元素在网页中的使用方法和技巧。

第 9 章 使用表单

表单在网页中主要负责数据采集功能。一个表单有 3 个基本组成部分："表单标签"包含了处理表单数据所用 CGI 程序的 URL 以及数据提交到服务器的方法。"表单域"包含了文本框、密码框等。"表单按钮"包括提交按钮、复位按钮和一般按钮。

9.1 表单标签 < form>

在网页中 <form>…</form> 标签对用来创建一个表单,即定义表单的开始和结束位置,用于声明表单,定义采集数据的范围。

9.1.1 提交表单 action

action 属性指定表单数据提交到哪个地址进行处理。它可以设置为一个 URL 地址(提交给程式)或一个电子邮件地址。

代码格式:

```
<form action="表单的处理程序">
......
</form>
```

实例 104+ 视频:设置表单 action 属性

源文件:第 9 章 \9-1-1.html

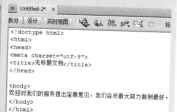
操作视频:第 9 章 \9-1-1.swf

01 ▶ 执行"文件>新建"命令,新建一个空白的 HTML 5 文档。切换到代码视图中,在 <body> 标签下输入内容。

本章知识点

- ✓ 了解表单标签
- ✓ 掌握表单对象的插入方法
- ✓ 了解菜单和列表
- ✓ 了解文本域标签
- ✓ 认识 id 标签

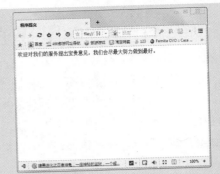

 02 ▶ 输入其他代码,执行"文件>保存"命令,将其保存为"源文件\第9章\9-1-1.html",按F12键测试页面效果。

> 提问:表单中可以包含哪些内容?
> 答:表单中可以包含文本域、复选框、单选按钮和复选按钮等,用于向指定的URL传递用户数据。

9.1.2 表单名称 name

name 参数给表单命名,主要为了程序可以区分每一个表单。为了防止表单提交到后台处理程序时出现混乱,一般需要给表单命名。

代码格式:

```
<form name="表单名称">
……
</form>
```

 表单名称中不能包含特殊字符和空格,因为特殊字符和空格不能被程序识别。

➡ 实例 105+ 视频:为表单命名

🏠 源文件:源文件\第9章\9-1-2.html   📶 操作视频:视频\第9章\9-1-2.swf

第9章 使用表单

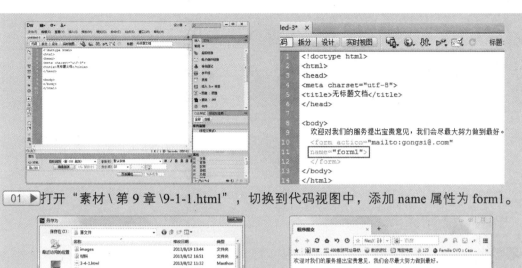

01 ▶ 打开"素材\第9章\9-1-1.html",切换到代码视图中,添加 name 属性为 form1。

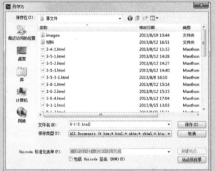

02 ▶ 执行"文件>保存"命令,将其保存为"源文件\第9章\9-1-2.html",按 F12 键测试页面效果。

> **提问:表单有什么作用?**
> 答:在网页中,表单是一个特定区域,有限定表单范围和携带表单的相关信息两个作用。

9.1.3 传送方法 method

method 参数用于指定在数据提交服务器的时候,可以取值 get 和 post。当取值 get 时,表单数据附加到 action 属性指定的 URL 上,被送到处理程序上;当取值 post 时,表单数据被包含在表单主体中,被送到处理程序上。

代码格式:

```
<form method="传送方法">
......
</form>
```

 GET 方式是将数据附加在 URL 信息上并传送给 Web 服务器,所以能够上传的数据很有限,但是它的使用方法比较灵活;而 POST 方式将数据独立成块地传送给 Web 服务器,能够上传的数据量较大。

实例 106+ 视频：设置表单传送方法

源文件：源文件 \ 第 9 章 \9-1-3.html

操作视频：视频 \ 第 9 章 \9-1-3.swf

01 ▶ 将"源文件 \ 第 9 章 \9-1-2.html"文档打开，切换到代码视图中，添加 method 属性，并设置属性值为 post。

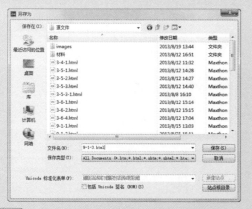

02 ▶ 执行"文件 > 保存"命令，将其保存为"源文件 \ 第 9 章 \9-1-3.html"，按 F12 键测试页面效果。

提问：表单中有哪些不显示？

答：在网页表单中处理表单的脚本程序的位置和提交表单的方法等信息对于浏览者是不可见的。

9.1.4 编码方式 enctype

enctype 参数用于设置表单信息提交的编码方式。enctype 是 EncodeType 的简写。

代码格式：

```
<form  enctype="编码方式">
......
</form>
```

实例 107+ 视频：设置表单的编码方式

源文件：源文件\第9章\9-1-4.html　　操作视频：视频\第9章\9-1-4.swf

01 ▶ 打开"源文件\第9章\9-1-3.html"，切换到代码视图中，添加 enctype 属性为 application/x-www-form-urlencoded。

02 ▶ 执行"文件>保存"命令，将其保存为"源文件\第9章\9-1-4.html"，按 F12 键测试页面效果。

提问：enctype 有几种取值方式？

答：enctype 有两种取值方式：application/x-www-form-urlencodeed 是默认的编码方式，multipart/form-data 是 MIME 编码方式。上传文件的表单必须设置为该项。

9.1.5 目标打开方式 target

target 参数用来指定窗口的打开方式。

代码格式：

```
<form target="目标窗口的打开方式">
......
</form>
```

目标窗口的打开方式有 5 种：_blank、_parent、_self、_top 和 new。_blank 在新窗口打开，_parent 在父窗口打开，_self 在链接的同一窗口，_top 在最顶层的窗口打开，new 则是永远使用一个窗口打开。

实例 108+ 视频：在新窗口中打开链接

源文件：源文件 \ 第 9 章 \9-1-5.html

操作视频：视频 \ 第 9 章 \9-1-5.swf

01 ▶ 执行"文件>新建"命令，新建一个空白的 HTML 5 文档。切换到代码视图中，在 <body> 标签下输入内容。

第9章 使用表单

02 ▶ 执行"文件 > 保存"命令,将其保存为"源文件 \ 第 9 章 \9-1-5.html",按 F12 键测试页面效果,单击"提交"按钮,打开新的页面。

> **提问**:target 属性一般和哪些元素配合使用?
> **答**:target 属性用来指定输入数据结果显示在哪个窗口,某些情况下需要与 frame 元素配合使用。

9.2 插入表单对象

表单由许多不同的表单元素组成,这些表单元素称为表单对象。表单对象包括文字字段、单选按钮、复选框等。

9.2.1 文字字段 Text

文字字段是最常见的表单元素,可以在其中输入文字和字符。

代码格式:

```
<input name="控件名称" type="text" value="文字字段的默认取值" size="控件长度" maxlength="最长字符数"/>
```

在该语法中包含了很多参数,它们的含义和取值方法不同。

参数类型	含义
type	指定表单元素的类型
name	指定表单元素的名称,区别于其他表单元素
value	指定文本字段的默认值
size	指定文本字段在页面中的显示长度
maxlength	指定文本字段最多可以输入的字符数

实例 109+ 视频：创建文字字段

源文件：源文件 \ 第9章 \9-2-1.html

操作视频：视频 \ 第9章 \9-2-1.swf

01 ▶ 执行 "文件>新建" 命令，新建一个空白的 HTML 5 文档。切换到代码视图中，在 `<body>` 标签下输入内容。

02 ▶ 执行 "文件>保存" 命令，将其保存为 "源文件 \ 第9章 \9-2-1.html"，按 F12 键测试页面效果。

Size 属性定义文本字段的长度，最小值为 1，最大值将取决于浏览器的宽度。可以通过设置其数值获得满意的尺寸。

提问：文本域的默认宽度是多少？

答：在大多数浏览器中，文本域的默认宽度是 20 个字符。为了获得更好的页面效果，可以随意设置文本域的宽度。

9.2.2 密码域 password

密码域和文本字段的各属性是相同的。所不同的是密码域输入字符全部以"*"显示。代码格式：

```
<input name="控件名称" type="password" value="文字字段的默认取值" size="控件的长度" maxlength="最长字符数"/>
```

实例 110+ 视频：创建密码域

源文件：源文件\第 9 章\9-2-2.html

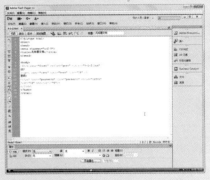
操作视频：视频\第 9 章\9-2-2.swf

01 ▶ 执行"文件>新建"命令，新建一个空白的 HTML 5 文档。切换到代码视图中，在 <body> 标签下输入内容。

02 ▶ 执行"文件>保存"命令，将其保存为"源文件\第 9 章\9-2-2.html"，按 F12 键测试页面效果。

提问：密码域中可以实现什么特殊效果？

答：密码域也是一种文本域的形式，其中的文字除了以星号（*）显示外，还可以以圆点（·）显示。同时也可以通过和 JavaScript 配合使密码内容显示出来。

9.2.3 单选按钮 radio

单选按钮是一组小而圆的按钮，只能选中其中一项，选中某个选项时，出现一个小实心圆点表示单选按钮该项被选中。代码格式如下：

```
<input name="单选按钮名称" type="radio" value="单选按钮的取值" checked />
```

单选按钮中必须设置 value 的值，对于一个单选按钮组的所有单选按钮来说，设置为相同的名称，这样后台程序才能对某一选择内容进行判断。

在一个单选按钮组中，无论有多少个单选按钮，只有一个单选按钮可以设置为 Checked，这是单选按钮的特征。

实例 111+ 视频：创建单选按钮

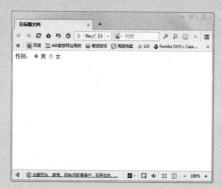

源文件：源文件 \ 第 9 章 \9-2-3.html　　　　操作视频：视频 \ 第 9 章 \9-2-3.swf

01 ▶ 执行"文件 > 新建"命令，新建一个空白的 HTML 5 文档。切换到代码视图中，在 <body> 标签下输入内容。

第 9 章 使用表单

02 ▶ 执行"文件 > 保存"命令，将其保存为"源文件 \ 第 9 章 \9-2-3.html"，按 F12 键测试页面效果。

> **提问：什么控件形式不需要定义属性 value？**
> 答：属性 value 用来设定初始值，它是可选的，当控件形式是单选按钮或复选框，就不需要定义属性 value。

9.2.4 复选框 checkbox

复选框可以让用户从复选框组中选择超过一个的选项，用户可以任意选择搭配。
代码格式：

```
<input name="复选框名称" type="checkbox" value="复选框的取值" checked />
```

> **提示**：同一个组的复选框可以拥有不同的名字，一个独立的网页可以拥有许多组不同的复选框。

➡ 实例 112+ 视频：创建复选框

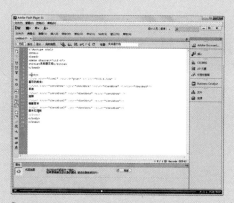

🏠 源文件：源文件 \ 第 9 章 \9-2-4.html　　📶 操作视频：视频 \ 第 9 章 \9-2-4.swf

`01` ▶ 执行"文件＞新建"命令，新建一个空白的 HTML 5 文档。切换到代码视图中，在 <body> 标签下输入内容。

`02` ▶ 输入其他代码，执行"文件＞保存"命令，将其保存为"源文件 \ 第 9 章 \9-2-4.html"，按 F12 键测试页面效果。

提问：同一表单中的复选框是否可以使用同一个名称标识？

答：多个在同一个表单中的复选框可以使用同一个名称标识，在提交时，每一个处于选中状态的复选框都会形成一个"名称 / 对"。

9.2.5 普通按钮 button

按钮是网页中常见的元素。普通按钮需要配合脚本来进行表单处理。

代码格式：

`<input name="按钮名称" type="submit" value="按钮的取值" onclick="处理程序" />`

实例 113+ 视频：创建关闭窗口按钮

源文件：源文件 \ 第 9 章 \9-2-5.html　　操作视频：视频 \ 第 9 章 \9-2-5.swf

第 9 章 使用表单

01 ▶ 执行"文件>新建"命令,新建一个空白的 HTML 5 文档。切换到代码视图中,在 <body> 标签下输入内容。

02 ▶ 执行"文件>保存"命令,将其保存为"源文件\第 9 章\9-2-5.html",按 F12 键测试页面效果。

> **提问:什么是控件?**
> 答:用户与表单交互是通过控件进行的,控件是通过 name 属性标识的,该属性的作用范围是控件所在的 form 元素内。

9.2.6 提交按钮 submit

单击提交按钮,可以实现表单内容的提交。

代码格式:

```
<input name="按钮名称" type="submit" value="按钮的取值" />
```

➡ 实例 114+ 视频:创建提交按钮

源文件:源文件\第 9 章\9-2-6.html

操作视频:视频\第 9 章\9-2-6.swf

223

01 ▶ 执行"文件 > 新建"命令,新建一个空白的 HTML 5 文档。切换到代码视图中,在 <body> 标签下输入内容。

02 ▶ 执行"文件 > 保存"命令,将其保存为"源文件 \ 第 9 章 \9-2-6.html",按 F12 键测试页面效果。

提问:提交按钮的提交目标是什么?

答:当按钮被用户单击时,表单中所有控件的"名称/值"被提交,提交的目标是 form 元素的 action 属性所定义的 URI 地址。

9.2.7 重置按钮 submit

单击重置按钮,用来清除用户在页面中输入的信息。

代码格式:

```
<input name="按钮名称" type="reset" value="按钮的取值" />
```

➡ 实例 115+ 视频:创建重置按钮

源文件:源文件 \ 第 9 章 \9-2-7.html　　操作视频:视频 \ 第 9 章 \9-2-7.swf

第 9 章 使用表单

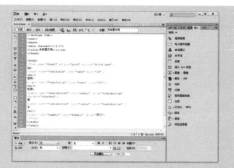

01 执行 "文件 > 打开" 命令，将 "源文件 \ 第 9 章 \9-2-6.html" 打开。在 <input> 标签的下方，再次输入一个 <input> 标签，为该标签定义 type、name 和 value 属性，并为每个属性添加属性值。

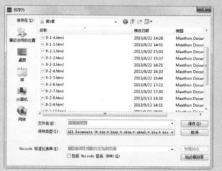
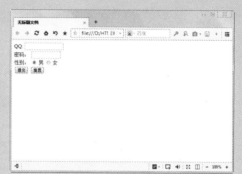

02 执行 "文件 > 另存为" 命令，将文档保存为 "源文件 \ 第 9 章 \9-2-7.html"，按 F12 键测试页面效果。

提问：重置按钮的 "名称/值" 是否可以和表单一起提交？

答：将 type 属性的属性值设置为 reset，创建重置按钮，重置按钮的 "名称/值" 不与表单一起提交。

9.2.8 图像域 image

图像域一般会应用到表单中，作用就是触发表单的相关操作，与按钮的功能和类型是类似的，都是作为表单内部的对象来使用的，只是图像域以图片的方式显示。而图像域如果单独使用的话，是没有任何意义的。

代码格式：

```
<input name="图像域名称" type="image" src="图像路径" />
```

图像路径可以是绝对路径，也可以是相对路径。一般使用相对路径，这样便于移植。

实例 116+ 视频：创建闹钟按钮

 源文件：源文件\第9章\9-2-8.html　　　　　　操作视频：视频\第9章\9-2-8.swf

01 执行"文件>新建"命令，新建一个空白的 HTML 5 文档。切换到代码视图中，在 `<body>` 标签下输入内容。

02 执行"文件>保存"命令，将其保存为"源文件\第9章\9-2-8.html"，按 F12 键测试页面效果。

> **提问**：为何有时候无法显示图像？
>
> **答**：因为用户使用的浏览器不同，如果用户使用的是非图形化浏览器，就无法显示图像，因此可以使用 alt 属性来提供一个替代文字。

9.2.9　隐藏域 hidden

隐藏域包含一些要提交服务器的数据，但这些数据对于用户来说是不可见的，不显示在浏览器中。

代码格式：

```
<input name="隐藏域名称" type="hidden value="隐藏域的取值" />
```

隐藏域的优点：不需要任何服务器资源；支持广泛，任何客户端都支持隐藏域；实现简单，隐藏域属于 HTML 控件，无须像服务器控件那样需要编程知识。

缺点：如果存储了较多的较大的值，则会导致性能问题，具有较高的安全隐患。

实例 117 + 视频：添加隐藏域

源文件：源文件 \ 第 9 章 \9-2-9.html

操作视频：视频 \ 第 9 章 \9-2-9.swf

```
<!doctype html>
<html>
<head>
<meta charset="utf-8">
<title>无标题文档</title>
</head>

<body>
<form name="form1" method="post" action="9-2-8.htm" >
单击按钮显示当前时间
<br/>
<input type="hidden" name="hidden" value="1" />
<input type="image" name="image" src="images/92801.png" />
</form>
</body>
</html>
```

01 ▶ 执行"文件 > 打开"命令，将"源文件 \ 第 9 章 \9-2-8.html"打开。将界面切换到代码视图中，在 <body> 标签中输入 <input> 标签，为该标签添加 type、name 和 value 属性，并为每个属性添加属性值。

02 ▶ 打开"源文件 \ 第 9 章 \9-2-8.html"，切换到代码视图，修改代码，执行"文件 > 保存"命令，将其保存为"源文件 \ 第 9 章 \9-2-9.html"，按 F12 键测试页面效果。

> 提问：隐藏控件用来存储哪些信息？
> 答：一般情况下，隐藏控件用来存储用户输入的姓名、电子邮件地址或偏好的浏览方式等信息。

9.2.10 文件域 file

文件域在上传文件时常常用到，它用于查找硬盘中的文件路径，然后通过表单将选中的文件上传，上传图像时也常常用到。

代码格式：

`<input name="文件域名称" type="file" size="控件长度" maxlength="最长字符数" />`

> 提示：文件域便于上传文件，因为网页中经常会上传文件、图像，使用文件域表单元素会很方便。

实例 118+ 视频：在网页中上传照片

源文件：源文件 \ 第 9 章 \9-2-10.html

操作视频：视频 \ 第 9 章 \9-2-10.swf

```
<!doctype html>
<html>
<head>
<meta charset="utf-8">
<title>无标题文档</title>
</head>

<body>
<form name="form1" method="post" action="9-2-10.htm" enctype="multipart/form-data">
上传照片：
<input name="file" type="file" size="30" maxlength="32"/>
</form>
</body>
</html>
```

01 ▶ 执行"文件＞新建"命令，新建一个空白的 HTML 5 文档。切换到代码视图中，在 <body> 标签下输入内容。

第 9 章 使用表单

02 ▶ 执行"文件 > 保存"命令，将其保存为"源文件 \ 第 9 章 \9-2-10.html"，按 F12 键测试页面效果，单击页面中的按钮，观察制作的按钮效果。

提问：创建文件选择框有什么要求？
答：创建文件选择框的要求是必须使用 post 方法将文件从浏览器传输到服务器，因此需要设置 form 元素的 method 属性的属性值为 post。

9.3 菜单和列表

菜单和列表的功能与复选框和单选框的功能比较相似，都可以列举出很多的选项供浏览者选择，最大的好处就是可以在有限的空间内为用户提供更多的选项，非常节省网页版面。其中列表可以使用户能够浏览许多项，并进行多重选择；而菜单默认仅显示一项，该项为活动选项，用户可以通过单击打开菜单，但只能选择其中的一项。

9.3.1 下拉菜单

下拉菜单在正常状态下只显示一个选项，单击下拉按钮打开菜单后，才会看到全部的选项，是一种最节省页面空间的选择方式。

> 页面中下拉菜单的宽度是由 <option> 标签中包含的最长文本的宽度来决定的。

代码格式：

```
<select name="下拉菜单名称">
<option  value="选项值" selected>选项显示内容
……
</select>
```

selected 表示该选项在默认情况下是选中的，一个下拉菜单中只有一个默认选项被选中。选项值是提交表单时的值，而选项显示内容才是真正在页面中显示的选项内容。

HTML 5 网页制作 全程揭秘

实例 119+ 视频：创建下拉菜单

源文件：源文件 \ 第 9 章 \9-3-1.html

操作视频：视频 \ 第 9 章 \9-3-1.swf

01 ▶ 执行"文件 > 新建"命令，新建一个空白的 HTML 5 文档。切换到代码视图中，在 <body> 标签下输入 <form> 标签和 <select> 标签，并为这些标签定义属性以及属性值。

02 ▶ 输入其他内容，执行"文件 > 保存"命令，将其保存为"源文件 \ 第 9 章 \9-3-1.html"，按 F12 键测试页面效果。

提问：创建组合框控件和列表框控件的注意事项有哪些？

答：组合框控件和列表框控件的创建需要使用 select 元素和 option 元素共同完成，它们必须配合使用才能完成一个组合框控件或列表框控件的功能。

第9章 使用表单

9.3.2 列表项

列表项可以显示出几条信息，超出信息量，右侧会出现滚动条。

代码格式：

```
<select name="列表项名称" size="显示的列表项数" multiple>
<option value="选项值" selected>选项显示内容
……
</select>
```

> **提示**　size 用于设置在页面中显示的最多列表项数，当超过这个值时会出现滚动条。

➡ 实例120+视频：选择爱吃的水果

源文件：源文件\第9章\9-3-2.html

操作视频：视频\第9章\9-3-2.swf

01 ▶ 执行"文件>新建"命令，新建一个空白的 HTML 5 文档。切换到代码视图中，在 <body> 标签下输入内容。

02 ▶ 输入其他代码，执行"文件>保存"命令，将其保存为"源文件\第9章\9-3-2.html"，按 F12 键测试页面效果。

HTML 5 网页制作 全程揭秘

> **提问**：如何将单选框转换为复选框？
>
> **答**：如果需要将单选框转换为复选框，只需要在 <select> 标签中加入 multiple 属性即可。

9.4 文本域标签 textarea

文本域标签可以输入多行文本，和其他表单对象不一样，文本域使用的是 textarea 标签而不是 input 标签。

```
<textarea name="文本域名称" cols="列数" rows="行数" ></textarea>
```

> 文本域标签显示初始值在 textarea 标签的开头和结尾之间包含，不用 value 属性。

 实例 121 + 视频：创建意见框

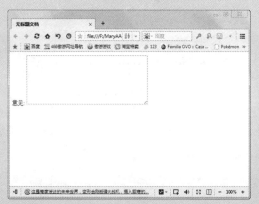

源文件：源文件 \ 第 9 章 \9-4.html　　　　操作视频：视频 \ 第 9 章 \9-4.swf

```
<!doctype html>
<html>
<head>
<meta charset="utf-8">
<title>无标题文档</title>
</head>

<body>
<form action="9-4.html" method="post" name="form1">
意见：

</form>
</body>
</html>
```

01 ▶ 执行 "文件 > 新建" 命令，新建一个空白的 HTML 5 文档。切换到代码视图中，在 <body> 标签下输入内容。

第 9 章 使用表单

02 ▶ 输入其他代码，执行"文件 > 保存"命令，将其保存为"源文件 \ 第 9 章 \9-4.html"，按 F12 键测试页面效果。

> **提问**：如何为 textarea 设置自动换行？
> **答**：使用 textarea 的 warp 属性即可定义是否自动换行，其有两个属性值，分别是 hard 和 soft，hard 表示自动硬回车换行，soft 表示自动软回车换行。

9.5 id 标签

id 标签给页面中每个表单元素唯一命名，便于程序识别。因此在定义标签名时最好根据其含义进行命名。

```
<textarea name="文本域名称" cols="列数" rows="行数" ></textarea>
```

➡ 实例 122+ 视频：给表单元素命名

源文件：源文件 \ 第 9 章 \9-5.html

操作视频：视频 \ 第 9 章 \9-5.swf

01 ▶ 执行"文件 > 新建"命令，新建一个空白的 HTML 5 文档。切换到代码视图中，在 `<body>` 标签中输入 `<form>` 和 `<input>` 标签，并为这些标签定义属性以及属性值。

233

02 ▶ 执行"文件 > 保存"命令,将文档保存为"源文件 \ 第 9 章 \9-5.html",按 F12 键测试页面效果。

> **提问**:id 标签在表单中如何应用?
> **答**:id 标签可以标示表单中的文字字段、密码域和其他的表单元素,甚至还可以标签一幅图像和一个表格。

9.6 表单的综合使用

通过上面的学习,已经知道了单个表单元素的用法,下面通过一个综合实例,学习综合应用表单和表单元素。

➡ 实例 123+ 视频:创建点歌表单

🏠 源文件:源文件 \ 第 9 章 \9-6.html　　📶 操作视频:视频 \ 第 9 章 \9-6.swf

```
<!doctype html>
<html>
<head>
<meta charset="utf-8">
<title>无标题文档</title>
</head>

<body>
<div id="box">
</div>
</body>
</html>
```

01 ▶ 执行"文件 > 新建"命令,新建一个空白的 HTML 5 文档。切换到代码视图中,在 <body> 标签下新建一个名为 box 的 <div> 标签。

```
 2  <html>
 3  <head>
 4  <meta charset="utf-8">
 5  <title>无标题文档</title>
 6  <style type="text/css">
 7  *{
 8      margin:0px;
 9      border:0px;
10      padding:0px;
11  }
12  </style>
13  </head>
```

```
 5  <title>无标题文档</title>
 6  <style type="text/css">
 7  *{
 8      margin:0px;
 9      border:0px;
10      padding:0px;
11  }
12  #box{
13      height:643px;
14      width:805px;
15      background-image:url(images/bg.jpg);
16      margin:0 auto;
17      overflow:scroll;
18  }
19  </style>
20  </head>
```

02 ▶ 在 <title> 标签下新建一个 <style> 标签，并新建一个通配符为 * 的 CSS 样式。为 id 名称为 box 的 <div> 标签建立一个 CSS 样式。

```
22  <body>
23  <div id="box">
24      <div id="bia">
25      </div>
26  </div>
27  </body>
28  </html>
```

03 ▶ 执行"文件 > 保存"命令，将其保存为"源文件 \ 第 9 章 \9-6.html"，按 F12 键测试页面效果。在 id 名称为 box 的 <div> 标签内新建一个 id 名称为 box 的 <div> 标签。

```
#box{
    height:643px;
    width:805px;
    background-image:url(images/bg.jpg);
    margin:0 auto;
    overflow:scroll;
}
#bia{
    height:250px;
    width:500px;
    margin-top:230px;
    margin-left:150px;
}
</style>
</head>
```

```
#bia{
    height:250px;
    width:500px;
    margin-top:230px;
    margin-left:150px;
}
.yi{
    border:#000 solid 1px;
}
</style>
```

04 ▶ 为 id 名称为 bia 的 <div> 标签建立 CSS 样式，建立一个名为 .yi 类 CSS 样式。

```
<div id="bia">
<form name="form1" method="post" action="9-6.htm">
<table width="500" border="0" cellspacing="10" cellpadding="5">
    <tr>
        <td width="84">:</td>
        <td width="366"></td>
    </tr>
    <tr>
        <td></td>
        <td></td>
    </tr>
    <tr>
        <td></td>
        <td></td>
    </tr>
    <tr>
        <td></td>
        <td></td>
    </tr>
    <tr>
        <td></td>
        <td></td>
    </tr>
</table>
</form>
</div>
```

```
<body>
<div id="box">
    <div id="bia">
    <form name="form1" method="post" action="9-6.htm">
    <table width="500" border="0" cellspacing="10" cellpadding="5">
        <tr>
            <td width="84">姓名:</td>
            <td width="366"><input name="name" type="name" class="yi" id="name" size="20" border="1"/></td>
        </tr>
        <tr>
            <td></td>
            <td></td>
        </tr>
        <tr>
            <td></td>
            <td></td>
        </tr>
        <tr>
            <td></td>
            <td></td>
        </tr>
```

05 ▶ 在 id 名称为 bia 的 <div> 标签内新建一个 6 行 2 列的 <table> 标签。在第一行第一列输入文字，在第一行第二列新建文本标签元素，应用 .yi 类 CSS 样式。

06 ▶ 新建其他表单元素，执行"文件 > 保存"命令，将其保存为"源文件 \ 第 9 章 \9-6.html"，按 F12 键测试页面效果。

> **提问**：一个表单至少由哪几个部分组成？
>
> **答**：一个表单至少有 3 个基本组成部分，分别是表单标签、表单域和表单按钮。

9.7 本章小结

　　使用表单可以帮助互联网服务器从用户处收集信息，例如手机用户资料和获取用户订单，也可以实现搜索接口。在互联网上存在大量的表单，要求输入汉字，让浏览者进行选择。本章主要介绍了网页中各种表单元素的使用方法，希望用户可以认真学习并掌握。

第 10 章 离线网络应用

HTML 5 引入了应用程序缓存,这意味着 Web 应用可进行缓存,并可在没有互联网连接时进行访问。应用程序缓存可以将 HTML 相关的文件都缓存在客户端,如 CSS 文件、js 文件、图片、视频等。应用程序缓存为应用带来 3 个优势。

(1)离线浏览:用户可在应用离线时使用它们。

(2)速度:已缓存资源加载得更快。

(3)减少服务器负载:浏览器将只从服务器下载更新过或更改过的资源。这样当用户无法上网时,仍然可以使用这些文件完成一些功能。

要应用程序缓存,需要下面 3 个步骤。

(1)配置服务器 manifest 文件的 MIME 类型。

(2)编写 manifest 文件。

(3)在页面的 html 元素的 manifest 属性中引用写好的 manifest 文件。

本章知识点

- ☑ 了解什么是离线应用
- ☑ 掌握缓存文件的使用
- ☑ 了解什么是引用资源
- ☑ 掌握创建清单文件的方法
- ☑ 了解缓存清单文件

10.1 实现文件缓存

要实现文件缓存,可以使用根节点 html 元素的 manifest 属性,该属性引用了一个清单文件,清单文件是一个文本文件,使用 UTF-8 编码,它列出了离线访问应用时所需缓存的文件清单。

网页一旦定义 html 元素的 manifest 属性,该网页就会被缓存。基本格式如下:

```
<html manifest="test.manifest">
...
</html>
```

10.1.1 离线应用与网页引用的资源

创建一个网页,并创建网页中要引用的资源,包括图片文件、CSS 文件、js 文件等。

实例 124+ 视频：测试离线应用

源文件：源文件 \ 第 10 章 \10-1-1.html　　操作视频：视频 \ 第 10 章 \10-1-1.swf

01 ▶ 在 Windows 操作系统中，单击"开始"按钮，选择"所有程序＞附件＞记事本"命令，打开"记事本"程序，输入相应 HTML 代码。

02 ▶ 执行"文件＞保存"命令，将其保存为"源文件 \ 第 10 章 \101102.txt"。执行"文件＞打开"命令，将"素材 \ 第 10 章 \101101.html"文件打开。

03 ▶ 输入相应代码。执行"文件＞保存"命令，将其保存为"源文件 \ 第 10 章 \10-1-1.html"。双击打开，在离线情况下查看效果。

第10章 离线网络应用

> **提问**：manifest 属性值有什么作用？
> 答：manifest 属性值用于定义值的文件路径，可以使用绝对路径或相对路径，甚至可以引用到其他的服务器上的 manifest 文件。

10.1.2 创建清单文件

html 元素的 manifest 属性已经指明了清单文件：browser.manifest。代码格式如下：

```
CACHE MANIFEST


CACHE:
12345.html
browser.CSS
browser.js
images/123.jpg
```

10.1.3 更新离线储存

如果要更新离线存储的文件，就必须更新 manifest 文件，不然即使存储的文件发生了更改，也不会有任何作用。例如中间更改了 js 文件改变内容的呈现，这时如果不更改 manifest 文件，那么新的文件根本不会应用到网页，即使不断单击浏览器的刷新按钮，也不会有任何改变。

清除浏览器的 manifest 文件，就会重新下载该文件，就可以实现重建离线存储。使用浏览器的"清除浏览器数据"功能就可以将 manifest 文件清除。

10.2 缓存清单文件

缓存清单文件一般以扩展名 .manifest 的形式存在，这个文件就是一个文本文件，如下是一个标准的缓存文件。

```
CACHE MANIFEST
# 上一行是必须书写的。

CACHE :
12345.html
images/123.jpg

NETWORK :
login.php

FALLBACK :
/12345.php  /123.html
```

第一行的 CACHE MANIFEST 是必须书写的，用来声明该文件是一个缓存清单文件。

CACHE MANIFEST 下面应该是一个空行，或是一行注释，或是下面这三个关键字之一：

CACHE:、NETWORK:、FALLBACK:

这三个关键字代表三个功能段，这些段没有先后顺序，而且在同一个 manifest 中可以多次出现，并且 FALLBACK: 和 NETWORK: 是可选的。

10.2.1 定义缓存文件

要缓存的文件使用 CACHE: 关键字声明，代码格式如下：

```
CACHE MANIFEST

CACHE:
12345.html
style.CSS
images/123.png
```

也可以不使用关键字 CACHE: 直接紧跟声明写要缓存的文件，如下面的格式与前面实现相同的效果：

```
CACHE MANIFEST

12345.html
style.CSS
images/123.png
```

如果包含其他两段，那么就必须使用关键字 CACHE: ，如下两图所示：

```
CACHE MANIFEST

NETWORK:
456.php

CACHE:
12345.html
style.css
images/123.png

FALLBACK:
/12345.php /789.html
```

```
CACHE MANIFEST

12345.html
style.css
images/123.png

NETWORK:
456.php

FALLBACK:
/12345.php /789.html
```

10.2.2 备抵机制

FALLBACK: 定义不能获取指定文件时的备抵机制，它定义一个重定向文件，当无法访问一个文件时，它就重定向到另一个文件。每一行都会包括两个 URI，第一个是指资源文件 URI，第二个是指回调页面 URI。

如下面的代码，当 123.php、456php 无法访问时，就会用 789.html 代替，文件之间使用空格分隔：

```
FALLBACK:
/123.php    /789.html
/456.php    /789.html
```

如下面的代码就表示如果用户离线时，将所有文件都重定向到 789.html 代替：

```
FALLBACK:
/        /offline.html
```

10.2.3 白名单

NETWORK：定义白名单，在它之后的文件是必须访问网络的，例如要验证用户登录，就必须要连接网络才行，这个时候就可以将 123.php 设置为必须访问的网络，不缓存该文件，代码格式如下：

```
NETWORK:
/123.php
```

此段中可以使用通配符 * 表示所有资源，如下面的代码就表示所有的资源都必须通过网络连接才能访问，所有的资源都不会被缓存：

```
NETWORK:
*
```

当 FALLBACK：和 NETWORK：配合使用时，就表示因为所有文件都不缓存，所以当用户离线时，都重定向到另一个文件。如下所示都重定向到文件 789.html：

```
CACHE    MANIFEST
FALLBACK:
/        /789.html
NETWORK:
*
```

10.2.4 注释

缓存清单使用 # 作为注释声明符，在 # 之前可以有空格，但是只能包含单行注释。

注释是用来描述缓存的功能，但是它不止这一个作用，用户还可以用它来定义 Web 应用的版本，一般都是用在第一行注释，代码格式如下：

```
CACHE    MANIFEST
#    offline    NotePad    v1.1
```

Web 应用的缓存只在清单文件被修改时才会被更新，如果只是修改了被缓存的文件，那么客户端本地的缓存还是不会被更新，这时用户可以通过修改 manifest 文件来告诉浏览器需要更新缓存了。

利用这个通过修改注释中的版本号就可以实现。或者在注释中定义一个修改日期也可以实现与版本号相同的功能，代码格式如下：

```
CACHE    MANIFEST
#    offline    NotePad    modified    by    09/24/2012
```

这样写的好处如下：

（1）可以明确地了解离线 Web 应用的版本。

（2）通过修改这个版本号或日期可以轻易地通知浏览器更新。

（3）可以配合 JavaScript 程序来完成缓存更新。

10.3 本章小结

本章主要为用户介绍了将 HTML 相关文件缓存在客户端的方法，缓存的内容可以包含 CSS 文件、js 文件、图片以及视频等网页内容。这样客户端无法上网时，仍然可以使用网页中的某些功能。

第 11 章 JavaScript 脚本基础

前面介绍的 HTML 只能制作出静态的网页，为了能够独立完成与客户端动态交互的网页设计，同时避开复杂的编程方法，Netscape 公司开发出了 JavaScript 语言。

11.1 JavaScript 简介

JavaScript 是由 Java 集成而来，它是面向对象的程序设计语言，包含变量和函数两个部分，也称属性和方法。

JavaScript 是一种嵌入到 HTML 文件中的描述性语言，它并不编译产生机器代码，只是由浏览器的解释器将其动态地处理成可执行代码。但对于它的预期用途而言，JavaScript 的功能已经足够大了。

实例 125+ 视频：JavaScript 的基本用法

源文件：第 11 章 \11-1.html

操作视频：第 11 章 \11-1.swf

01 ▶ 执行"文件 > 新建"命令，新建一个空白的 HTML 5 文档，在 <body> 标签中输入 <script> 标签。

02 ▶ 在 <script> 标签中输入 JavaScript 脚本，执行"文件 > 保存"命令，将文档保存为"源文件 \ 第 11 章 \11-1.html"，按 F12 键测试页面效果。

本章知识点

- ☑ 认识 JavaScript
- ☑ 了解 JavaScript 基本语法
- ☑ 了解什么是函数
- ☑ 掌握 JavaScript 事件处理方法
- ☑ 了解浏览器的内部对象

提问：为什么有些时候js脚本代码不起作用？

答：当使用XML语法时，js元素的内容可能与XML 1.0规范发生冲突。例如在元素内容中不能出现左尖括号，但是在js代码中是一种运算符。

○ **JavaScript 脚本的组成**

JavaScript 脚本分为三部分。第一部分是 script language="JavaScript"，它告诉浏览器下面开始是 JavaScript 脚本。开头 <script> 标记，表示这是一个脚本的开始。在标记里使用 language 指明使用哪一种脚本语言，除了 JavaScript 脚本，还有 VBScript 等脚本。第二部分就是 JavaScript 脚本，用于创建对象、定义函数或是直接执行某一功能。第三部分是 </script>，表示脚本到此结束。

JavaScript 能够将网页中的文本、图形、声音和动画等各种媒体形式捆绑在一起，形成一个信息源。

○ **JavaScript 的语言特点**

JavaScript 采用小程序段的方式编程，开发过程非常简单。

JavaScript 是动态的，它可以直接对用户或客户的输入做出响应，不经过 Web 服务程序。

JavaScript 是一种安全性语言，它不允许访问本地硬盘，只能通过浏览器实现信息浏览或动态交互。

JavaScript 具有跨平台性。它依赖于浏览器本身，与操作环境无关，所以用 JavaScript 代码编写的实例可以在任何操作系统上运行。

11.2 JavaScript 基本语法

任何一种语言都有自己的基本语法，JavaScript 作为一种语言，有自己的变量、常量、表达式、运算符以及程序的基本框架，下面一起学习 JavaScript 基本语法。

11.2.1 常量

常量的值是不能改变的，有以下几种类型：

- 整型常量：用十六进制、八进制或十进制表示其值。
- 实型常量：用整数部分加小数部分表示，如3.14、5.3；可以使用科学或标准方法表示，如5E7、4e5等。
- 字符型常量：用单引号（'）或（"）括起来的一个或几个字符。
- 空值：用null表示，表示什么也没有。
- 特殊字符：用反斜杠（/）开头的不可显示的特殊字符。
- 布尔值：用true或false表示，表示真或假。

11.2.2 变量

变量是数据的存取容器，值在程序运行期间是可以改变的。在使用变量时，最好对其进行声明，变量的声明主要就是明确变量的名称、变量的类型以及变量的作用域。

用户可以对变量名进行自定义，但要注意以下几点：

（1）只能由字母、数字和下划线"_"组成，以字母开头，除此之外不能有空格和其他符号。

（2）不能使用 JavaScript 中的关键字，所谓关键字就是 JavaScript 中已经定义好并有一定用途的字符，如 int、true 等。

（3）命名时最好把变量的意义与其代表的意思对应起来，以免出现错误。

在 JavaScript 中声明变量使用 var 关键字。

```
var city1;
```

定义了变量就要对其赋值，用赋值符"="完成。

```
var city1="北京";
```

变量的值可以是数值、字符、布尔类型（true 或 false）或空值。

 在 JavaScript 中有全局变量和局部变量。全局变量是定义在所有函数体之外，其作用范围是整个函数。而局部变量是定义在函数体之内，只对部分函数是有效的，而对其他函数则是无效的。

11.2.3 表达式

表达式是由数字、算符、括号和变量等元素组成，并且能求得数值的组合。

在定义完变量后，表达式可以对其进行赋值、改变和计算等一系列操作。表达式中的一大部分是在做运算符处理。

11.2.4 运算符

运算符用于执行程序代码运算，会针对一个以上操作数项目来进行运算。JavaScript 中包含算术运算符、比较运算符和逻辑运算符。

算术运算符可以进行加、减等数学运算。

比较运算符用于比较表达式的值，并返回一个布尔值。

算术运算符	描　述	比较运算符	描　述
+	加	<	小于
-	减	>	大于
*	乘	<=	小于等于
/	除	>=	大于等于
%	取模	=	等于
++	递加 1	!=	不等于
- -	递减 1		

逻辑运算符用于比较两个布尔值（真或假），然后返回一个布尔值，用于判断真或假，对真假进行运算，包括 &&、|| 和！，优先级：！>&&>||。

逻辑运算符	描述
&&	逻辑与，在形式 A&&B 中，只有当两个条件 A 和 B 都成立时，整个表达式值才为真 true
||	逻辑或，在形式 A||B 中，只要两个条件 A 和 B 中有一个成立，整个表达式值就为 true
！	逻辑非，在 !A 中，当 A 成立时，表达式的值为 false；当 A 不成立时，表达式的值为 true

11.2.5 基本语句

在 JavaScript 中主要有两种基本语句，一种是循环语句，如 for、while；一种是条件语句，如 if 等。其他还有一些程序控制语句。

● if…else 语句

if…else 用于改变语句的执行顺序，执行 if 后的语句或者 else 后的语句。

代码格式：

```
if(条件)
{ 执行语句1}
else{ 执行语句2}
```

实例 126+ 视频：交替显示图片

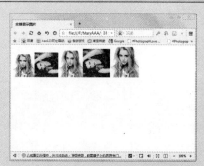

源文件：源文件 \ 第 11 章 \11-2-5-1.html

操作视频：视频 \ 第 11 章 \11-2-5-1.swf

01 ▶ 执行"文件>新建"命令，新建一个空白的 HTML 5 文档。切换到代码视图中，在 <body> 标签下输入 <script> 标签，并设置 language 属性值为 JavaScript。

第 11 章 JavaScript 脚本基础

02 ▶ 在刚刚输入的 <script> 标签中输入 JavaScript 脚本函数，执行"文件 > 保存"命令，将其保存为"源文件 \ 第 11 章 \11-2-5-1.html"，按 F12 键测试页面效果。

> **提问**：JavaScript 如何插入到 HTML 中？
> **答**：JavaScript 可以出现在 HTML 文档中的任何位置，甚至在 <html> 标签上方插入也可以。但是在输入 JavaScript 脚本函数之前，用户需要将 JavaScript 脚本函数包含在 <script>…</script> 标记中。

● for 语句

for 语句的作用是重复执行语句，直到循环条件为 False 为止。

代码格式：

```
for(初始化；条件；增量)
{
语句集；
……
}
```

 提示：for 语句初始化参数是循环的初值，条件是循环结束，增量是循环方式。3 个主要语句之间，必须使用分号（；）分隔。

➡ 实例 127+ 视频：循环输出文字

源文件：源文件 \ 第 11 章 \11-2-5-2.html   操作视频：视频 \ 第 11 章 \11-2-5-2.swf

01 ▶ 执行"文件 > 新建"命令,新建一个空白的 HTML 5 文档。切换到代码视图中,在 <body> 标签下输入 <script> 标签,并设置 language 属性值为 JavaScript。

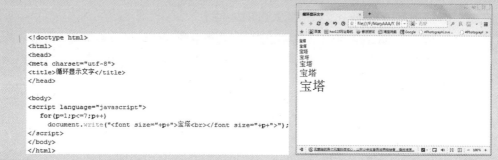

02 ▶ 在 <script> 标签中输入 for 循环脚本函数。执行"文件 > 保存"命令,将其保存为"源文件 \ 第 11 章 \11-2-5-2.html",按 F12 键测试页面效果。

提问:为什么有时候输入 for 语句后会报错?

答:在 for 语句中,for() 小括号内的三个参数缺一不可。即使用户在括号内不写参数,还是需要在 for 后面的括号内输入分号,例如 for(;;),否则软件就会对语句进行报错。

switch 语句

switch 语句是多分支选择语句,执行表达式的值与条件值相匹配那一支。它所有支都是并列的。程序执行时,由第一支开始查找,如果相匹配,执行其后的块,接着执行第 2 分支、第 3 分支……,如果不匹配,则查找下一个分支是否匹配。

代码格式:

```
switch(表达式)
{
case 条件1:
语句块1
case 条件2:
语句块2
...
default
语句块N
}
```

第 11 章　JavaScript 脚本基础

> 一般每个 case 语句都以 break 结尾，这样程序执行到 break 后就跳出 switch 语句。

- while 语句

  while 语句也是循环语句，当条件为真时，重复循环，否则退出循环。

  代码格式：

  ```
  while (条件){
     语句集;
     ...
  }
  ```

- break 语句

  break 语句用于终止 for、switch 或 while 语句的执行，程序执行 break 语句的后续语句。该语句不能用于 if 语句中，除非 if 属于循环内部的一部分。

  代码格式：

  ```
  break;
  ```

- continue 语句

  continue 语句只能用在循环结构中。条件为真，执行 continue 语句，程序跳过循环体中位于该语句后的所有语句，提前结束本次循环周期并开始下一个循环周期。

  代码格式：

  ```
  continue;
  ```

11.2.6　函数

函数是拥有名称等一系列 JavaScript 语句的有效组合。只要这个函数被调用，这一系列语句就会被执行。一个函数可以有自己的参数，并可以在函数内使用参数。

代码格式：

```
function 函数名称（参数表）
{
    函数执行部分
}
```

11.3　JavaScript 事件

JavaScript 是基于对象的语言，其基本特征是采用事件驱动。一般鼠标或键盘的动作称为事件，由事件引发的一连串程序执行的动作，称为事件驱动。

事件是可以被 JavaScript 侦测到的行为。网页中的每个元素都可以产生某些可以触发 JavaScript 函数的事件，而对事件进行处理的程序或函数，则称为事件处理程序。

11.3.1　onClick 事件

单击鼠标时，产生 onClick 事件，同时 onClick 指定的事件处理程序或代码将被调用执行，这是最常用的事件。

实例 128+ 视频：全屏显示图像

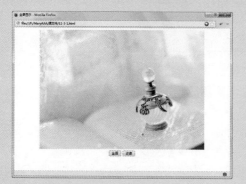
源文件：源文件 \ 第 11 章 \11-3-1.html

操作视频：视频 \ 第 11 章 \11-3-1.swf

```
<!doctype html>
<html>
<head>
<meta charset="utf-8">
<title>全屏显示</title>
</head>

<body>
<div align="center">
<img src="images/113101.jpg" width="668px" height="465px" />
</div>
</body>
</html>
```

01 ▶ 执行"文件 > 新建"命令，新建一个空白的 HTML 5 文档。切换到代码视图中，在 <body> 标签下输入 <div> 标签。

```
<!doctype html>
<html>
<head>
<meta charset="utf-8">
<title>全屏显示</title>
</head>

<body>
<div align="center">
<img src="images/113101.jpg" width="668px" height="465px" />
<br />
<input type="button" name="fullscreen" value="全屏"
  onClick="window.open(document.location,'big','fullscreen=yes')" />
</div>
</body>
</html>
```

```
<!doctype html>
<html>
<head>
<meta charset="utf-8">
<title>全屏显示</title>
</head>

<body>
<div align="center">
<img src="images/113101.jpg" width="668px" height="465px" />
<br />
<input type="button" name="fullscreen" value="全屏"
  onClick="window.open(document.location,'big','fullscreen=yes')" />
<input type="button" name="close" value="还原"
  onClick="window.close()" />
</div>
</body>
</html>
```

02 ▶ 添加一个按钮，并添加 onClick 事件，全屏显示窗口，添加另一个按钮，关闭窗口。

03 ▶ 执行"文件 > 保存"命令，将其保存为"源文件 \ 第 11 章 \11-3-1.html"，按 F12 键测试页面效果。单击"全屏"按钮，显示全屏页面效果。

第 11 章　JavaScript 脚本基础

> **提问**：input 标签有什么作用？
> 答：对于大量普通的表单元素，都可以使用 <input> 标签来进行定义，其中包括文本字段、多选列表和可单击的图像和提交按钮等。

11.3.2　onChange 事件

onChange 是一个与表单相关的事件，在 text 或 textarea 表单元素中输入字符值改变时发生该事件，在 select 表格中的一个选项状态改变后也会引发该事件。

实例 129+ 视频：弹出提示信息

🏠 源文件：源文件 \ 第 11 章 \11-3-2.html　　📶 操作视频：视频 \ 第 11 章 \11-3-2.swf

01 ▶ 执行"文件 > 新建"命令，新建一个空白的 HTML 5 文档。切换到代码视图中，在 <body> 标签下输入内容。

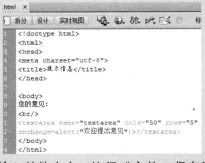

02 ▶ 输入其他内容，执行"文件 > 保存"命令，将其保存为"源文件 \ 第 11 章 \11-3-2.html"，按 F12 键测试页面效果。

> 提问:在函数中可以输入多个JavaScript语句吗?
> 答:使用事件处理方法的代码可读性比较强,并且在函数中可以输入多个JavaScript语句,以便完成一些功能较为复杂的程序。

11.3.3 onSelect 事件

onSelect 事件是当文本框中的内容被选中时所发生的事件,在文本框中内容被选中且需要执行某些程序时可以使用该事件。

实例 130+ 视频:弹出提示信息

源文件:源文件 \ 第 11 章 \11-3-3.html   操作视频:视频 \ 第 11 章 \11-3-3.swf

01 ▶ 执行"文件>新建"命令,新建一个空白的 HTML 5 文档。切换到代码视图中,在 <body> 标签下输入内容。

02 ▶ 输入其他内容,执行"文件>保存"命令,将其保存为"源文件 \ 第 11 章 \11-3-3.html",按 F12 键测试页面效果。

第 11 章 JavaScript 脚本基础

> **提问**：为什么制作出的页面在不同的计算机上有不同的效果？
> 答：用户所看到的页面内容取决于计算机所使用的浏览器版本，随着浏览器版本不断增多，又分别应用于不同的操作平台，所以也导致页面在不同的浏览器中有着不同的效果。

11.3.4 onFocus 事件

onFocus 事件是当单击表单元素，即焦点或光标在表单元素上时产生的事件，当表单元素获得焦点时，需要实现某效果可以使用该事件。

▶ 实例 131 + 视频：选择课程

源文件：源文件 \ 第 11 章 \11-3-4.html

操作视频：视频 \ 第 11 章 \11-3-4.swf

01 ▶ 执行"文件 > 新建"命令，新建一个空白的 HTML 5 文档。切换到代码视图中，在 <body> 标签下输入内容。

 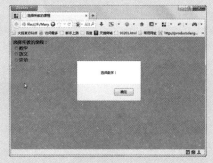

02 ▶ 输入其他内容，执行"文件 > 保存"命令，将其保存为"源文件 \ 第 11 章 \11-3-4.html"，按 F12 键测试页面效果。

提问：JavaScript 可以识别浏览器吗？

答：JavaScript 可以识别用户使用的是何种内核的浏览器，然后将会自动引导用户到所支持的浏览器网页中。

11.3.5 onLoad 事件

onLoad 事件是当加载网页文档时产生的事件，页面加载时需要显示某些信息或者需要某些数据初始化可以使用该事件。

实例 132+ 视频：使用 onLoad 事件

源文件：源文件 \ 第 11 章 \11-3-5.html

操作视频：视频 \ 第 11 章 \11-3-5.swf

01 ▶ 执行"文件 > 新建"命令，新建一个空白的 HTML 5 文档。切换到代码视图中，在 `<body>` 标签下输入内容。

02 ▶ 输入其他内容，执行"文件 > 保存"命令，将其保存为"源文件 \ 第 11 章 \11-3-5.html"，按 F12 键测试页面效果。

第 11 章　JavaScript 脚本基础

onLoad 事件还有一个作用是可检测 cookie 的值，并用一个变量为其赋值，使其可以被源代码使用。

提问：事件是如何运作的？
答：事件通过发送消息的方式来触发事件处理器，然后对用户的动作做出响应事件，从而达到交互的目的。

11.3.6　onUnLoad 事件

onUnLoad 事件是当退出网页时引发事件，在事件中可更新 cookie 状态，保存数据和清除不需要的变量。

实例 133+ 视频：使用 onUnLoad 事件

源文件：源文件 \ 第 11 章 \11-3-6.html

操作视频：视频 \ 第 11 章 \11-3-6.swf

01 ▶ 执行"文件 > 新建"命令，新建一个空白的 HTML 5 文档。切换到代码视图中，输入 <script> 标签，并定义 JavaScript 脚本语言，继续编辑 <body> 标签以及其中的内容。

02 ▶ 执行"文件 > 保存"命令，将其保存为"源文件 \ 第 11 章 \11-3-6.html"，按 F12 键测试页面效果，关闭浏览器，弹出"关闭网站"信息对话框。

> 提问：HTML 文档本身具有处理事件的能力吗？
> 答：HTML 本身也具有一些事件属性的处理能力，并且这些事件处理器可以绑定为文本的一部分，但是其代码一般较为短小，功能也非常弱小，只能适用于一些简单的数据验证。

11.3.7 onBlur 事件

onBlur 事件是当表单元素失去焦点时触发的事件。当 text 对象、textare 对象或 select 对象失去焦点时，都会触发该事件，执行对应的程序代码。

➡ 实例 134+ 视频：使用 onBlur 事件

源文件：源文件\第 11 章\11-3-7.html   操作视频：视频\第 11 章\11-3-7.swf

01 ▶ 执行"文件>新建"命令，新建一个空白的 HTML 5 文档。切换到代码视图中，在 </title> 标签后输入 <script> 标签，并在其中定义 JavaScript 脚本语言。

02 ▶ 在 <body> 标签中创建 <p> 标签，并在其中输入事件代码。执行"文件>保存"命令，将文档保存为"源文件\第 11 章\11-3-7.html"，按 F12 键测试页面效果。

第 11 章　JavaScript 脚本基础

> **提问：什么是事件返回值？**
> 答：在很多情况下，程序都要求有返回值，以便程序根据返回值来判断下一步的后续操作。事件的返回值都为布尔值，如果为 false 则组织浏览器的下一步操作，如果为 true 则进行默认的操作。

11.3.8　onMouseOver 事件

onMouseOver 事件是当鼠标指针移动到某对象范围的上方时触发的，所以一般会根据鼠标的动作产生变化。

➡ 实例 135+ 视频：显示图像

📁 源文件：源文件 \ 第 11 章 \11-3-8.html　　📺 操作视频：视频 \ 第 11 章 \11-3-8.swf

01 ▶ 执行"文件 > 新建"命令，新建一个空白的 HTML 5 文档。切换到代码视图中，在 </title> 标签后新建一个名为 bg 的 <div> 标签。

02 ▶ 在 </title> 标签后新建一个 <style> 标签，在 <style> 后新建 * 通用样式，并为名称为 bg 的 <div> 标签建立样式，新建名为 man 的 <div> 标签和为该标签新建样式。

```
#man{
    height:284px;
    width:166px;
    margin:289px 0px 0px 628px;
}
</style>
</head>
<body>
<div id="bg">
    <div id="man"><img src="images/113802.jpg" width
    <input name="button" type="button" value="变身">
</div>
</body>
</html>
```

```
19  #man{
20      height:284px;
21      width:166px;
22      margin:289px 0px 0px 628px;
23      visibility:hidden;
24  }
25  .btn {
26      color: #00CC66;
27      background-color: #1A1819;
28      margin: 20px 0px 0px 680px;
29  }
30  </style>
```

03 ▶ 在 id 名称为 man 的 Div 标签后新建一个按钮，在 <style> 标签后新建一个名为 btn 的 CSS 类样式。

```
</style>
<script type="text/Javascript">
<!--
function FindPicture(n,d){
var pi,i,xx;
if(!d) d=document;
if((pi=n.indexOf("?"))>0&&parent.frames.length){
    d=parent.frames[n.substring(pi+1)].document;
    n=n.substring(0,pi);}
    if(!(xx=d[n])&&d.all) xx=d.all[n];
    for(i=0;!xx&&i<d.forms.length;i++) xx=d.forms[i][n];
    for(i=0;!xx&&d.layers&&i<d.layers.length;i++) xx=FindPicture(n,d.layers[i].document);
    if(!xx&&d.getElementById) xx=d.getElementById(n); return xx;
}
function ShowPicture(){
var ii,vi,p,argu=ShowPicture.arguments;
for(ii=0;ii<(argu.length-2);ii+=3) if((p=FindPicture(argu[ii]))!=null){vi=argu[ii+2];
if(p.style){vi=(vi=='show')?'visible':(vi=='hide')?'hidden':vi;
    p.visibility=vi;}
}
}
//-->
</script>
</head>
<body>
<div id="bg">
    <div id="man"><img src="images/113802.jpg" width="166" height="284"></div>
    <input name="button" type="button" class="btn" onmouseover="ShowPicture('man','','show')"
    value="变身">
```

04 ▶ 在 </style> 标签后新建 <script> 标签，并建立所需函数，对按钮应用 btn 样式和在 onmouseover 中应用 ShowPicture 函数。

 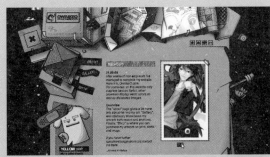

05 ▶ 执行"文件 > 保存"命令，将其保存为"源文件 \ 第 11 章 \11-3-8.html"，按 F12 键测试页面效果，将鼠标移到按钮上，显示隐藏图像。

> **提问**：CSS 样式中的 overflow：hidden 有什么作用？
> **答**：当两个 Div 进行嵌套时，如果父级 Div 和子级 Div 之间没有别的元素，浏览器会默认把子级 Div 的 margin-top 作用到父级 Div 的身上，这就会给页面造成巨大的错误。而如果为父级 Div 应用 overflow，就可以很好地决解这个问题。

11.3.9 onMouseOut 事件

onMouseOut 事件是当鼠标指针离开到某对象范围的上方时触发的，可以产生按钮变化、图像隐藏等效果。

实例 136+ 视频：隐藏图像

源文件：源文件 \ 第 11 章 \11-3-9.html　　操作视频：视频 \ 第 11 章 \11-3-9.swf

```
width:1073px;
margin:0 auto;
background-image:url(images/113801.jpg);
overflow:hidden;
}
#man{
    height:284px;
    width:166px;
    margin:289px 0px 0px 628px;
}
.btn {
    color: #00CC66;
    background-color: #1A1819;
```

01 ▶ 打开"源文件 \ 第 11 章 \11-3-8.html"，删除名为 man 的 <div> 标签样式隐藏图层属性，使该图层显示出来。

```
function ShowPicture(){
var ii,vi,p,argu=ShowPicture.arguments;
for(ii=0;ii<(argu.length-2);ii+=3)if((p=FindPicture(argu[i
+2]);
if(p.style){
 p=p.style;vi=(vi=='show')?'visible':(vi=='hide')?'hidden'
 p.visibility=vi;}
}
//-->
</script>
</head>

<body>
<div id="bg">
  <div id="man"><img src="images/113802.jpg" width="166" h
  <input name="button" type="button" class="btn"
  onmouseover="ShowPicture('man','','show')" value=变身>
```

```
for(ii=0;ii<(argu.length-2);ii+=3)if((p=FindPicture
+2]);
if(p.style){
 p=p.style;vi=(vi=='show')?'visible':(vi=='hide')?
 p.visibility=vi;}
}
//-->
</script>
</head>

<body>
<div id="bg">
  <div id="man"><img src="images/113802.jpg" width
  onMouseOut="ShowPicture('man','','hide')"></div>
</div>
</body>
</html>
```

02 ▶ 删除按钮，并在名为 man 的 Div 标签中添加 onMouseOut 事件，调用函数，传进 hide 参数使图像隐藏。

03 ▶ 执行"文件 > 保存"命令，将其保存为"源文件 \ 第 11 章 \11-3-9.html"，按 F12 键测试页面效果，将鼠标移到图像上，再将鼠标移开，图像将隐藏。

> 提问：CSS样式中的visibility属性有什么作用？
> 答：该属性用于设置元素是否可见，而hidden属性值起到的作用是元素不可见。即使是不可见的元素，也会占据页面上的空间。

11.3.10 onDblClick 事件

onDblClick 事件是鼠标双击时触发的。该事件优先选择层次最深的图形单元执行，鼠标点处是一个图形单元，先执行图形的 OnDblClick 事件，再执行页面的 OnDblClick 事件。

实例 137+ 视频：双击打开网站

源文件：源文件 \ 第 11 章 \11-3-10.html　　操作视频：视频 \ 第 11 章 \11-3-10.swf

01 ▶ 执行"文件＞新建"命令，新建一个空白的 HTML 5 文档。切换到代码视图中，输入代码。执行"文件＞保存"命令，将其保存为"源文件 \ 第 11 章 \11-3-10-1.html"。

02 ▶ 在 </title> 标签后新建一个 <style> 标签，在 <style> 后新建 * 通用样式，为名称为 bg 的 <div> 标签建立样式，新建名为 man 的 <div> 标签和为该标签新建样式。

`03` ▶ 执行"文件 > 保存"命令,将其保存为"源文件 \ 第 11 章 \11-3-10.html",按 F12 键测试页面效果,在弹出的页面中双击鼠标左键,观察页面发生的效果。

> **提问**:如何控制打开页面的大小?
> **答**:用户可以通过设置 ondblclick="OpenWindow" 中的 width(宽)和 height(高)属性来设置打开页面的大小。

11.3.11 其他常用事件

在 JavaScript 中有一些其他事件,虽然不常用,但是了解这些事件便于我们在需要时用上它们。

参数类型	含 义
onkeypress	在键盘上某个键被按下并且释放时触发该事件
onkeydown	在键盘某个键被按下时触发该事件
onkeyup	在键盘某个键被放开时触发该事件
onmousedowm	在鼠标被按下时触发该事件
onmouseup	在鼠标被释放时触发该事件
onmousemove	在鼠标移动时触发该事件
onabort	在图片下载被用户中断时触发该事件
onbeforeunload	在当前页面的内容将要被改变时触发该事件
onerror	在出现错误时触发该事件

（续表）

参数类型	含义
onbounce	当 Marquee 内的内容移动至 Marquee 显示范围之外时触发该事件
onsubmit	在一个表单被递交时触发该事件
onreset	在表单中的 reset 属性被激发时触发该事件
onstop	在浏览器的"停止"按钮被按下或者正在下载的文件被中断时触发该事件
onscroll	在浏览器的滚动条位置改变时触发该事件
onresize	在浏览器的窗口大小被改变时触发该事件
onstart	在 Marquee 元素开始显示的内容时触发该事件
onfinish	在 Marquee 元素完成需要显示的内容时触发该事件
onmove	在浏览器窗口被移动时触发该事件
onbeforeeditfocus	在当前元素将要进入编辑状态时触发该事件
onbeforecut	在页面中的一部分或者全部的内容将被移离当前页面剪切并移动到浏览者的系统剪贴板时触发该事件
onbeforecopy	在页面当前的选择内容将要复制到浏览者的系统剪贴板前触发该事件
onbeforeupdate	在浏览者粘贴系统剪贴板中的内容时通知目标对象
onbeforepaste	在浏览者将系统剪贴板中的内容粘贴到页面时触发该事件
oncontextmenu	在浏览者按下鼠标右键出现菜单时或者通过按键触发菜单时触发该事件
oncopy	在页面当前的内容被选择复制后触发该事件
oncut	在页面当前的内容被选择剪切后触发该事件
ondrag	在某个对象被拖动时触发该事件
ondragenter	在鼠标拖动对象进入其容器范围内触发该事件

（续表）

参数类型	含 义
ondragend	在鼠标拖动结束时触发该事件
ondragdrop	在一个外部对象被拖进当前窗口或者帧时触发该事件
ondragleave	在对象被鼠标拖动离开其容器范围内时触发该事件
ondragover	在某被拖动的对象在另一对象容器范围时触发该事件
ondragstart	在某对象将被拖动时触发该事件
onpaste	在内容被粘贴时触发该事件
onlosecapture	在元素失去鼠标移动形成的焦点时触发该事件
ondrop	在一个拖动过程中，释放鼠标时触发该事件
oncellchange	在数据来源发生改变时触发该事件
onafterupdate	在完成由数据源到对象的数据传送时触发该事件
onselectatart	在文本选择将开始时触发该事件
ondatasetcomplete	在数据源的全部有效数据读取完毕时触发该事件
ondatasetchanged	在数据源发生变化时触发该事件
ondataavailable	在数据接收完成时触发该事件
onrowenter	在当前数据源的数据发生变化并且有新的有效数据时触发该事件
onrowexit	在当前数据源的数据将要发生变化时触发该事件
onerrorupdate	当使用 onBeforeUpdate 事件触发取消了数据传送时，代替 onAfterUpdate 事件
onafterprint	在文档被打印后触发该事件
onrowsinserted	在当前数据源将要插入新数据记录时触发该事件

(续表)

参数类型	含 义
onrowsdelete	在当前数据记录将被删除时触发该事件
onbeforeprint	在文档即将打印时触发该事件
onreadystatechange	在对象的初始化属性值发生变化时触发该事件
onpropertychange	在对象的属性之一发生变化时触发该事件
onhelp	在浏览者按下 F1 键或帮助菜单时触发该事件
onfilterchange	在某个对象的滤镜效果发生改变时触发该事件

11.4 浏览器的内部对象

使用浏览器的内部对象系统，可实现与 HTML 文档进行交互。它的作用是将相关元素组织包装起来，提供给程序设计人员使用，从而减轻编程人员的劳动量，提高设计 Web 页面的能力。

内部对象包括：navigator、document、windows、location 和 history。

11.4.1 navigator 对象

navigator 对象可用来存取浏览器的相关信息。它的常用属性如下：

属 性	说 明
appName	浏览器的名称
appCodeName	浏览器的代码名称
appVersion	浏览器的版本
plugins	使用的插件信息
plateform	浏览器的操作系统平台
cookieEnabled	浏览器中是否启用 cookie 的布尔值
browserLanguage	浏览器的语言

第 11 章　JavaScript 脚本基础

实例 138+ 视频：显示浏览器信息

源文件：源文件 \ 第 11 章 \11-4-1.html

操作视频：视频 \ 第 11 章 \11-4-1.swf

01 ▶ 执行"文件 > 新建"命令，新建一个空白的 HTML 5 文档。切换到代码视图中，在 </title> 标签下方输入 <script> 标签，并在其中定义 JavaScript 脚本语言。

02 ▶ 继续输入其他代码，执行"文件 > 保存"命令，将其保存为"源文件 \ 第 11 章 \11-4-1.html"，按 F12 键测试页面效果。

提问：JavaScript 中的 document.write 有什么作用？

答：document.write() 是 JavaScript 向客户端写入的方法，将内容写入文档，并且会直接产生输出效果。

11.4.2　document 对象

document 对象可用于 JavaScript 输出，该对象有 form、links 和 anchor 3 个重要对象。

265

- **form窗体对象**：含有多种格式的对象存储信息，使用它可以用来动态改变文档的行为。
- **links链接对象**：用<a href=…>…</a>标记链接一个特定URL。
- **anchor锚对象**：用<aname=…>…</a>标记的命名锚。

document 对象有 write() 和 writeln() 两种方法用来实现在 Web 页面上显示输出信息。

实例 139+ 视频：显示网页信息

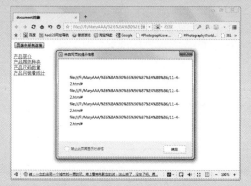

源文件：源文件\第 11 章\11-4-2.html　　　操作视频：视频\第 11 章\11-4-2.swf

01 ▶ 执行"文件>新建"命令，新建一个空白的 HTML 5 文档。切换到代码视图中，输入 <script> 标签，并在该标签中输入代码。

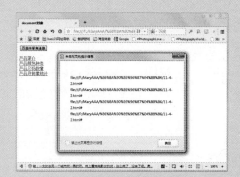

02 ▶ 输入其他的代码，执行"文件>保存"命令，将其保存为"源文件\第 11 章\11-4-2.html"，按 F12 键测试页面效果，单击按钮，显示链接内容。

第 11 章 JavaScript 脚本基础

提问：JavaScript 脚本语言中的书写区分大小写吗？

答：JavaScript 脚本语言的书写规范是区分大小写的，例如函数 newCreate() 和 NewCreate() 是不一样的。

11.4.3 Windows 对象

Windows 对象是 DOM 对象模型的最顶层对象，代表了浏览器中用于显示文档内容的窗口，通过该对象可以访问 DOM 对象模型中的所有对象。该对象可以实现 JavaScript 的输入。它的常用方法如下：

方　法	方法的含义及参数说明
alert(text)	弹出一个对话框，显示 text
close(text)	关闭一个窗口
confirm(text)	弹出确认对话框，显示 text
Promt(text,defaulttext)	弹出提示框，显示 text，defaulttext 为默认情况下显示的文字
MoveBy(水平位移, 垂直位移)	按给定的像素移动指定的窗口
moveTo(x,y)	将窗口移至指定的位移
resizeBy(水平位移, 垂直位移)	按给定的位移量重新设置窗口大小
resizeTo(x,y)	将窗口设定为指定大小
Back()	页面后退
Forward()	页面前进
Home()	返回主页
Stop()	停止加载网页
Print()	打印网页
status	状态栏信息
location	当前窗口 URL 信息

（续表）

方法	方法的含义及参数说明
open(url,windowName,parameterlist)	创建一个新窗口，3个参数分别用于设置URL地址

内部对象使用的时候无须手动创建，只要在HTML文档或者Web文档中使用了标签，系统就会自动创建一个Window对象。

11.4.4 location 对象

location对象描述窗口打开的地址。常用属性如下：

属 性	实现的location属性
protocol	返回地址的协议，取值为http:、file:等
port	返回地址的端口号，一般http端口号是80
host	返回主机名和端口号，如www.baidu.com:8080
hostname	返回地址的主机名
pathname	返回路径名，不包含域名
hash	返回"#"以及其后的内容，如果地址里没有"#"，则返回空字符串
search	返回"?"以及其后的内容，如果地址里没有"?"，则返回空字符串
href	返回整个地址

location对象常用方法如下：

属 性	实现的location属性
assign(sURL)	读取新的URL
reload([bReloadSource])	重新加载URL，相当于"刷新"功能
replace(sURL)	读取新的URL

第 11 章 JavaScript 脚本基础

> **提示**：assign 与 replace 是有区别的。用 assign 打开一个 URL，可以后退到之前的页面，用 replace 后退到一个 URL，不能后退到之前的页面。

11.4.5 history 对象

history 对象是浏览器的浏览历史，history 对象常用的方法主要包括：
- back()：后退，相当于"后退"按钮。
- forward()：前进，相当于"前进"按钮。
- go()：用来进入指定的页面。

实例 140+ 视频：浏览历史

源文件：源文件 \ 第 11 章 \11-4-5.html

操作视频：视频 \ 第 11 章 \11-4-5.swf

01 ▶ 执行"文件 > 新建"命令，新建一个空白的 HTML 5 文档，切换到代码视图中，新建一个 id 名称为 b 的 <div> 标签。

02 ▶ 在 </title> 标签后新建一个 <style> 标签，在 <style> 后新建 * 通用样式，并为 id 名称为 bg 的 <div> 标签建立样式；新建两个按钮，并设置相应的 onclick 事件为前进、后退。

03 ▶ 新建一个名为 btn1 的 CSS 类样式和一个名为 btn2 的 CSS 类样式,并将其应用到刚创建的两个按钮上。

04 ▶ 新建一个 id 名称为 "linking" 的 Div,在该 Div 中新建 4 个 <span> 标签,并在第 2 个 <span> 标签中创建 <a> 标签,定义相应的 CSS 样式,将其保存为 "第 11 章\11-4-5.html"

05 ▶ 再次创建一个空白的 HTML 5 文档,输入代码,将其保存为 "源文件\第 11 章\11-4-5-1.html",按 F12 键测试 11-4-5.html 页面效果,单击链接,链接到 11-4-5-1.html。

06 ▶ 跳转到 11-4-5-1.html 页面后,单击页面左上角的 "返回" 按钮,即可返回到 11-4-5.html。单击 "前进" 按钮,即可再次跳转到 11-4-5-1.html。

第 11 章　JavaScript 脚本基础

提问：JavaScript 编写完成后，为什么没有产生效果？

答：用户在编写脚本语言的时候一定要耐心、细致，要注意字符是否输入正确，大小写是否正确，双引号、单引号和逗号都要注意英文和中文的区别，以及有没有空格等方面，这些都是容易出错的地方。

11.5　本章小结

本章主要向用户介绍了 JavaScript 脚本语言的使用方法，通过 JavaScript 脚本语言可以使网页产生动态的交互效果。用户要认真了解本章中介绍的内容，因为在网页设计中 JavaScript 脚本语言有着非常重要的作用。

第 12 章 使用 HTML 制作文字特效

本章将通过实例的形式使用 HTML 5 结合 JavaScript、Div 以及 CSS 制作一些网站中经常会看到的文字特效。

本章知识点

- ☑ 掌握文字滚动效果的制作
- ☑ 掌握文字跟随鼠标效果
- ☑ 掌握文字自动输入效果
- ☑ 掌握文字替换效果
- ☑ 掌握文字渐显效果的制作

实例 141+ 视频：彩色文字移动效果

源文件：第 12 章 \12-1.html　　操作视频：第 12 章 \12-1.swf

```
<!doctype html>
<html>
<head>
<meta charset="utf-8">
<title>文字移动效果</title>
</head>

<body>
</body>
</html>
```

`01` ▶ 执行"文件 > 新建"命令，新建一个空白的 HTML 5 文档。在 <title> 标签中输入文档的标题。

`02` ▶ 在 <body> 标签下方创建 <marquee>、<b> 和 <font> 标签对，并为刚刚创建的标签添加属性。

`03` ▶ 在 3 个标签对的中间输入 <marquee> 标签和 <font> 标签，并为标签添加属性以及文字内容。

第 12 章　使用 HTML 制作文字特效

```
<body>
<marquee scrollamount=8 direction=right behavior=alternate>
<b>
<font color=#7700BB size=5>
<marquee direction=up behavior=alternate width=40 height=200 align="middle">H</marquee><font color=#FF0>
<marquee direction=up behavior=alternate width=40 height=150>T</marquee><font color=#FF9000>
<marquee direction=up behavior=alternate width=40 height=200>M</marquee><font color=FF0078>
<marquee direction=up behavior=alternate width=40 height=150>L</marquee><font color=A2AF0F>
<marquee direction=up behavior=alternate width=40 height=200>全</marquee><font color=00DB1A>
<marquee direction=up behavior=alternate width=40 height=150>程</marquee><font color=#FF0>
<marquee direction=up behavior=alternate width=40 height=200>揭</marquee><font color=#6F2DC1>
<marquee direction=up behavior=alternate width=40 height=150>秘</marquee><font color=#FF9000>
</font>
</b>
</marquee>
</body>
</html>
```

04 ▶ 使用同样的方法输入其他相同的标签，并修改 font 元素中的颜色值，在 <marquee> 标签对中添加内容文字。

05 ▶ 执行"文件 > 保存"命令，将文档保存为"源文件 \ 第 12 章 \12-1.html"，按 F12 键测试页面中的文字移动效果。

> **提问：如何实现文字的移动？**
> 答：marquee 是滚动代码，这其实是比较基础的网页效果代码，用户只需要输入 <marquee>…<marquee> 标签就可以实现一段文字的滚动，但是如果想让它进行一些特殊的滚动方式，就需要对其他一些参数进行设置。

➡ 实例 142+ 视频：文字滚动效果

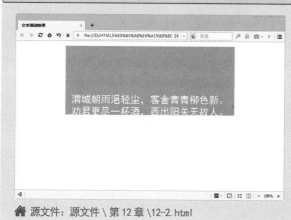

源文件：源文件 \ 第 12 章 \12-2.html　　　　操作视频：视频 \ 第 12 章 \12-2.swf

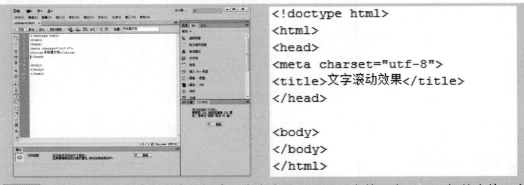

01 ▶ 执行"文件 > 新建"命令,新建一个空白的 HTML 5 文档。在 <title> 标签中输入文档的标题。

02 ▶ 在 <body> 标签中添加 <p> 标签,定义其对齐属性为 center,在 <p> 标签中输入文本内容。在文本内容的上方添加 <marquee> 标签,用于设置文字滚动,并添加 style 属性,用于定义滚动文字的区域大小。

03 ▶ 继续为 <marquee> 标签添加背景颜色等属性。

04 ▶ 为文本内容添加 <font> 标签。在 <font> 标签中添加 color、face 和 size 属性,用于定义文本的颜色、字体以及字号等参数。

第 12 章 使用 HTML 制作文字特效

05 ▶ 执行"文件 > 保存"命令,将文档保存为"源文件 \ 第 12 章 \12-2.html",按 F12 键测试页面中的文字滚动效果。

> **提问**:marquee 是如何控制文字滚动的?
>
> **答**:在 <marquee> 标签中添加 scrollamount 属性和 direction 属性可以控制文字的滚动速度以及文字滚动的方向。

➡ 实例 143+ 视频:文字跟随鼠标效果

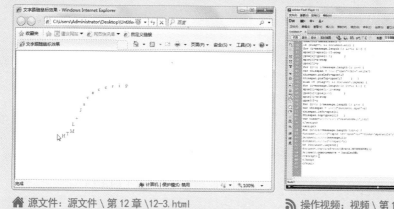

🏠 源文件:源文件 \ 第 12 章 \12-3.html   📶 操作视频:视频 \ 第 12 章 \12-3.swf

```
<!doctype html>
<html>
<head>
<meta charset="utf-8">
<title>文字跟随鼠标效果</title>
</head>

<body>
</body>
</html>
```

01 ▶ 执行"文件 > 新建"命令,新建一个空白的 HTML 5 文档。在 <title> 标签中输入文档的标题,并在 <body> 标签中新建一个名称为 wrapper 的 <div> 标签。

```
<body>
<script>
var x,y
var step=15
var flag=0
var message="HTML+Javascript"
</script>
</body>
</html>
```

```
var x,y
var step=15
var flag=0
var message="HTML+Javascript"
message=message.split("")
var xpos=new Array()
for (i=0;i<=message.length-1;i++) {
xpos[i]=-50
var ypos=new Array()
for (i=0;i<=message.length-1;i++) {
ypos[i]=-50
function handlerMM(e){
```

02 ▶ 在 <body> 标签中添加 <script> 标签对，并在该标签对中定义 4 个变量。继续在刚刚输入的变量下方定义其他变量和关键字。

```
function handlerMM(e){
x = (document.layers) ? e.pageX : document.body.scrollLeft+event.clientX
y = (document.layers) ? e.pageY : document.body.scrollTop+event.clientY
flag=1}
function makesnake() {
if (flag==1 && document.all) {
for (i=message.length-1; i>=1; i--) {
xpos[i]=xpos[i-1]+step
ypos[i]=ypos[i-1]       }
xpos[0]=x+step
ypos[0]=y
for (i=0; i<message.length-1; i++) {
var thisspan = eval("span"+(i)+".style")
thisspan.posLeft=xpos[i]
thisspan.posTop=ypos[i]     }   }
else if (flag==1 && document.layers) {
for (i=message.length-1; i>=1; i--) {
xpos[i]=xpos[i-1]+step
ypos[i]=ypos[i-1]       }
xpos[0]=x+step
ypos[0]=y
for (i=0; i<message.length-1; i++) {
var thisspan = eval("document.span"+i)
thisspan.left=xpos[i]
thisspan.top=ypos[i]}   }
var timer=setTimeout("makesnake()",20)}
</script>
<script>
for (i=0;i<=message.length-1;i++) {
document.write("<span id='span"+i+"'>")
document.write(message[i])
document.write("</span>")}
if (document.layers){
document.captureEvents(Event.MOUSEMOVE);}
document.onmousemove = handlerMM;
</script>
```

03 ▶ 使用同样的方法完成其他相同部分的制作。

第 12 章 使用 HTML 制作文字特效

```
<title>文字跟随鼠标效果</title>
<style type="text/css">
.spanstyle {
position:absolute;
visibility:visible;
top:-50px;
font-size:9pt;
color: #0000FF;
}
</style>
```

```
<script>
for (i=0;i<=message.length-1;i++) {
document.write("<span id='span"+i+"'class='spanstyle'>")
document.write(message[i])
document.write("</span>")
if (document.layers){
document.captureEvents(Event.MOUSEMOVE);}
document.onmousemove = handlerMM;
</script>
</body>
</html>
```

04 ▶ 在 <title> 标签下方输入 <style> 标签对，并为该标签定义 type 属性，在 <style> 标签中定义一个 CSS 类样式。修改 <body> 标签中最下方的 <script> 标签内的内容，为其添加 class 属性。

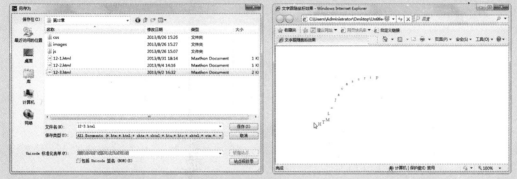

05 ▶ 执行"文件 > 保存"命令，将文档保存为"源文件 \ 第 12 章 \12-3.html"，按 F12 键测试页面在 IE 浏览器中的文字效果。

> **提问**：为什么在页面中添加 JavaScript 脚本？
> **答**：因为使用 HTML 语言只能形成一些简单的效果，而使用 JavaScript 脚本语言配合 HTML 语言，可以制作出较为特殊的网页特效。

➡ 实例 144+ 视频：文字输入效果

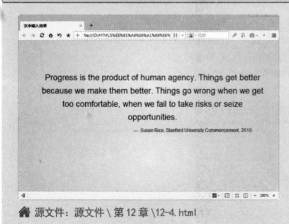

🏠 源文件：源文件 \ 第 12 章 \12-4.html　　📶 操作视频：视频 \ 第 12 章 \12-4.swf

```
1  <!doctype html>
2  <html>
3  <head>
4  <meta charset="utf-8">
5  <title>文字输入效果</title>
6  </head>
7  
8  <body>
9  <div id="wrapper">
10 </div>
11 </body>
12 </html>
```

01 ▶ 执行"文件>新建"命令，新建一个空白的 HTML 5 文档。在 <title> 标签中输入文档的标题，并在 <body> 标签中新建一个 id 名称为 wrapper 的 <div> 标签。

```
<body>
<div id="wrapper">
    <div id="words">
        <ul>
        </ul>
    </div>
</div>
</body>
```

```
<head>
<meta charset="utf-8">
<title>文字输入效果</title>
</head>
<body>
<div id="wrapper">
    <div id="words">
        <ul>
            <li>
            The most important thing in life is to learn how to give out love,
            and to let it come in.
            </li>
        </ul>
    </div>
</div>
</body>
</html>
```

02 ▶ 在 id 名称为 wrapper 的 Div 中再次新建一个 id 名称为 words 的 <div> 标签，使两个 Div 元素形成嵌套效果。在 id 名称为 words 的 <div> 标签中输入 <ul> 标签。

```
<li>
所有的瞬间都会淹没于时间的洪流,就像泪水消逝在雨中。
All those moments will be lost in time, like tears in rain.
</li>
<li>
The animation can be in random or pre-defined in the HTML. Next quote
animation will be all in fadeInDown. Optional click to next quote and
hover to pause the slideshow.
</li>
<li>
Always do right. This will gratify some people and astonish the
rest.
</li>
<li>
Progress is the product of human agency. Things get better because
we make them better. Things go wrong when we get too comfortable,
when we fail to take risks or seize opportunities.
</li>
<li>
You can&#39;t have a light without a dark to stick it in.
</li>
<li>
You must not lose faith in humanity. Humanity is an ocean; if a few
drops of the ocean are dirty, the ocean does not become dirty.
</li>
<li>
When I do good, I feel good; when I do bad, I feel bad, and that is
my religion.
</li>
<li>
Half the money I spend on advertising is wasted; the trouble is I
don&#39;t know which half.
</li>
</ul>
```

03 ▶ 使用相同的方法输入其他的文本内容。

第12章 使用HTML制作文字特效

```
<ul>
    <li data-author="---  Morrie Schwartz" data-easeout="lightSpeedOut">
    The most important thing in life is to learn how to give out love,
    and to let it come in.
    </li>
    <li data-author="">
    所 有 的 瞬 间 都 会 淹 没 于 时 间 的 洪 流,就 像 泪 水 消 逝 在 雨 中。
    All those moments will be lost in time, like tears in rain.
    </li>
    <li data-author="" data-easeout="fadeOutDown">
    The animation can be in random or pre-defined in the HTML. Next quote
    animation will be all in fadeInDown. Optional click to next quote and
    hover to pause the slideshow.
    </li>
    <li data-author="Mark Twain (1835 - 1910)" data-easein="fadeInDown">
    Always do right. This will gratify some people and astonish the
    rest.
    </li>
    <li data-author="---  Susan Rice, Stanford University Commencement, 2010" data-easeout="bounceOut">
    Progress is the product of human agency. Things get better because
    we make them better. Things go wrong when we get too comfortable,
    when we fail to take risks or seize opportunities.
    </li>
    <li data-author="---  Arlo Guthrie (1947 - )" data-easein="bounceIn">
    You cant have a light without a dark to stick it in.
    </li>
    <li data-author="---  Mahatma Gandhi (1869 - 1948)" data-easein="lightSpeedIn">
    You must not lose faith in humanity. Humanity is an ocean; if a few
    drops of the ocean are dirty, the ocean does not become dirty.
    </li>
    <li data-author="---  Abraham Lincoln (1809 - 1865), (attributed)">
    When I do good, I feel good; when I do bad, I feel bad, and that is
    my religion.
    </li>
    <li data-author="---  John Wanamaker (1838 - 1922), (attributed)">
    Half the money I spend on advertising is wasted; the trouble is I
    dont know which half.
    </li>
```

04 ▶ 为刚刚创建的 <li> 文本内容标签添加 data-author 属性,为文本内容添加脚注。

05 ▶ 执行"文件>保存"命令,将文档保存为"源文件\第12章\12-4.html"。执行"文件>新建"命令,在弹出的"新建文档"对话框中选择CSS选项。

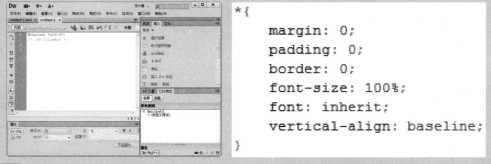

06 ▶ 单击"创建"按钮,新建一个空白的CSS文档。在新建的CSS文档中以 * 号字符定义通配样式。

```
*{
    margin: 0;
    padding: 0;
    border: 0;
    font-size: 100%;
    font: inherit;
    vertical-align: baseline;
}
article, aside, details, figcaption, figure,
footer, header, hgroup, menu, nav, section {
    display: block;
}
body {
    line-height: 1;
}
```

```
ol, ul {
    list-style: none;
}
blockquote, q {
    quotes: none;
}
blockquote:before, blockquote:after,
q:before, q:after {
    content: '';
    content: none;
}
table {
    border-collapse: collapse;
    border-spacing: 0;
}
```

07 ▶ 使用相同的方法为其他的元素定义样式。

08 ▶ 执行"文件 > 保存"命令,将 CSS 文档保存为"源文件 \ 第 12 章 \css\12401.css"。返回到 html 文档中,在 <title> 标签下方输入 link 元素并为其添加 rel 和 href 属性。

09 ▶ 使用相同的方法新建并链入另外两个 CSS 文档。在文本内容的下方创建一个 <div>、<p> 和 <cite> 等标签,并为这些标签添加 class 属性。

10 ▶ 再次执行"文件 > 新建"命令,在弹出的"新建文档"对话框中选择 JavaScript 选项。单击"创建"按钮,完成空白 JavaScript 文档的创建。

第 12 章 使用 HTML 制作文字特效

```
var _0xac34=["\x72\x6F\x6C\x6C\x49\x6E","\x66\x61\x64\x65\x49\x6E",
"\x66\x61\x64\x65\x49\x6E\x55\x70","\x66\x61\x64\x65\x49\x6E\x44\x6F\x77\x6E",
"\x66\x61\x64\x65\x49\x6E\x4C\x65\x66\x74",
"\x66\x61\x64\x65\x49\x6E\x52\x69\x67\x68\x74",
"\x62\x6F\x75\x6E\x63\x65\x49\x6E",
"\x62\x6F\x75\x6E\x63\x65\x49\x6E\x44\x6F\x77\x6E",
"\x62\x6F\x75\x6E\x63\x65\x49\x6E\x55\x70",
"\x62\x6F\x75\x6E\x63\x65\x49\x6E\x4C\x65\x66\x74",
"\x62\x6F\x75\x6E\x63\x65\x49\x6E\x52\x69\x67\x68\x74",
"\x72\x6F\x74\x61\x74\x65\x49\x6E\x44\x6F\x77\x6E\x4C\x65\x66\x74",
"\x72\x6F\x74\x61\x74\x65\x49\x6E\x44\x6F\x77\x6E\x52\x69\x67\x68\x74",
"\x72\x6F\x74\x61\x74\x65\x49\x6E\x55\x70\x4C\x65\x66\x74",
"\x72\x6F\x74\x61\x74\x65\x49\x6E\x55\x70\x52\x69\x67\x68\x74",
"\x66\x61\x64\x65\x49\x6E\x4C\x65\x66\x74\x42\x69\x67",
"\x66\x61\x64\x65\x49\x6E\x52\x69\x67\x68\x74\x42\x69\x67",
"\x66\x61\x64\x65\x49\x6E\x55\x70\x42\x69\x67",
"\x66\x61\x64\x65\x49\x6E\x44\x6F\x77\x6E\x42\x69\x67",
"\x66\x6C\x69\x70\x49\x6E\x58","\x66\x6C\x69\x70\x49\x6E\x59",
"\x6C\x69\x67\x68\x74\x53\x70\x65\x65\x64\x49\x6E","\x74\x61\x64\x61",
"\x73\x77\x69\x6E\x67","\x73\x68\x61\x6B\x65","\x77\x6F\x62\x62\x6C\x65",
"\x77\x69\x67\x67\x6C\x65","\x70\x75\x6C\x73\x65",
"\x72\x6F\x6C\x6C\x4F\x75\x74","\x66\x61\x64\x65\x4F\x75\x74",
"\x66\x61\x64\x65\x4F\x75\x74\x55\x70",
"\x66\x61\x64\x65\x4F\x75\x74\x44\x6F\x77\x6E",
"\x66\x61\x64\x65\x4F\x75\x74\x4C\x65\x66\x74",
"\x66\x61\x64\x65\x4F\x75\x74\x52\x69\x67\x68\x74",
"\x62\x6F\x75\x6E\x63\x65\x4F\x75\x74",
"\x62\x6F\x75\x6E\x63\x65\x4F\x75\x74\x44\x6F\x77\x6E",
"\x62\x6F\x75\x6E\x63\x65\x4F\x75\x74\x55\x70",
"\x62\x6F\x75\x6E\x63\x65\x4F\x75\x74\x4C\x65\x66\x74",
"\x62\x6F\x75\x6E\x63\x65\x4F\x75\x74\x52\x69\x67\x68\x74",
"\x72\x6F\x74\x61\x74\x65\x4F\x75\x74\x44\x6F\x77\x6E\x4C\x65\x66\x74",
"\x72\x6F\x74\x61\x74\x65\x4F\x75\x74\x44\x6F\x77\x6E\x52\x69\x67\x68\x74",
"\x72\x6F\x74\x61\x74\x65\x4F\x75\x74\x55\x70\x4C\x65\x66\x74",
"\x72\x6F\x74\x61\x74\x65\x4F\x75\x74\x55\x70\x52\x69\x67\x68\x74",
"\x66\x61\x64\x65\x4F\x75\x74\x4C\x65\x66\x74\x42\x69\x67",
"\x66\x61\x64\x65\x4F\x75\x74\x52\x69\x67\x68\x74\x42\x69\x67",
"\x66\x61\x64\x65\x4F\x75\x74\x55\x70\x42\x69\x67",
"\x66\x61\x64\x65\x4F\x75\x74\x44\x6F\x77\x6E\x42\x69\x67",
"\x66\x6C\x69\x70\x4F\x75\x74\x58","\x66\x6C\x69\x70\x4F\x75\x74\x59",
"\x6C\x69\x67\x68\x74\x53\x70\x65\x65\x64\x4F\x75\x74",
"\x71\x75\x6F\x74\x65\x52\x6F\x74\x61\x74\x6F\x72","\x66\x6E",
"\x2E\x77\x6F\x72\x64\x2D\x63\x6F\x6E\x74\x61\x69\x6E\x65\x72",
"\x65\x78\x74\x65\x6E\x64","\x74\x65\x78\x74","\x61\x75\x74\x68\x6F\x72",
"\x64\x61\x74\x61","\x65\x61\x73\x65\x69\x6E","\x65\x61\x73\x65\x6F\x75\x74",
"\x65\x61\x63\x68","\x6C\x69","\x66\x69\x6E\x64",
"\x63\x6F\x6E\x74\x61\x69\x6E\x65\x72","\x2E\x71\x75\x6F\x74\x65",
"\x2E\x71\x75\x6F\x74\x65\x2D\x63\x6F\x6E\x74\x65\x6E\x74",
"\x2E\x71\x75\x6F\x74\x65\x2D\x61\x75\x74\x68\x6F\x72",
"\x5F\x63\x75\x72\x72\x65\x6E\x74\x49\x6E\x64\x65\x78",
"\x65\x61\x73\x65\x49\x6E\x54\x79\x70\x65\x41\x72\x72",
"\x65\x61\x73\x65\x4F\x75\x74\x54\x79\x70\x65\x41\x72\x72",
"\x6C\x65\x6E\x67\x74\x68","\x63\x6C\x69\x63\x6B\x54\x6F\x4E\x65\x78\x74",
"\x63\x6C\x69\x63\x6B","\x6F\x6E",
"\x68\x6F\x76\x65\x72\x54\x6F\x50\x61\x75\x73\x65",
"\x73\x6C\x69\x64\x65\x73\x68\x6F\x77",
"\x6D\x6F\x75\x73\x65\x6C\x65\x61\x76\x65",
"\x73\x6C\x69\x64\x65\x73\x68\x6F\x77\x44\x65\x6C\x61\x79",
"\x5F\x74\x69\x6D\x65\x72\x49\x44","\x6D\x6F\x75\x73\x65\x6F\x76\x65\x72",
"\x20","\x73\x70\x6C\x69\x74","\x65\x61\x73\x65\x4F\x75\x74",
```

```
"\x71\x75\x69\x63\x6B\x20\x61\x6E\x69\x6D\x61\x74\x65",
"\x72\x61\x6E\x64\x6F\x6D","\x66\x6C\x6F\x6F\x72",
"\x61\x64\x64\x43\x6C\x61\x73\x73",
"\x72\x65\x6D\x6F\x76\x65\x43\x6C\x61\x73\x73","\x73\x70\x61\x6E",
"\x65\x6D\x70\x74\x79","\x65\x61\x73\x65\x49\x6E",
"\x3C\x73\x70\x61\x6E\x20\x63\x6C\x61\x73\x73\x3D\x22\x61\x6E\x69\x6D\x61\x74\x65","\x22\x20\x64\x61\x74\x61\x2D\x65\x61\x73\x65\x69\x6E\x3D\x22","\x22\x3E",
"\x3C\x2F\x73\x70\x61\x6E\x3E\x20","\x61\x70\x70\x65\x6E\x64"];
var easeInTypeArr=[_0xac34[0],_0xac34[1],_0xac34[2],_0xac34[3],_0xac34[4],
_0xac34[5],_0xac34[6],_0xac34[7],_0xac34[8],_0xac34[9],_0xac34[10],_0xac34[11],
_0xac34[12],_0xac34[13],_0xac34[14],_0xac34[15],_0xac34[16],_0xac34[17],_0xac34
[18],_0xac34[19],_0xac34[20],_0xac34[21],_0xac34[22],_0xac34[23],_0xac34[24],
_0xac34[25],_0xac34[26],_0xac34[27]];
var easeOutTypeArr=[_0xac34[28],_0xac34[29],_0xac34[30],_0xac34[31],_0xac34[32]
,_0xac34[33],_0xac34[34],_0xac34[35],_0xac34[36],_0xac34[37],_0xac34[38],
_0xac34[39],_0xac34[40],_0xac34[41],_0xac34[42],_0xac34[43],_0xac34[44],_0xac34
[45],_0xac34[46],_0xac34[47],_0xac34[48],_0xac34[49]];(function (_0x30b5x3){
_0x30b5x3[_0xac34[51]][_0xac34[50]]=function (_0x30b5x4){var _0x30b5x5={
container:_0xac34[52],easeIn:_0xac34[4],easeOut:_0xac34[32],easeInTypeArr:[
_0xac34[1],_0xac34[3],_0xac34[2],_0xac34[4],_0xac34[5],_0xac34[11],_0xac34[12],
_0xac34[13],_0xac34[14]],easeOutTypeArr:[_0xac34[32],_0xac34[33],_0xac34[30],
_0xac34[31],_0xac34[28],_0xac34[34],_0xac34[49]],slideshow:true,slideshowDelay:
3000,hoverToPause:false,clickToNext:true};
if(_0x30b5x4){_0x30b5x3[_0xac34[53]](_0x30b5x5,_0x30b5x4);} ;
var _0x30b5x6=this;
var _0x30b5x7=[];
var _0x30b5x8=[];
var _0x30b5x9=[];
var _0x30b5xa=[];_0x30b5x3(_0x30b5x5[_0xac34[62]],_0x30b5x6)[_0xac34[61]](
_0xac34[60])[_0xac34[59]](function (_0x30b5xb){_0x30b5x7[_0x30b5xb]=_0x30b5x3(
this)[_0xac34[54]]();_0x30b5x8[_0x30b5xb]=_0x30b5x3(this)[_0xac34[56]](_0xac34[
55]);_0x30b5x9[_0x30b5xb]=_0x30b5x3(this)[_0xac34[56]](_0xac34[57]);_0x30b5xa[
_0x30b5xb]=_0x30b5x3(this)[_0xac34[56]](_0xac34[58]);} );
var _0x30b5xc=_0x30b5x3(_0xac34[63],_0x30b5x6);
var _0x30b5xd=_0x30b5x3(_0xac34[64],_0x30b5x6);
var _0x30b5xe=_0x30b5x3(_0xac34[65],_0x30b5x6);
var _0x30b5xf=0;_0x30b5x6[_0xac34[56]](_0xac34[66],_0x30b5xf);
var _0x30b5x10=_0x30b5x5[_0xac34[67]]||easeInTypeArr;
var _0x30b5x11=_0x30b5x5[_0xac34[68]]||easeOutTypeArr;
var _0x30b5x12=_0x30b5x10[_0xac34[69]];
var _0x30b5x13=_0x30b5x11[_0xac34[69]];
if(_0x30b5x5[_0xac34[70]]){_0x30b5x6[_0xac34[72]](_0xac34[71],_0x30b5x16);} ;
if(_0x30b5x5[_0xac34[73]]){if(_0x30b5x5[_0xac34[74]]){_0x30b5x6[_0xac34[72]](
_0xac34[78],function (_0x30b5xb){clearTimeout(_0x30b5x6[_0xac34[56]](_0xac34[77
]));} )[_0xac34[72]](_0xac34[75],function (_0x30b5xb){clearTimeout(_0x30b5x14);
_0x30b5x14=setTimeout(function (){_0x30b5x16(null);} ,_0x30b5x5[_0xac34[76]]);
_0x30b5x6[_0xac34[56]](_0xac34[77],_0x30b5x14);} );} ;} ;
var _0x30b5x14=0;
var _0x30b5x15=0;
function _0x30b5x16(_0x30b5x17){clearTimeout(_0x30b5x6[_0xac34[56]](_0xac34[77
]));
var _0x30b5x18=_0x30b5x7[_0x30b5xf][_0xac34[80]](_0xac34[79])[_0xac34[69]];
var _0x30b5xb=_0x30b5xa[_0x30b5xf]||_0x30b5x5[_0xac34[81]];_0x30b5xd[_0xac34[61
]](_0xac34[87])[_0xac34[59]](function (_0x30b5x19){if(_0x30b5xa[_0x30b5xf]){
_0x30b5x3(this)[_0xac34[86]]()[_0xac34[85]](_0xac34[82]+Math[_0xac34[84]](Math[
_0xac34[83]]()*_0x30b5x13/2)+_0xac34[79]+_0x30b5xb);} else {var
_0x30b5x1a=_0x30b5x11[Math[_0xac34[84]](Math[_0xac34[83]]()*_0x30b5x13)];_0x30b
5x3(this)[_0xac34[86]]()[_0xac34[85]](_0xac34[82]+Math[_0xac34[84]](Math[_0xac3
4[83]]()*_0x30b5x13/2)+_0xac34[79]+_0x30b5x1a);} ;} );_0x30b5xe[_0xac34[61]](
_0xac34[87])[_0xac34[59]](function (_0x30b5x19){if(_0x30b5xa[_0x30b5xf]){
_0x30b5x3(this)[_0xac34[86]]()[_0xac34[85]](_0xac34[82]+Math[_0xac34[84]](Math[
_0xac34[83]]()*_0x30b5x13/2)+_0xac34[79]+_0x30b5xb);} else {var
```

第 12 章 使用 HTML 制作文字特效

```
_0x30b5x1a=_0x30b5x11[Math[_0xac34[84]](Math[_0xac34[83]]()*_0x30b5x13)];_0x30b
5x3(this)[_0xac34[86]]()[_0xac34[85]](_0xac34[82]+Math[_0xac34[84]](Math[_0xac3
4[83]]()*_0x30b5x13/2)+_0xac34[79]+_0x30b5x1a);} ;} );
clearTimeout(_0x30b5x15);_0x30b5x15=setTimeout(function (){_0x30b5xf++;
if(_0x30b5xf>_0x30b5x7[_0xac34[69]]-1){_0x30b5xf=0;} ;_0x30b5x6[_0xac34[56]](
_0xac34[66],_0x30b5xf);_0x30b5x1d();} ,_0x30b5x18*0.5*100);} ;_0x30b5x1d();
var _0x30b5x1b=[];
var _0x30b5x1c=[];function _0x30b5x1d(){_0x30b5xd[_0xac34[88]]();_0x30b5xe[
_0xac34[88]]();
var _0x30b5x17=_0x30b5x7[_0x30b5xf][_0xac34[80]](_0xac34[79])[_0xac34[69]];
var _0x30b5x18=_0x30b5x9[_0x30b5xf]||_0x30b5x5[_0xac34[89]];
var _0x30b5xb=0;_0x30b5x3[_0xac34[59]](_0x30b5x7[_0x30b5xf][_0xac34[80]](
_0xac34[79]),function (_0x30b5x19,_0x30b5x1a){if(_0x30b5x9[_0x30b5xf]){
_0x30b5xd[_0xac34[94]](_0xac34[90]+_0x30b5x19+_0xac34[79]+_0x30b5x18+_0xac34[91
]+_0x30b5x18+_0xac34[92]+_0x30b5x1a+_0xac34[93]);} else {var _0x30b5x1e=
_0x30b5x10[Math[_0xac34[84]](Math[_0xac34[83]]()*_0x30b5x12)];_0x30b5xd[_0xac34
[94]](_0xac34[90]+_0x30b5x19+_0xac34[79]+_0x30b5x1e+_0xac34[91]+_0x30b5x1e+
_0xac34[92]+_0x30b5x1a+_0xac34[93]);} ;} );_0x30b5x3[_0xac34[59]](_0x30b5x8[
_0x30b5xf][_0xac34[80]](_0xac34[79]),function (_0x30b5x19,_0x30b5x1a){_0x30b5xb
++;if(_0x30b5x9[_0x30b5xf]){_0x30b5xe[_0xac34[94]](_0xac34[90]+(_0x30b5x17+
_0x30b5x19)+_0xac34[79]+_0x30b5x18+_0xac34[91]+_0x30b5x18+_0xac34[92]+
_0x30b5x1a+_0xac34[93]);} else {var _0x30b5x1e=_0x30b5x10[Math[_0xac34[84]](
Math[_0xac34[83]]()*_0x30b5x12)];_0x30b5xe[_0xac34[94]](_0xac34[90]+(_0x30b5x17
+_0x30b5x19)+_0xac34[79]+_0x30b5x1e+_0xac34[91]+_0x30b5x1e+_0xac34[92]+
_0x30b5x1a+_0xac34[93]);} ;} );if(_0x30b5x5[_0xac34[74]]){clearTimeout(
_0x30b5x14);_0x30b5x14=setTimeout(function (){_0x30b5x16(null);} ,(_0x30b5x17+
_0x30b5xb+1)*200+_0x30b5x5[_0xac34[76]]);_0x30b5x6[_0xac34[56]](_0xac34[77],
_0x30b5x14);} ;} ;return this;} ;} )(jQuery);
```

11 ▶ 在新建的 JavaScript 文档中输入以上脚本语言，用于定义文本字符的位置。

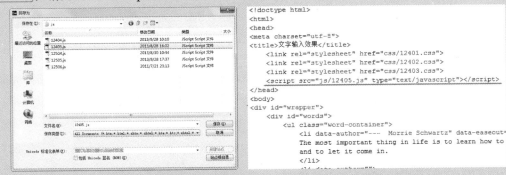

12 ▶ 执行 "文件 > 保存" 命令，将文档保存为 "源文件 \ 第 12 章 \js\12405.js"。返回 html 文档中创建一个 <script> 标签，将刚刚创建并编辑保存的 JavaScript 文档链接到 html 文档中。

13 ▶ 使用相同的方法再次创建一个 JavaScript 文档，并将其链接到 html 文档中。按快捷键 Ctrl+S，将文档保存，按 F12 键测试页面的文字输入效果。

> 提问：在 CSS 样式中添加的 * 号中的各种 0px 有什么作用？
> 答：因为 HTML 中会默认为网页中的一些元素添加边距、边框和填充等属性，而添加这些通配符可以清除所有 HTML 对页面元素的默认边距、边框和填充等属性。

实例 145+ 视频：文字替换效果

源文件：源文件 \ 第 12 章 \12-5.html

操作视频：视频 \ 第 12 章 \12-5.swf

```
1  <!doctype html>
2  <html>
3  <head>
4  <meta charset="utf-8">
5  <title>文字替换效果</title>
6  </head>
7  
8  <body>
9      <div>
10     </div>
11 </body>
12 </html>
```

01 ▶ 执行"文件 > 新建"命令，新建一个空白的 HTML 5 文档。在 <title> 标签中输入文档的标题，并在 <body> 标签中新建一个 <div> 标签。

02 ▶ 在 Div 中新建 <header> 标签，并在该标签中输入标题文本内容，然后通过 <h1> 和 <strong> 标签定义文本的字符效果。继续创建一个 <section> 标签，将文本的主体内容输入到该标签中，使用 <h2> 标签定义文本的字符效果，然后通过 <span> 标签对文本进行分割。

第 12 章 使用 HTML 制作文字特效

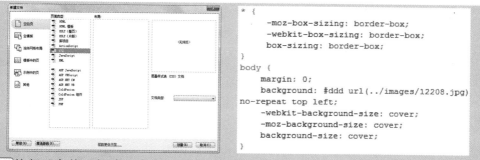

03 ▶ 执行"文件 > 新建"命令，新建一个 CSS 文档。在刚刚新建的空白文档中使用 * 号字符定义通配样式，再次对 body 进行 CSS 样式定义。

04 ▶ 使用相同的方法为其他的元素定义 CSS 样式。按快捷键 Ctrl+S，将编辑完成的 CSS 文档保存为"源文件 \ 第 12 章 \css\12501.css"。

05 ▶ 切换回到 HTML 文档，按快捷键 Ctrl+S，将文档保存为"源文件 \ 第 12 章 \12-5.html"。在文档中输入 <link> 标签，通过该标签将刚刚创建并编辑保存的 CSS 文档链接到文档中。

06 ▶ 使用相同的方法新建并链入另外两个 CSS 文档。为文档内容中的 Div、section、h2 和 span 元素添加 class 属性，将定义的类样式应用到这些元素上。

07 ▶ 执行"文件 > 新建"命令，新建一个空白的 HTML 5 文档。在 <title> 标签中输入文档的标题，并在 <body> 标签中新建一个 <div> 标签。

```
/* Modernizr 2.5.3 (Custom Build) | MIT & BSD
 * Build:
http://www.modernizr.com/download/#-cssanimations-csstransforms-csstransform
s3d-csstransitions-shiv-cssclasses-teststyles-testprop-testallprops-prefixes
-domprefixes
 */
;window.Modernizr=function(a,b,c){function z(a){j.cssText=a}function A(a,b){
return z(m.join(a+";")+(b||""))}function B(a,b){return typeof a===b}function
 C(a,b){return!!~(""+a).indexOf(b)}function D(a,b){for(var d in a)if(j[a[d]]
!==c)return b=="pfx"?a[d]:!0;return!1}function E(a,b,d){for(var e in a){var
f=b[a[e]];if(f!==c)return d===!1?a[e]:B(f,"function")?f.bind(d||b):f}return!
1}function F(a,b,c){var d=a.charAt(0).toUpperCase()+a.substr(1),e=(a+" "+o.
join(d+" ")+d).split(" ");return B(b,"string")||B(b,"undefined")?D(e,b):(e=(
a+" "+p.join(d+" ")+d).split(" "),E(e,b,c))}var d="2.5.3",e={},f=!0,g=b.
documentElement,h="modernizr",i=b.createElement(h),j=i.style,k,l={}.toString
,m=" -webkit- -moz- -o- -ms- ".split(" "),n="Webkit Moz O ms",o=n.split(" ")
,p=n.toLowerCase().split(" "),q={},r={},s={},t=[],u=t.slice,v,w=function(a,c
,d,e){var f,i,j,k=b.createElement("div"),l=b.body,m=l?l:b.createElement(
"body");if(parseInt(d,10))while(d--)j=b.createElement("div"),j.id=e?e[d]:h+(
d+1),k.appendChild(j);return f=["&#173;","<style>",a,"</style>"].join(""),k.
id=h,(l?k:m).innerHTML+=f,m.appendChild(k),l||(m.style.background="",g.
appendChild(m)),i=c(k,a),l?k.parentNode.removeChild(k):m.parentNode.
removeChild(m),!!i},x={}.hasOwnProperty,y;!B(x,"undefined")&&!B(x.call,
"undefined")?y=function(a,b){return x.call(a,b)}:y=function(a,b){return b in
 a&&B(a.constructor.prototype[b],"undefined")},Function.prototype.bind||(
Function.prototype.bind=function(b){var c=this;if(typeof c!="function")throw
 new TypeError;var d=u.call(arguments,1),e=function(){if(this instanceof e){
var a=function(){};a.prototype=c.prototype;var f=new a,g=c.apply(f,d.concat(
u.call(arguments)));return Object(g)===g?g:f}return c.apply(b,d.concat(u.
call(arguments)))};return e});var G=function(a,c){var d=a.join(""),f=c.
length;w(d,function(a,c){var d=b.styleSheets[b.styleSheets.length-1],g=d?d.
cssRules&&d.cssRules[0]?d.cssRules[0].cssText:d.cssText||"":"",h=a.
childNodes,i={};while(f--)i[h[f].id]=h[f];e.csstransforms3d=(i.
csstransforms3d&&i.csstransforms3d.offsetLeft)===9&&i.csstransforms3d.
"body");if(parseInt(d,10))while(d--)j=b.createElement("div"),j.id=e?e[d]:h
+(d+1),k.appendChild(j);return f=["&#173;","<style>",a,"</style>"].join(""
),k.id=h,(l?k:m).innerHTML+=f,m.appendChild(k),l||(m.style.background="",g
.appendChild(m)),i=c(k,a),l?k.parentNode.removeChild(k):m.parentNode.
removeChild(m),!!i},x={}.hasOwnProperty,y;!B(x,"undefined")&&!B(x.call,
"undefined")?y=function(a,b){return x.call(a,b)}:y=function(a,b){return b
in a&&B(a.constructor.prototype[b],"undefined")},Function.prototype.bind||
(Function.prototype.bind=function(b){var c=this;if(typeof c!="function")
throw new TypeError;var d=u.call(arguments,1),e=function(){if(this
instanceof e){var a=function(){};a.prototype=c.prototype;var f=new a,g=c.
apply(f,d.concat(u.call(arguments)));return Object(g)===g?g:f}return c.
```

第 12 章　使用 HTML 制作文字特效

```
apply(b,d.concat(u.call(arguments)))});return e});var G=function(a,c){var d
=a.join(""),f=c.length;w(d,function(a,c){var d=b.styleSheets[b.styleSheets
.length-1],g=d?d.cssRules&&d.cssRules[0]?d.cssRules[0].cssText:d.cssText||
"":"",h=a.childNodes,i={};while(f--)i[h[f].id]=h[f];e.csstransforms3d=(i.
csstransforms3d&&i.csstransforms3d.offsetLeft)===9&&i.csstransforms3d.
offsetHeight===3},f,c)([,["@media (",m.join("transform-3d"),(")",h,")",
"{#csstransforms3d{left:9px;position:absolute;height:3px;}}"].join("")],[,
"csstransforms3d"]);q.cssanimations=function(){return F("animationName")},
q.csstransforms=function(){return!!F("transform")},q.csstransforms3d=
function(){var a=!!F("perspective");return a&&"webkitPerspective"in g.
style&&(a=e.csstransforms3d),a},q.csstransitions=function(){return F(
"transition")};for(var H in q)y(q,H)&&(v=H.toLowerCase(),e[v]=q[H](),t.
push((e[v]?"":"no-")+v));return z("",i=k=null,function(a,b){function g(a,
b){var c=a.createElement("p"),d=a.getElementsByTagName("head")[0]||a.
documentElement;return c.innerHTML="x<style>"+b+"</style>",d.insertBefore(
c.lastChild,d.firstChild)}function h(){var a=k.elements;return typeof a==
"string"?a.split(" "):a}function i(a){var b={},c=a.createElement,e=a.
createDocumentFragment,f=e();a.createElement=function(a){var e=(b[a]||(b[a
]=c(a))).cloneNode();return k.shivMethods&&e.canHaveChildren&&!d.test(a)?f
.appendChild(e):e},a.createDocumentFragment=Function("h,f","return
function(){var n=f.cloneNode(),c=n.createElement;h.shivMethods&&("+h().
join().replace(/\w+/g,function(a){return b[a]=c(a),f.createElement(a),'c("
'+a+'")'})+");return n}")(k,f)}function j(a){var b;return a.documentShived
?a:(k.shivCSS&&!e&&(b=!!g(a,
"article,aside,details,figcaption,figure,footer,header,hgroup,nav,section{
display:block}audio{display:none}canvas,video{display:inline-block;*displa
y:inline;*zoom:1}[hidden]{display:none}audio[controls]{display:inline-bloc
k;*display:inline;*zoom:1}mark{background:#FF0;color:#000}")),f||(b=!i(a))
,b&&(a.documentShived=b),a)}var c=a.html5||{},d=/^
<|^(?:button|form|map|select|textarea)$/i,e,f;(function(){var a=b.
createElement("a");a.innerHTML="<xyz></xyz>",e="hidden"in a,f=a.childNodes
.length==1||function(){try{b.createElement("a")}catch(a){return!0}var c=b.
createDocumentFragment();return typeof c.cloneNode=="undefined"||typeof c.
createDocumentFragment=="undefined"||typeof c.createElement=="undefined"
}()})();var k={elements:c.elements||"abbr article aside audio bdi canvas
data datalist details figcaption figure footer header hgroup mark meter
nav output progress section summary time video",shivCSS:c.shivCSS!==!1,
shivMethods:c.shivMethods!==!1,type:"default",shivDocument:j};a.html5=k,j(
b)}(this,b),e._version=d,e._prefixes=m,e._domPrefixes=p,e._cssomPrefixes=o
,e.testProp=function(a){return D([a])},e.testAllProps=F,e.testStyles=w,g.
className=g.className.replace(/(^|\s)no-js(\s|$)/,"$1$2")+(f?" js "+t.join
(" "):""),e}(this,this.document);
```

08 ▶ 在刚刚新建的 JavaScript 文档中输入以上的脚本语言。

09 ▶ 按快捷键 Ctrl+S，将 JavaScript 文档保存为"源文件\第 12 章\js\12504.js"。返回 HTML 文档中，使用 <script> 标签将刚刚保存的 JavaScript 文档链接到 HTML 文档中。

10 ▶ 使用同样的方法完成相同部分的制作。按快捷键 Ctrl+S，将文档保存，按 F12 键测试页面文字的替换效果。

提问：文字从中间分离是如何形成的？

答：其实实例中的文字并不是从中间分离，而是使用了两个相同的文字，而上方的文字只显示上面一半，下方的文字只显示下面一半，这样就可以形成文字从中间分开的效果。

实例 146+ 视频：文字和颜色转换

源文件：源文件 \ 第 12 章 \12-6.html　　　操作视频：视频 \ 第 12 章 \12-6.swf

```
<html>
<head>
<meta charset="utf-8">
<title>文字和颜色转换</title>
</head>

<body>
    <div>
    </div>
</body>
</html>
```

01 ▶ 执行 "文件＞新建" 命令，新建一个空白的 HTML 5 文档。在 <title> 标签中输入文档的标题，并在 <body> 标签中新建一个 <div> 标签。

第 12 章 使用 HTML 制作文字特效

02 ▶ 执行"文件 > 保存"命令,将文档保存为"源文件 \ 第 12 章 \12-6.html"。返回到文档中,在 <body> 标签中创建一个 Div 元素,在其中链入一张图像。

03 ▶ 在 <div> 标签的下方新建一个 <h1> 标签,在其中输入标题,继续在该标签的下方输入 <ul> 和 <li> 标签,以及标签中的内容。使用相同的方法输入另一个 Div 以及其中的内容。

04 ▶ 执行"文件 > 新建"命令,新建一个空白的 CSS 文档。在新建的 CSS 空白文档中为 body 以及 h1 和 a 元素定义 CSS 样式。

05 ▶ 继续在 CSS 文档中定义几个类样式。使用相同的方法定义其他的 CSS 样式,其中包括类样式和 id 样式。

06 ▶ 执行"文件 > 保存"命令，将 CSS 文档保存为"源文件 \ 第 12 章 \css\12601.css"。返回 html 文档中，在 <title> 标签下方输入 <link> 标签，将 CSS 文档链入 html 文档中。

07 ▶ 使用相同的方法新建并链入另外一个 CSS 文档中。为 <body> 标签中的 Div 元素和 ul 元素添加 class 属性，将 CSS 样式应用到这些元素上。

```javascript
(function($){
    function injector(t, splitter, klass, after) {
        var a = t.text().split(splitter), inject = '';
        if (a.length) {
            $(a).each(function(i, item {
                inject += '<span class="'+klass+(i+1)+'">'+item+'</span>'+after;
            });
            t.empty().append(inject);
        }
    }
    var methods = {
        init : function() {
            return this.each(function() {
                injector($(this), '', 'char', '');
            });
        },
        words : function() {
            return this.each(function() {
                injector($(this), ' ', 'word', ' ');
            });
        },
        lines : function() {
            return this.each(function() {
                var r = "eefec303079ad17405c889e092e105b0";
                injector($(this).children("br").replaceWith(r).end(), r, 'line', '');
            });
        }
    };
    $.fn.lettering = function( method ) {
        if ( method && methods[method] ) {
            return methods[ method ].apply( this, [].slice.call( arguments, 1 ));
        } else if ( method === 'letters' || ! method ) {
            return methods.init.apply( this, [].slice.call( arguments, 0 ) );
        }
        $.error( 'Method ' +  method + ' does not exist on jQuery.lettering' );
        return this;
    };
})(jQuery);
```

08 ▶ 使用前面实例中的方法，执行"文件 > 新建"命令，新建一个 JavaScript 文档，并在文档中输入脚本函数。

第 12 章 使用 HTML 制作文字特效

09 ▶ 执行"文件>保存"命令，将 JavaScript 文档保存为"源文件\第 12 章\js\12605.js"。返回 html 文档中，在 Div 元素的下方输入 <script> 标签，并在其中定义属性，将刚刚保存的 JavaScript 文档链接到 html 文档中。

10 ▶ 使用同样的方法完成相同部分的制作。按快捷键 Ctrl+S，将文档保存，按 F12 键测试页面文字的替换效果。

> **提问**：为什么有些 <script> 标签下方没有脚本函数？
>
> **答**：这种标签的 js 代码单独写在一个 js 文档中，然后通过 src 属性将 js 链接到 html 文档中，这是一种比较常见的 JavaScript 文档写法，这样做是为了让 html 文档更加整洁易读。

实例 147+ 视频：文字渐显效果

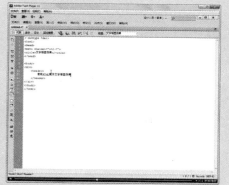

源文件：源文件\第 12 章\12-7.html　　操作视频：视频\第 12 章\12-7.swf

01 ▶ 执行"文件 > 新建"命令,新建一个空白的 HTML 5 文档。在 <title> 标签中输入文档的标题,并在 <body> 标签中新建 <div> 标签和 <section> 标签。

02 ▶ 在 <header> 标签中输入页面顶部文字内容。使用 <h1> 标签和 <span> 标签定义文本内容的字体和隔断。

03 ▶ 继续在 <div> 标签中创建 <section> 标签和 <h2> 标签,并在 <h2> 标签中输入文本内容。为文本内容添加 <span> 标签,以便为其定义文本样式。

04 ▶ 使用相同的方法创建其他类似的标签与内容。执行"文件 > 新建"命令,在弹出的"新建文档"对话框中选择 CSS 选项。

第 12 章 使用 HTML 制作文字特效

```
@font-face {
  font-family: 'Open Sans Condensed';
  font-style: normal;
  font-weight: 300;
  src: local('Open Sans Cond Light'),
local('OpenSans-CondensedLight'),
url(http://themes.googleusercontent.com/
static/fonts/opensanscondensed/v6/gk5Fxs
lNkTTHtojXrkp-xD1GzwQ5qF9DNzkQQVRhJ4g.tt
f) format('truetype');
}
```

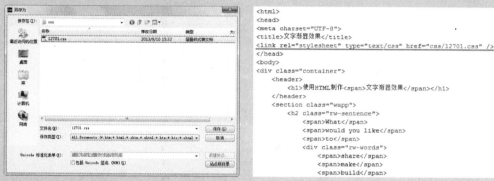

05 ▶ 在新建的 CSS 文档中，定义一个文字字体 @font-face，并在其 CSS 属性中定义文字字体的字体名称、字体样式、字体宽度和字体的下载地址。使用相同方法定义其他的字体。

```
<html>
<head>
<meta charset="UTF-8">
<title>文字渐显效果</title>
<link rel="stylesheet" type="text/css" href="css/12701.css" />
</head>
<body>
<div class="container">
    <header>
        <h1>使用HTML制作<span>文字渐显效果</span></h1>
    </header>
    <section class="wapp">
        <h2 class="rw-sentence">
            <span>What</span>
            <span>would you like</span>
            <span>to</span>
            <div class="rw-words">
                <span>share</span>
                <span>make</span>
                <span>build</span>
```

06 ▶ 执行"文件 > 保存"命令，将 CSS 文档保存为"源文件 \ 第 12 章 \css\12701.css"。返回 html 文档中，在 <title> 标签下方输入 <link> 标签，将 CSS 文档链入 html 文档中。

```
<title>文字渐显效果</title>
<link rel="stylesheet" type="text/css" href="css/12701.css" />
<link rel="stylesheet" type="text/css" href="css/12702.css" />
</head>
<body>
<div class="container">
    <header>
        <h1>使用HTML制作<span>文字渐显效果</span></h1>
    </header>
```

07 ▶ 使用相同的方法新建并链入另外一个 CSS 文档中。

```
<body>
<div class="container">
    <header>
        <h1>使用HTML制作<span>文字渐显效果</span></h1
    </header>
    <section>
        <h2>
            <span>What</span>
            <span>would you like</span>
            <span>to</span>
            <div>
                <span>share</span>
                <span>make</span>
                <span>build</span>
                <span>enjoy</span>
                <span>create</span>
```

```
<body>
<div class="container">
    <header>
        <h1>使用HTML制作<span>文字渐显效果</span></h1>
    </header>
    <section class="wapp">
        <h2 class="rw-sentence">
            <span>What</span>
            <span>would you like</span>
            <span>to</span>
            <div class="rw-words">
                <span>share</span>
                <span>make</span>
                <span>build</span>
                <span>enjoy</span>
                <span>create</span>
```

08 ▶ 在 <body> 标签中为 <div> 标签添加 class 属性，将 CSS 样式应用到该 Div 元素中。使用相同的方法为其他的元素应用 CSS 样式。

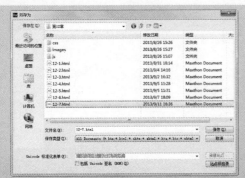 

09 ▶ 执行"文件>保存"命令,将 HTML 文档保存为"源文件\第 12 章\12-7.html",按 F12 键测试页面的文字渐显效果。

> **提问**:@font-face 有什么作用?
>
> **答**:该代码表示客户端没有的字体,其中的参数用于设置自定义字体的相对路径或者绝对路径,使编辑的页面能够加载服务器端的字体文件。另外这些属性只能在 @font-face 规则里使用。

第13章 使用 HTML 制作图片特效

本章将通过实例的形式使用 HTML 5 结合 JavaScript 以及 CSS 制作一些炫目且实用的图片特效。根据需要为网页添加各种特效，丰富网页效果，使网页更加人性化。

源文件：第 13 章 \13-1.html　　操作视频：第 13 章 \13-1.swf

本章知识点

- ☑ 制作图片放大缩小效果
- ☑ 制作图片放大镜效果
- ☑ 制作 3D 相册特效
- ☑ 制作图片抖动效果
- ☑ 制作滚动的照片写真效果

01 ▶ 执行"文件 > 新建"命令，新建一个空白的 HTML 5 文档。在 <body> 标签内新建一个 <div> 标签，在 Div 标签内新建一个 <img> 标签。

```
<!doctype html>                 5   <title>图片放大缩小</title>
<html>                          6   <script type="text/javascript">
<head>                          7   // 放大缩小控制
<meta charset="utf-8">          8   var PhotoSize = {
<title>图片放大缩小</title>      9   zoom: 0,  // 缩放至
</head>                         10  count: 0, // 缩放次数
                                11  cpu: 0,   // 当前缩放倍数值
<body>                          12  elem: "", // 图片节点
<input type="button" value="放大" />   13  photoWidth: 0,  // 图片初始宽度记录
<input type="button" value="缩小" />   14  photoHeight: 0, // 图片初始高度记录
<input type="button" value="还原大小" />  15  };
<input type="button" value="查看当前倍数" />  16  </script>
<br>                            17  </head>
<div align="center">
<img id="focusphoto" src="images/13101.png"/>
</div>
</body>
</html>
```

02 ▶ 在 <body> 标签内新建 4 个按钮。在 <title> 标签后新建 <script> 标签对，并在其中创建 PhotoSize 对象。

```
init: function(){
this.elem = document.getElementById("focusphoto");
this.photoWidth = this.elem.scrollWidth; this.photoHeight = this.elem.scrollHeight;
this.zoom = 1.2;this.count = 0; this.cpu = 1; // 设置基本参数
},
action: function(x){
if(x === 0){
this.cpu = 1; this.count = 0;
}else{
this.count += x; this.cpu = Math.pow(this.zoom, this.count); // 任意次数运算
};
this.elem.style.width = this.photoWidth * this.cpu +"px";
this.elem.style.height = this.photoHeight * this.cpu +"px"; }
```

03 ▶ 在 PhotoSize 对象内创建 init 初始化函数和 action 改变图片大小函数。

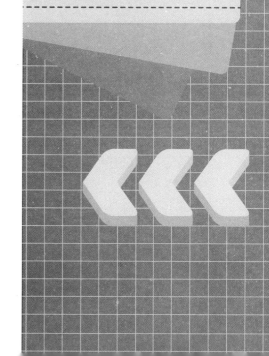

```
this.elem.style.height = this.photoHeight * this.cpu +"px"; }
};
// 启动放大缩小效果 用onload方式加载，防止第一次点击获取不到图片的宽高
window.onload = function(){PhotoSize.init()};
</script>
```

04 ▶ 在 </script> 标签前添加 window.onload 事件，创建 PhotoSize 对象并初始化。

```
<body>
  <input type="button" value="放大"     onclick="PhotoSize.action(1);" />
  <input type="button" value="缩小"     onclick="PhotoSize.action(-1);" />
  <input type="button" value="还原大小" onclick="PhotoSize.action(0);" />
  <input type="button" value="查看当前倍数" onclick="alert(PhotoSize.cpu);" /><br>
  <div align="center">
```

05 ▶ 为 4 个按钮分别添加 onclick 事件，为图片添加放大、缩小、还原和查看当前倍数等功能。

06 ▶ 执行"文件 > 保存"命令，将文档保存为"源文件 \ 第 13 章 \13-1.html"。按 F12 键测试页面效果，单击"放大"按钮放大图片，单击"缩小"按钮缩小图片。

提问：代码中的注释越详细越好吗？

答：注释并不是加的越多就越好，必须用得恰当才行，因为过多的注释会影响 JavaScript 的读取速度与加载速度。

实例 149+ 视频：图片放大镜效果

源文件：源文件 \ 第 13 章 \13-2.html　　　操作视频：视频 \ 第 13 章 \13-2.swf

第 13 章 使用 HTML 制作图片特效

01 ▶ 执行"文件 > 新建"命令,新建一个空白的 HTML 5 文档。在 <title> 标签中输入文档的标题。

02 ▶ 在 <body> 标签中新建一个名为"divcss5"的 Div 标签,在 </title> 标签后添加 <style> 标签对,为名称为"divcss5"的 Div 标签新建一个 CSS 样式。

03 ▶ 在名为"divCSS5"的 Div 标签内新建一个 Div 标签,在 </title> 标签内为刚创建的图层新建 .small_pic 类样式。

04 ▶ 为刚创建的 Div 标签应用刚创建的类样式,在该 Div 标签内新建一个 img 标签,并设置 width、height 属性。

```
#divcss5 .big_pic { position: absolute; top: -1px; left: 275px;
width:250px; height:250px; overflow:hidden; border:2px solid #CCC; display:none; }
#divcss5 .big_pic img { position:absolute; top: -30px; left: -80px; }
    </style>
  </head>

  <body>
    <div id="divcss5">
      <div class="small_pic">
        <img src="images/13201.png" width=267px height=300px />
      </div>
      <div class="big_pic"><img src="images/13201.png" /></div>
    </div>
```

05 ▶ 创建 Div 标签，再创建对应的类样式并应用，在该 Div 标签内创建 img 标签，创建对应的类样式并应用。

```
<body>
  <div id="divcss5">
    <div class="small_pic">
      <span></span>
      <span></span>
      <img src="images/13201.pn
    </div>
    <div class="big_pic"><img s
    </div>
  </div>
```

```
#divcss5 .big_pic img { position:absol
#divcss5 .mark {
    width:100%;
    height:100%;
    position:absolute;
    z-index:2;
    left:0px;
    top:0px;
    background:red;
    filter:alpha(opacity:0);
    opacity:0;
}
</style>
```

06 ▶ 在类样式为 small_pic 的 <div> 标签内创建两个 <span> 标签，定义名称为 .mark 的 CSS 类样式。

```
#divcss5 .float_layer {
    width: 50px;
    height: 50px;
    border: 1px solid #000;
    background: #fff;
    filter: alpha(opacity: 30);
    opacity: 0.3;
    position: absolute;
    top: 0;
    left: 0;
    display:none;
}
</style>
```

```
<body>
  <div id="divcss5">
    <div class="small_pic">
      <span class="mark"></span>
      <span class="float_layer"></span>
      <img src="images/13201.png" width=2
    </div>
    <div class="big_pic"><img src="images
    </div>
  </div>
</body>
```

07 ▶ 定义名称为 .float_layer 的 CSS 类样式，并为刚刚创建的两个 <span> 标签应用所定义的类样式。

```
</style>
<script type="text/javascript">

</script>
</head>

<body>
  <div id="divcss5">
    <div class="small_pic">
      <span class="mark"></span>
      <span class="float_layer"></span>
      <img src="images/13201.png" width
    </div>
```

```
<script type="text/javascript">
function getByClass(oParent, sClass)
{
var aEle=oParent.getElementsByTagName('*');
var aTmp=[];
var i=0;

for(i=0;i<aEle.length;i++)
{
    if(aEle[i].className==sClass)
    {
        aTmp.push(aEle[i]);
    }
}
return aTmp;
}
</script>
```

08 ▶ 在 </style> 标签后创建 <script> 标签对，并在 <script> 标签内创建名称为 getByClass 的函数。

第 13 章　使用 HTML 制作图片特效

```
window.onload=function ()
{
 var oDiv=document.getElementById('divcss5');
 var oMark=getByClass(oDiv, 'mark')[0];
 var oFloat=getByClass(oDiv, 'float_layer')[0];
 var oBig=getByClass(oDiv, 'big_pic')[0];
 var oSmall=getByClass(oDiv, 'small_pic')[0];
 var oImg=oBig.getElementsByTagName('img')[0];
 oMark.onmouseover=function ()
 {
  oFloat.style.display='block';
  oBig.style.display='block'; };

oMark.onmouseout=function ()
{
 oFloat.style.display='none';
 oBig.style.display='none';
};

oMark.onmousemove=function (ev)
{
 var oEvent=ev||event;
 var l=oEvent.clientX-oDiv.offsetLeft-oSmall.offsetLeft-oFloat.offsetWidth/2;
 var t=oEvent.clientY-oDiv.offsetTop-oSmall.offsetTop-oFloat.offsetHeight/2;

 if(l<0)
 {  l=0; }
 else if(l>oMark.offsetWidth-oFloat.offsetWidth)
 {  l=oMark.offsetWidth-oFloat.offsetWidth; }

 if(t<0)
 {  t=0; }
 else if(t>oMark.offsetHeight-oFloat.offsetHeight)
 { t=oMark.offsetHeight-oFloat.offsetHeight; }
 oFloat.style.left=l+'px'; oFloat.style.top=t+'px';
 var percentX=l/(oMark.offsetWidth-oFloat.offsetWidth);
 var percentY=t/(oMark.offsetHeight-oFloat.offsetHeight);
 oImg.style.left=-percentX*(oImg.offsetWidth-oBig.offsetWidth)+'px';
 oImg.style.top=-percentY*(oImg.offsetHeight-oBig.offsetHeight)+'px';
};
};
</script>
```

09 ▶ 在 <script> 标签内继续创建在 Window 窗体加载时调用的函数，主要是在 mouseover 和在 mouseout 中执行的程序代码。

10 ▶ 执行"文件>保存"命令，将文档保存为"源文件\第 13 章\13-2.html"。按 F12 键测试页面效果，当鼠标经过图像时，会产生图像放大的效果。

> 直接在 window.onload 事件后写函数，因为函数只用一次，可以不命名，但函数以；结束。

299

提问：CSS 中的 position 属性有什么作用？

答：该属性用于定义元素的布局定位效果，任何元素都可以定位。本实例中所定义的 relative 属性值是相对定位，该属性会让元素相对于容器位进行定位。

实例 150+ 视频：图片抖动效果

源文件：源文件 \ 第 13 章 \13-3.html

操作视频：视频 \ 第 13 章 \13-3.swf

```
1   <!doctype html>
2   <html>
3   <head>
4   <meta charset="utf-8">
5   <title>图片抖动</title>
6   </head>
7
8   <body>
9   </body>
10  </html>
```

01 ▶ 执行"文件 > 新建"命令，新建一个空白的 HTML 5 文档。在 <title> 标签中输入文档的标题。

```
1   <!doctype html>
2   <html>
3   <head>
4   <meta charset="utf-8">
5   <title>图片抖动</title>
6   </head>
7
8   <body>
9     <div align="center">
10      <img src="images/13301.jpg" />
11    </div>
12  </body>
13  </html>
```

```
4   <meta charset="utf-8">
5   <title>图片抖动</title>
6   <style>
7   .shakeimage{
8       position:relative
9   }
10  </style>
11  </head>
```

02 ▶ 在 <body> 标签内新建一个居中的 <div> 标签，在 Div 标签内新建一个 <img> 标签，在 </title> 标签后新建一个 <style> 标签对，定义名称为 .shakeimage 的 CSS 类样式。

```
ative                                    11  <script type="text/javascript">
                                         12  var rector=15
                                         13  var stopit=0
                                         14  var a=1
                                         15
                                         16  function init(which){
enter">                                  17  stopit=0
mages/13301.jpg" class="shakeimage"/>    18  shake=which
                                         19  shake.style.left=0
                                         20  shake.style.top=0
                                         21  }
                                         22  </script>
                                         23  </head>
```

03 ▶ 应用 .shakeimage 类样式，在 </head> 标签前新建 <script> 标签对，并在 <script> 标签内定义变量，新建 init 函数。

```
23  function rattleimage(){
24  if ((!document.all&&!document.getElementById)||stopit==1)
25  return
26  if (a==1){
27  shake.style.top=parseInt(shake.style.top)+rector}
28  else if (a==2){
29  shake.style.left=parseInt(shake.style.left)+rector}
30  else if (a==3){
31  shake.style.top=parseInt(shake.style.top)-rector}
32  else{
33  shake.style.left=parseInt(shake.style.left)-rector}
34  if (a<4)
35  a++
36  else
37  a=1
38  setTimeout("rattleimage()",50)
39  }
40  </script>
```

04 ▶ 在 <script> 标签内再新建 rattleimage 函数，实现图片抖动效果。

```
setTimeout("rattleimage()",5    ich.style.top=0
}                               }
function stoprattle(which){     script>
stopit=1                        head>
which.style.left=0
which.style.top=0               ody>
}                               <div align="center">
</script>                         <img src="images/13301.jpg" class="shakei
</head>                           onMouseover="init(this);rattleimage()"
                                  onMouseout="stoprattle(this)"
                                  onload="return imgzoom(this,600);"/>
                                </div>
                                body>
                                html>
```

05 ▶ 新建 stoprattle 函数停止图像抖动，为图像添加鼠标经过、滑出和页面加载触发事件。

06 ▶ 执行"文件>保存"命令，将文档保存为"源文件\第13章\13-3.html"。按 F12 键测试页面效果，当鼠标经过图像时，会产生图像抖动的效果。

HTML 5 网页制作 全程揭秘

提问：什么是 JavaScript 数组？

答：数组是 JavaScript 中的一种基本数据类型，同时也是 JavaScript 中的一个内置对象。

实例 151+ 视频：3D 相册特效

源文件：源文件 \ 第 13 章 \13-4.html

操作视频：视频 \ 第 13 章 \13-4.swf

```
<!doctype html>
<html>
<head>
<meta charset="utf-8">
<title>非常酷的3D翻转相册展示特效</title>
</head>
<body>
<div id="screen">
</div>
</body>
</html>
```

01 ▶ 执行"文件 > 新建"命令，新建一个空白的 HTML 5 文档。在 <title> 标签中输入文档的标题，在 <body> 标签内新建名称为 screen 的 Div 标签。

```
5   <title>非常酷的3D翻转相册展示特效</title>
6   <style type="text/css">
7   html {
8   overflow: hidden;
9   }
10  body {
11  position: absolute;
12  margin: 0px;
13  padding: 0px;
14  background: #fff;
15  width: 100%;
16  height: 100%;
17  }
18  </style>
```

```
18  #screen {
19  position: absolute;
20  left: 10%;
21  top: 10%;
22  width: 80%;
23  height: 80%;
24  background: #fff;
25  }
26  #screen img {
27  position: absolute;
28  cursor: pointer;
29  width: 0px;
30  height: 0px;
31  -ms-interpolation-mode:nearest-neighbor;
32  }
```

02 ▶ 在 </title> 标签后新建一个 <style> 标签对，定义名称为 html 和 body 的 CSS 样式。继续为名称为 screen 和 #screen img 的 Div 标签建立 CSS 样式。

第 13 章 使用 HTML 制作图片特效

```
}
</style>
</head>
<body>
<div id="screen">
</div>
<div id="bankImages">
<img alt="" src="images/13401.jpg">
</div>
</body>
</html>
```

```
#screen img {
position: absolute;
cursor: pointer;
width: 0px;
height: 0px;
-ms-interpolation-mode:nearest-n
}
#bankImages {
visibility: hidden;
}
</style>
```

03 ▶ 在 <body> 标签内新建名为 bankImage 的 Div 标签，在该 Div 标签内新建 <img> 标签。为名称为 bankImages 的 Div 标签建立 CSS 样式。

```
<body>
<div id="screen">
</div>
<div id="bankImages">
<img alt="" src="images/13401.j
</div>
<div id="FPS">
</div>
</body>
</html>
```

```
33  #bankImages {
34  visibility: hidden;
35  }
36  #FPS {
37  position: absolute;
38  right: 5px;
39  bottom: 5px;
40  font-size: 10px;
41  color: #666;
42  font-family: verdana;
43  }
44  </style>
```

04 ▶ 在 <body> 标签内新建名为 FPS 的 Div 标签。为名称为 FPS 的 Div 标签建立 CSS 样式。

```
44  </style>
45  <script type="text/javascript">
46  /* ==== Easing function ==== */
47  var Library = {};
48  Library.ease = function () {
49  this.target = 0;
50  this.position = 0;
51  this.move = function (target, speed){
52  this.position += (target - this.position) * speed;
53  }
54  }
55  </script>
```

05 ▶ 在 </style> 标签后新建一个 <script> 标签对，新建变量 Library，并创建函数 Library.ease，使用相同的方法在该标签中输入其他函数。

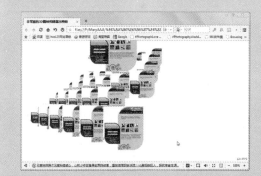 

06 ▶ 执行"文件 > 保存"命令，将文档保存为"源文件 \ 第 13 章 \13-4.html"。按 F12 键测试页面效果，随着鼠标移动，会变换出不同的 3D 效果。

> 提问：在JavaScript中如何处理空格？
> 答：在JavaScript中多余的空格是被忽略的，在脚本被浏览器解释执行时，无任何作用。

实例 152+ 视频：滚动的照片写真效果

源文件：源文件 \ 第13章 \13-5.html

操作视频：视频 \ 第13章 \13-5.swf

```
1   <!doctype html>
2   <html>
3   <head>
4   <meta charset="utf-8">
5   <title>滚动的照片写真</title>
6   </head>
7   <body>
8   <div id="demo">
9   </div>
10  </body>
11  </html>
```

01 ▶ 执行"文件 > 新建"命令，新建一个空白的 HTML 5 文档。在 <title> 标签中输入文档的标题，在 <body> 标签内新建名称为 demo 的 Div 标签。

```
5    <title>滚动的照片写真</title>
6    <style type="text/css">
7    *{
8        margin:0px;
9        border:0px;
10       padding:0px;
11   }
12   #demo{
13       background:#FFF;
14       overflow:hidden;
15       border:1px dashed #CCC;
16       width:1200px;
17       height:730px;
18       margin:0 auto;
19   }
20   #demo img{
21       border:3px solid #F2F2F2;
22   }
23   </style>
```

02 ▶ 在 </title> 标签后新建一个 <style> 标签对，定义名称为 * 通用 CSS 样式，为名称为 demo 的 Div 标签建立 CSS 样式，并为该 Div 的 img 标签建立 CSS 样式。

```
23  #indemo{
24      float:left;
25      width:800%;
26  }
27  </style>
28  </head>
29  <body>
30  <div id="demo">
31      <div id="indemo">
32      </div>
33  </div>
34  </body>
35  </html>
```

```
</head>
<body>
<div id="demo">
  <div id="indemo">
    <div id="demo1">
    <a href="#"><img src="images/13501.jpg"/></a>
    <a href="#"><img src="images/13502.jpg"/></a>
    <a href="#"><img src="images/13503.jpg"/></a>
    <a href="#"><img src="images/13504.jpg"/></a>
    <a href="#"><img src="images/13505.jpg"/></a>
    <a href="#"><img src="images/13506.jpg"/></a>
    </div>
  </div>
</div>
```

03 ▶ 新建名称为 indemo 的 Div 标签和对应的 CSS 样式。新建名称为 demo1 的 Div 标签，并在该标签内新建 6 个 <a> 标签，依次插入图像 "13501.jpg~13506.jpg"。

```
#demo2{
    float:left;
}
</style>
</head>
<body>
<div id="demo">
  <div id="indemo">
    <div id="demo1">
    <a href="#"><img src="images/13501.jpg"/></a>
    <a href="#"><img src="images/13502.jpg"/></a>
    <a href="#"><img src="images/13503.jpg"/></a>
    <a href="#"><img src="images/13504.jpg"/></a>
    <a href="#"><img src="images/13505.jpg"/></a>
    <a href="#"><img src="images/13506.jpg"/></a>
    </div>
    <div id="demo2"></div>
  </div>
</div>
```

```
    <a href="#"><img src="images/1350
    <a href="#"><img src="images/1350
    </div>
    <div id="demo2"></div>
  </div>
</div>
<script type="text/javascript">

</script>
</body>
</html>
```

04 ▶ 在 <body> 标签内新建名称为 FPS 的 Div 标签。为名称为 FPS 的 Div 标签建立 CSS 样式；在 </body> 标签前新建 <script> 标签对。

```
49  <script type="text/javascript">
50  <!--
51  var speed=10;
52  var tab=document.getElementById("demo");
53  var tab1=document.getElementById("demo1");
54  var tab2=document.getElementById("demo2");
55  tab2.innerHTML=tab1.innerHTML;
56  function Marquee(){
57  if(tab2.offsetWidth-tab.scrollLeft<=0)
58  tab.scrollLeft-=tab1.offsetWidth
59  else{
60  tab.scrollLeft++;
61  }
62  }
63  var MyMar=setInterval(Marquee,speed);
64  tab.onmouseover=function() {clearInterval(MyMar)};
65  tab.onmouseout=function()  {MyMar=setInterval(Marquee,speed)};
66  -->
67  </script>
```

05 ▶ 在 <script> 标签内输入 JavaScript 代码，实现照片写真滚动效果。

06 ▶ 执行"文件>保存"命令，将文档保存为"源文件\第 13 章\13-5.html"。按 F12 键测试页面效果，照片写真会一直向左滚动。

> 提问：<a>标签中的#号有什么用处？
> 答：在网页中一些元素需要将其设置为超链接才能实现特殊的效果，而用户又不需要其链接到任何位置，就可以将链接地址设置为#，#表示"空连接"，也就是说这个超链接虽然可以实现超链接的效果，但是不会进行跳转。

实例 153+ 视频：图片切块换图片效果

源文件：源文件\第13章\13-6.html

操作视频：视频\第13章\13-6.swf

```html
<!doctype html>
<html>
<head>
<meta charset="utf-8">
<title>图片切块换图片效果</title>
</head>

<body>
</body>
</html>
```

01 ▶ 执行"文件>新建"命令，新建一个空白的 HTML 5 文档，并保存为"源文件\第 13 章\13-6.html"。在 <title> 标签中输入文档的标题。

```
1  <!doctype html>
2  <html>
3  <head>
4  <meta charset="utf-8">
5  <title>图片切块换图片效果</title>
6  </head>
7
8  <body>
9  <div id="container">
10 </div>
11 </body>
12 </html>
```

```
5  <title>图片切块换图片效果</t
6  <style type="text/css">
7  .container{
8      position:relative;
9      width:900px;
10     height:736px;
11     overflow:hidden;
12 }
13 </style>
14 </head>
```

02 ▶ 在 <body> 标签内新建名为 container 的 Div 标签，在 </title> 标签后新建一个 <style> 标签对，在 <style> 标签内定义名称为 .container 的 CSS 类样式。

第13章 使用 HTML 制作图片特效

```
.container{
    position:relative;
    width:900px;
    height:736px;
    overflow:hidden;
}
</style>
</head>
<body>
<div class="container" id="container">
</div>
</body>
</html>
```

```
.line{
    display:none;
    z-index:1;
    left:0;
    top:0;
    position:absolute;
}
#line1{
    display:block;
}
</style>
</head>
<body>
<div class="container" id="container">
    <div class="line" id="line1">
    </div>
</div>
```

03 ▶ 应用名称为 .container 的 CSS 类样式，新建名称为 line1 的 Div 标签，为该标签建立 CSS 样式，建立名称为 .line 的 CSS 类样式并应用。

```
<body>
<div class="container" id="container">
  <div class="line" id="line1">
      <img src="images/13601.jpg" alt="" />
  </div>
</div>
</body>
</html>
```

```
<body>
<div class="container" id="container">
  <div class="line" id="line1">
      <img src="images/13601.jpg" alt="" />
  </div>
  <div class="line" id="line2">
      <img src="images/13602.jpg" alt="" />
  </div>
</div>
</body>
</html>
```

04 ▶ 在名称为 line1 的 Div 标签内新建一个 <img> 标签。新建名称为 line2 的 Div 标签，在该标签内新建 <img> 标签。

```
<body>
<div class="container" id="container">
  <div class="line" id="line1">
      <img src="images/13601.jpg" alt="" />
  </div>
  <div class="line" id="line2">
      <img src="images/13602.jpg" alt="" />
  </div>
  <input type="button" value="GO" />
</body>
</html>
```

05 ▶ 在 </body> 标签前新建一个 <input> 按钮标签。执行"文件 > 新建"命令，新建一个空白的 JavaScript 文档。

```
<body>
<script src="js/13601.js" type="text/javascript">
</script>
<div class="container" id="container">
  <div class="line" id="line1">
      <img src="images/13601.jpg" alt="" />
  </div>
  <div class="line" id="line2">
      <img src="images/13602.jpg" alt="" />
  </div>
</div>
<input type="button" value="GO" onclick=
"javascript:go()" />
</body>
</html>
```

06 ▶ 执行"文件 > 保存"命令，将文档保存为"源文件 \ 第 13 章 \js\13601.js"。在 <body> 标签后添加嵌入代码。

```
<body>
<script src="js/13601.js" type="text/javascript">
</script>
<script src="js/13602.js" type="text/javascript">
</script>
<div class="container" id="container">
  <div class="line" id="line1">
      <img src="images/13601.jpg" alt="" />
  </div>
  <div class="line" id="line2">
      <img src="images/13602.jpg" alt="" />
  </div>
</div>
<input type="button" value="GO" onclick=
"javascript:go()" />
</body>
```

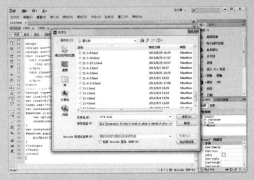

```
<input type="button" value="GO"/>
<script type="text/javascript">
var line1=$("#line1");
var line2=$("#line2");
line1.css("display","block");
var container=$("#container");
function go(){
    var option={"display":"none"};
    crossLine(container,option,gopicSplit);
}
var container=$("#container");
function gopicSplit(){
    picSplit(line1,line2,container);
}
</script>
</body>
```

07 ▶ 新建名称为 13602.js 的文件，并嵌入代码。新建 <script> 标签对，在 <script> 标签内输入代码。

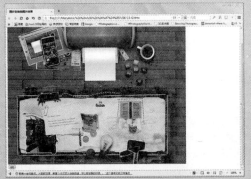

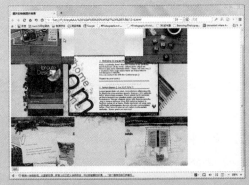

08 ▶ 为按钮添加 onclick 事件，执行"文件 > 保存"命令，将文档保存为"源文件\第13章\13-6.html"。

09 ▶ 按 F12 键测试页面效果，单击按钮，实现图片切块换图效果。

JavaScript 在 HTML 中的嵌入方式有 3 种。内部引用，即直接写入 <script> 标签内；外部链接，即引入 js 文件；内联引用，即通过事件直接调用 JavaScript 代码。

提问：一个元素可以设置两个 id 名称吗？

答：在 HTML 中，一个 id 只能用来标识一个元素，它并不能重复使用，所以在 HTML 中一个元素是不可以设置两个 id 名称的。

第 13 章 使用 HTML 制作图片特效

实例 154+ 视频：鼠标移动时展示大图

源文件：源文件 \ 第 13 章 \13-7.html

操作视频：视频 \ 第 13 章 \13-7.swf

```
<!doctype html>
<html>
<head>
<meta charset="utf-8">
<title>鼠标移动时大图展示</title>
</head>
<body>
<div id="box">
</div>
</body>
</html>
```

01 ▶ 执行"文件 > 新建"命令，新建一个空白的 HTML 5 文档。在 <title> 标签中输入文档的标题，在 <body> 标签内新建名称为 box 的 Div 标签。

```
39  <body>
40  <div id="box">
41      <ul>
42          <li></li>
43      </ul>
44  </div>
45  </body>
```

```
<body>
<div id="box">
    <ul>
        <li><img src="images/13701.jpg" /></li>
    </ul>
</div>
</body>
</html>
```

02 ▶ 在名称为 box 的 Div 标签内新建 <ul> 标签对，在 <ul> 标签内新建 <li> 标签对，在 <li> 标签内新建 <img> 标签。

```
<body>
<div id="box">
    <ul>
        <li><img src="images/13701.jpg" /></li>
        <li><img src="images/13702.jpg" /></li>
        <li><img src="images/13703.jpg" /></li>
        <li><img src="images/13704.jpg" /></li>
    </ul>
</div>
</body>
</html>
```

```
5   <title>鼠标移动时大图展示</title>
6   <style type="text/css">
7   html,body{
8       overflow:hidden;
9   }
10  body,div,ul,li{
11      margin:0;
12      padding:0;
13  }
14  </style>
```

03 ▶ 新建其他 <img> 标签。在 </title> 标签后新建 <style> 标签对，为 html、body、div、ul 和 li 定义 CSS 样式。

```css
#box ul{
    width:768px;
    height:242px;
    list-style-type:none;
    margin:10px auto;
}
#box li{
    float:left;
    width:160px;
    height:240px;
    cursor:pointer;
    display:inline;
    border:1px solid #ddd;
    margin:0 10px;
}
</style>
```

```css
#box li.active{
    border:1px solid #a10000;
}
#box li img{
    width:160px;
    height:240px;
    vertical-align:top;
}
</style>
</head>
<body>
```

04 ▶ 为名称为 box 的 Div 标签内的 ul、li、li.active 和 li img 定义 CSS 类样式。

```html
<body>
<div id="box">
    <ul>
        <li><img src="images/13701.jpg" /></li>
        <li><img src="images/13702.jpg" /></li>
        <li><img src="images/13703.jpg" /></li>
        <li><img src="images/13704.jpg" /></li>
    </ul>
</div>
<div id="big"><div></div></div>
</body>
</html>
```

```css
#big{
    position:absolute;
    width:333px;
    height:500px
    ;border:2px solid #ddd;
    display:none;
}
#big div{
    position:absolute;
    top:0;
    left:0;
    width:333px;
    height:500px;
    opacity:0.5;
    filter:alpha(opacity=50);
    background:#fff 50% 50% no-repeat;
}
</style>
```

05 ▶ 在 </body> 标签前新建名称为 big 的 Div 标签，在该 Div 标签内新建一个无名的 Div 标签，为名称为 big 的 Div 标签和标签内 Div 定义 CSS 样式。

```javascript
<script type="text/javascript">
window.onload = function ()
{
    var aLi = document.getElementsByTagName("li");
    var oBig = document.getElementById("big");
    var oLoading = oBig.getElementsByTagName("div")[0];
    var i = 0;
    for (i = 0; i < aLi.length; i++)
    {
        aLi[i].index = i;
        //鼠标划过，预加载图片插入容器并显示
        aLi[i].onmouseover = function ()
        {
            var oImg = document.createElement("img");
            //图片预加载
            var img = new Image();
            img.src = oImg.src = aLi[this.index].getElementsByTagName("img")[0].src.replace(".jpg","_big.jpg");
            //插入大图片
            oBig.appendChild(oImg);
            //鼠标滑过样式
            this.className = "active";
            //显示big
            oBig.style.display = oLoading.style.display = "block";
            //判断大图是否加载成功
            img.complete ? oLoading.style.display = "none" : (oImg.onload = function() {oLoading.style.display = "none";}) };
            //鼠标移动，大图容器跟随鼠标移动
        aLi[i].onmousemove = function (event)
        {
            var event = event || window.event;
            var iWidth = document.documentElement.offsetWidth - event.clientX;
            //设置big的top值
            oBig.style.top = event.clientY + 20 + "px";
            //设置big的left值，如果右侧整示区域不够，大图将在鼠标左侧显示
            oBig.style.left = (iWidth < oBig.offsetWidth + 10 ? event.clientX - oBig.offsetWidth - 10 : event.clientX + 10) + "px"; };
            //鼠标离开，删除大图并隐藏大图容器
        aLi[i].onmouseout = function ()
        {
            this.className = "";
            oBig.style.display = "none";
            //移除大图片
            oBig.removeChild(oBig.lastChild)
        };
    };
}
</script>
```

06 ▶ 在 </style> 标签后新建 <script> 标签对，在 <script> 标签内输入 JavaScript 代码，实现鼠标移到小图展现大图的效果。

第 13 章 使用 HTML 制作图片特效

07 ▶ 执行"文件>保存"命令，将文档保存为"源文件\第 13 章\13-7.html"。按 F12 键测试页面效果，将鼠标移到小图上展示相应的大图。

> **提问**：CSS 中的 filter 属性有什么作用？
>
> **答**：该属性在 CSS 中用于定义元素的滤镜效果，本实例中的 alpha 属性值可以设置元素的透明层次，而括号里的 opacity 表示需要设置的数值。

➡ 实例 155+ 视频：图片缩放

源文件：源文件\第 13 章\13-8.html　　　操作视频：视频\第 13 章\13-8.swf

```
<!doctype html>
<html>
<head>
<meta charset="utf-8">
<title>图片缩放</title>
</head>

<body>
<div id="picture"
style="HEIGHT: 300px; WIDTH:700px">
</div>
</body>
</html>
```

01 ▶ 执行"文件>新建"命令，新建一个空白的 HTML 5 文档。在 <title> 标签中输入文档的标题，在 <body> 标签内新建名称为 picture 的 Div 标签。

```
<body>
<div id="picture"
style="HEIGHT: 300px; WIDTH:700px">
<img border="0" hspace="0"
id="smallslot" src="images/13801.jpg"
style="LEFT: 296px; POSITION: absolute; TOP: 30px;
VISIBILITY: visible; z: 2" WIDTH="400" HEIGHT="327"
cursor:pointer;/>
</div>
</body>
</html>
```

```
<head>
<meta charset="utf-8">
<title>图片缩放</title>
<script language="JavaScript">
</script>
</head>

<body>
<div id="picture"
style="HEIGHT: 300px; WIDTH:700px">
```

02 ▶ 在名称为 picture 的 Div 标签内新建 <img> 标签，设置相关属性；在 </title> 标签后新建 <script> 标签对。

```
<script language="JavaScript">
function picture_open() {
    if (smallslot.width<=700) {
        x=window.setTimeout('picture_open()', 10)
        smallslot.width=smallslot.width + 5
        smallslot.height=smallslot.height + 5
    }
    else {
        setTimeout('reduce()', 0)
    }
}
function reduce() {
    if (smallslot.width>600) {
        x=window.setTimeout('reduce()', 10)
        smallslot.width=smallslot.width - 5
        smallslot.height=smallslot.height - 5
    }
}
</script>
```

```
<body>
<div id="picture" onmouseover="picture_open()"
style="HEIGHT: 300px; WIDTH:700px">
<img border="0" hspace="0"
id="smallslot" src="images/13801.jpg"
style="LEFT: 296px; POSITION: absolute; TOP: 30px;
VISIBILITY: visible; z: 2" WIDTH="400" HEIGHT="327"
cursor:pointer;/>
</div>
</body>
</html>
```

03 ▶ 在 <script> 标签内输入代码，为名称为 picture 的 Div 标签添加 onmouseover 的事件。

04 ▶ 执行"文件 > 保存"命令，将文档保存为"源文件 \ 第 13 章 \13-8.html"。按 F12 键测试页面效果，将鼠标移到图片出现缩放效果。

> **提示** style 属性用于设置 html 元素的大小、位置、颜色等特征。如果代码量较多，可以放在 <style> 标签内。

> **提问**：实例中有些属性使用了大写字母书写，这会影响效果吗？
> **答**：在 CSS 和 html 中，并不区分代码的大小写，所以本实例中使用大写字母书写一些属性，只是为了方便与其他属性区别开，并不会影响最终的效果。

第 13 章 使用 HTML 制作图片特效

实例 156+ 视频：3D 效果换图

源文件：源文件\第 13 章\13-9.html
操作视频：视频\第 13 章\13-9.swf

```html
<!doctype html>
<html>
<head>
<meta charset="utf-8">
<title>3D效果换图</title>
</head>

<body>
    <div id="slider" >
    </div>
</body>
</html>
```

01 ▶ 执行"文件 > 新建"命令，新建一个空白的 HTML 5 文档。在 <title> 标签中输入文档的标题，在 <body> 标签内新建名称为 slider 的 Div 标签。

```css
<title>3D效果换图</title>
<style type="text/css">
html {
    background:#000
}
body, ul {
    margin:0;padding:0
}
li {
    list-style:none
}
img {
    border:none;display:block
}
.slide-wp {
    width: 700px;
    height: 498px;
    overflow: hidden;
    position: absolute;
    left: 50%;
    top: 30%;
    margin-left: -250px;
    margin-top: -150px;
}
</style>
```

02 ▶ 在 </title> 标签后新建 <style> 标签对，在 <style> 标签内为 html、body、ul、li、img 建立 CSS 样式，并为名称为".slide-wp"的 Div 标签建立 CSS 样式。

```html
    top: 30%;
    margin-left: -250px;
    margin-top: -150px;
}
</style>
</head>

<body>
  <div id="slider" class="slide-wp">
    <ul>
        <li></li>
    </ul>
  </div>
</body>
</html>
```

03 ▶ 应用名称为".slide-wp"的 CSS 样式，在名称为 slide 的 Div 标签内建立 <ul> 标签，在 <ul> 标签内新建 <li> 标签。

```html
<div id="slider" class="slide-wp">
    <ul>
        <li><img src="images/13901.jpg" /></li>
        <li><img src="images/13902.jpg" /></li>
        <li><img src="images/13903.jpg" /></li>
        <li><img src="images/13904.jpg" /></li>
        <li><img src="images/13905.jpg" /></li>
    </ul>
</div>
```

```html
<ul>
    <li><img src="images/13901.jpg" /></li>
</ul>
```

04 ▶ 在 <li> 标签内新建 <img> 标签，链入图片 13901.jpg，新建其他 <img> 标签。

```html
<div class="nav-wp">
    <ul id="nav" class="nav">
        <li >●</li>
        <li >●</li>
        <li >●</li>
        <li >●</li>
        <li >●</li>
    </ul>
</div>
</body>
</html>
```

```css
.nav-wp {
    position: absolute;
    background: #ccc;
    top: 60%;
    margin-top: 170px;
    left: 60%;
    margin-left: -100px;
    border-radius: 4px;
    -moz-border-radius: 4px;
    -webkit-border-radius: 4px;
    padding: 0 20px 6px 10px;
    _padding: 0 20px 2px 10px;
}
.nav li {
    float: left;
    margin-left: 10px;
    font-size: 20px;
    font-weight: bold;
    font-family: tahoma;
    color: #22739e;
    cursor: pointer;
    height: 22px;
}
.nav li.cur{
    color: #ff7a00
}
</style>
```

05 ▶ 完成相似部分的内容，在 <body> 标签中创建 <div> 标签、<ul> 标签以及 <li> 标签，并为其定义相应的 CSS 样式。

```html
<ul id="nav" class="nav">
    <li >●</li>
    <li >●</li>
    <li >●</li>
    <li >●</li>
    <li >●</li>
</ul>
<a>next</a>
</div>
```

```css
.nav li.cur{
    color: #ff7a00
}
.next {
    position:absolute;
    top: 0;
    left: 160px;
    padding: 4px 8px;
    color: #ff7a00;
    background: #ccc;
    height: 20px;
    border-radius: 4px;
    -moz-border-radius: 4px;
    -webkit-border-radius: 4px;
    cursor: pointer;
}
</style>
```

06 ▶ 在名称为 "nav_wp" 的 Div 标签内新建 <a> 标签，在 </style> 标签前建立名称为 ".next" 的 CSS 类样式。

```html
        <li >●</li>
        <li >●</li>
        <li >●</li>
        <li >●</li>
    </ul>
    <a class="next">next</a>
</div>
```

```html
        <li >●</li>
        <li >●</li>
        <li >●</li>
    </ul>
    <a class="next">next</a>
</div>
<script type="text/javascript">
</script>
</body>
</html>
```

07 ▶ 为 <a> 标签应用 next 类样式，在 </body> 标签前建立 <script> 标签对。

第 13 章 使用 HTML 制作图片特效

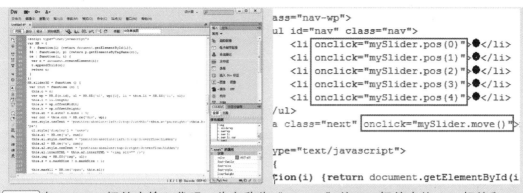

08 ▶ 在 <script> 标签内输入代码，为名称为 "nav-wp" 的 Div 标签内的 <li> 标签和 <a> 标签添加 onclick 事件。

09 ▶ 执行 "文件 > 保存" 命令，将文档保存为 "源文件 \ 第 13 章 \13-9.html"。按 F12 键测试页面效果，用鼠标单击对应的小圆，3D 效果显示对应图片，单击 next 显示下一张图片。

> **提问**：CSS 中的 cursor 属性有什么作用？
> **答**：使用 cursor 属性可以定义鼠标指针放在一个元素边界范围内时所使用的光标形状，而实例中的 pointer 属性值可以将光标指定为手指的形状。

实例 157+ 视频：全屏漂浮的图片

源文件：源文件 \ 第 13 章 \13-10.html　　　　操作视频：视频 \ 第 13 章 \13-10.swf

```
1  <!doctype html>
2  <html>
3  <head>
4  <meta charset="utf-8">
5  <title>全屏漂浮的图片</title>
6  </head>
7
8  <body>
9  </body>
10 </html>
```

```
<html>
<head>
<meta charset="utf-8">
<title>全屏漂浮的图片</title>
</head>
<body>
<DIV id=img1 style="Z-INDEX: 100; LEFT: 2px;
WIDTH: 341px; POSITION: absolute; TOP: 43px;
HEIGHT: 228px;visibility: visible;"></DIV>
</body>
</html>
```

01 ▶ 执行"文件>新建"命令，新建一个空白的 HTML 5 文档。在 <title> 标签中输入文档的标题，删除第一句。在 <body> 内新建一个 <div> 标签，包括各种属性。

```
<html>
<head>
<meta charset="utf-8">
<title>全屏漂浮的图片</title>
</head>
<body>
<DIV id=img1 style="Z-INDEX: 100; LEFT: 2px;
WIDTH: 341px; POSITION: absolute; TOP: 43px;
HEIGHT: 228px;visibility: visible;">
<img src="images/131001.jpg"
onload="return imgzoom(this,600);" />
</DIV>
</body>
</html><h3></h3>
```

```
9   <script type="text/javascript">
10  var xPos = 300;
11  var yPos = 200;
12  var step = 1;
13  var delay = 30;
14  var height = 0;
15  var Hoffset = 0;
16  var Woffset = 0;
17  var yon = 0;
18  var xon = 0;
19  var pause = true;
20  var interval;
21  img1.style.top = yPos;
22  </script>
23  </body>
```

02 ▶ 在 <div> 内新建一个 <img> 标签，在 </body> 标签前新建 <script> 标签对，并在该标签对中输入 JavaScript 代码。

03 ▶ 输入其他 JavaScript 代码，执行"文件>保存"命令。

04 ▶ 将文档保存为"源文件 \ 第 13 章 \13-10.html"，按 F12 键测试页面效果。

第13章 使用HTML制作图片特效

imgzoom(this,600)是某个计算机语言的代码语言，意思应该是调用某个图片文件，并且要放大6倍。

提问：z-index属性有什么作用？

答：该属性用于设置元素的堆叠顺序，拥有更高堆叠顺序的元素总是会处于堆叠顺序较低的元素的前面。

▶ 实例158+视频：图片展示效果

源文件：源文件\第13章\13-11.html　　操作视频：视频\第13章\13-11.swf

```
1  <!doctype html>
2  <html>
3  <head>
4  <meta charset="utf-8">
5  <title>图片展示效果</title>
6  </head>
7
8  <body>
9  <div id="imageFlow">
10 </div>
11 </body>
12 </html>
```

`01` ▶ 执行"文件>新建"命令，新建一个HTML 5文档，保存为"源文件\第13章\13-11.html"。在<title>标签中输入标题，在<body>标签内新建名称为"imageFlow"的Div标签。

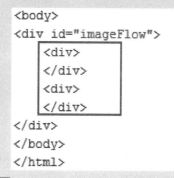

`02` ▶ 新建两个Div标签，在第2个Div标签内输入新建<a>标签。

03 ▶ 新建其他 <a> 标签，并新建其他 Div 标签。

04 ▶ 执行"文件 > 新建"命令，新建一个空白的 CSS 文档，在其中定义 CSS 样式，完成所有 CSS 样式的定义后，将文档保存为"源文件 \ 第 13 章 \css\131107.css"。

05 ▶ 在"源文件 \ 第 13 章 \13-11.html"中添加链接 131107.css 的代码，并为各 Div 标签添加 class 属性。

06 ▶ 执行"文件 > 新建"命令，新建一个空白的 JavaScript 文档，输入 JavaScript 代码，保存为"源文件 \ 第 13 章 \js\131108.js"。

第 13 章 使用 HTML 制作图片特效

```
link type="text/css" rel="stylesheet" href="css/131
script type="text/javascript" src="js/131108.js">
</script>
/head>
body>
div id="imageFlow">
    <div class="top">
    </div>
    <div class="bank">
        <a rel="images/131101.jpg" title="-1-">晶莹的
        <a rel="images/131102.jpg" title="-2-">唯美的
        <a rel="images/131103.jpg" title="-3-">动感的
        <a rel="images/131104.jpg" title="-4-">时尚的
        <a rel="images/131105.jpg" title="-5-">热情的
        <a rel="images/131106.jpg" title="-6-">优雅的
    </div>
    <div class="text">
```

07 ▶ 在"源文件\第 13 章\13-11.html"中添加链接 131108.js 的代码，保存后按 F12 键测试页面效果。

08 ▶ 单击不同小图出现相应大图，单击大图出现放大效果。

超链接 <a> 的 rel 属性可以嵌入图片，这样超链接就不是简单的文字，而是丰富的图片效果。

提问：-ms-interpolation-mode 属性有什么作用？
答：该属性的写法与格式用于制作实时的缩放图片或缩略图等效果。

实例 159+ 视频：收缩切换图像效果

源文件：源文件\第 13 章\13-12.html　　操作视频：视频\第 13 章\13-12.swf

```
1  <!doctype html>
2  <html>
3  <head>
4  <meta charset="utf-8">
5  <title>收缩切换图像</title>
6  <center>
7  <table border="0">
8  <th width="800" height="500">
9  </th>
10 </table>
11 </center>
12 </head>
```

01 ▶ 执行"文件>新建"命令，新建一个空白的 HTML 5 文档，在 <title> 标签中输入标题，新建 <table> 标签，并居中显示。

```
<head>
<meta charset="utf-8">
<title>收缩切换图像</title>
<center>
<table border="0">
<th width="800" height="500">
<img src="images/131203.jpg" width="780"
height="475" ID="pic"
onload="return imgzoom(this,600);"
onclick="javascript:window.open(this.src);"
style="cursor:pointer;"/>
</th>
</table>
</center>
</head>
```

```
<title>收缩切换图像</title>
<script type="text/javascript">
var wdmax=780;
var wdmin=0;
var inc=5;
var rate = 50;
var pause = 1000;
var ff="flip";
</script>
<center>
```

02 ▶ 在 <th> 标签中新建 <img> 标签，在 </title> 后新建 <script> 标签，在标签内输入 JavaScript 代码。

```
function flipflop() {
 if (ff=="flip") {
  var wd = document.getElementById("pic").getAttribute("width");
  wd = wd - inc;
  document.getElementById("pic").setAttribute("width",wd);
  if (wd==wdmin) {
   document.getElementById("pic").setAttribute("src","images/131201.jpg");
   inc=-inc;
  }
  if (wd==wdmax) {
   ff="flop";
   inc=-inc;
   setTimeout("flipflop()",pause);
  }
  else {
   setTimeout("flipflop()",rate);
  }
 }
 else {
  var ht = document.getElementById("pic").getAttribute("width");
  ht = ht - inc;
  document.getElementById("pic").setAttribute("width",ht);
  if (ht==wdmin) {
   document.getElementById("pic").setAttribute("src","images/131202.jpg");
   inc=-inc;
  }
  if (ht==wdmax) {
   ff="flip";
   inc=-inc;
   setTimeout("flipflop()",pause);
  }
  else {
   setTimeout("flipflop()",rate);
  }
 }
}
</script>
```

03 ▶ 输入 JavaScript 函数，实现图像的收缩切换功能。

```
<center>
<table border="0">
<th width="800" height="500">
<img src="images/131203.jpg" width="780
pointer;"/>
</th>
</table>
</center>
</head>
<body onLoad="javascript:flipflop()">
</body>
</html>
```

04 ▶ 在 <body> 标签内添加 onload 事件，执行"文件 > 保存"命令，将文件保存为"源文件 \ 第 13 章 \13-12.html"。

05 ▶ 保存后按 F12 键测试页面效果，在打开的浏览器中观察图片收缩后切换到另一张图片的 HTML 效果。

> **提问**：JavaScript 中的对象是指什么？
> **答**：对象其实就是一些数据的集合，这些数据可以是字符串型、数字型、布尔型以及复合型。对象中的数据是已命名的数据，通常作为对象的属性来引用。

实例 160+ 视频：精致的相册效果

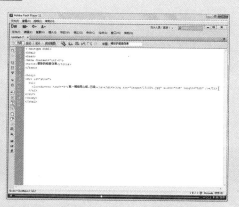

源文件：源文件 \ 第 13 章 \13-13.html　　操作视频：视频 \ 第 13 章 \13-13.swf

`01` ▶ 执行"文件>新建"命令，新建一个空白的 HTML 5 文档。在 <title> 标签中将文档的标题修改为"精致的相册效果"。

```
<meta charset="utf-8">
<title>精致的相册效果</title>
</head>
<body>
<div id="show">
</div>
</body>
</html>
```

```
<head>
<meta charset="utf-8">
<title>精致的相册效果</title>
</head>
<body>
<div id="show">
  <ul>
    <li><div><a href="#">第一幅雨心纸-已陌</a></div></li>
  </ul>
</div>
</body>
</html>
```

`02` ▶ 在 <body> 标签中创建一个 id 名称为 show 的 <div> 标签。在 <div> 标签内创建 <ul> 标签、<li> 标签和 <div> 标签，并在其中创建超链接以及链接文本内容。

```
<body>
<div id="show">
  <ul>
    <li><div><a href="#">第一幅雨心纸-已陌</a></div><img src="images/131301.jpg" width="300" height="225" /></li>
  </ul>
</div>
</body>
</html>
```

`03` ▶ 继续在超链接文本内容的后面创建 <img> 标签，并通过 img 属性将外部的图片链接到文档中。

```
<title>精致的相册效果</title>
</head>
<body>
<div id="show">
  <ul>
    <li><div><a href="#"><h3>第一幅</h3><p>细雨心纸-已陌</p></a></div><img src="images/131301.jpg" width="300" height="225" /></li>
  </ul>
</div>
</body>
</html>
```

`04` ▶ 使用 <h3> 标签和 <p> 标签将超链接中的文本内容进行分段和字体设置。

```
<div id="show">
  <ul>
    <li><div><a href="#"><h3>第一幅</h3><p>细雨心纸-已陌</p></a></div><img src="images/131301.jpg" width="300" height="225" /></li>
    <li><div><a href="#"><h3>第二幅</h3><p>傍晚的深秋湖畔</p></a></div><img src="images/131302.jpg" width="300" height="225" /></li>
    <li><div><a href="#"><h3>第三幅</h3><p>小道旁的郁金香</p></a></div><img src="images/131303.jpg" width="300" height="225" /></li>
    <li><div><a href="#"><h3>第四幅</h3><p>老宅细鳞与孤灯</p></a></div><img src="images/131304.jpg" width="300" height="225" /></li>
    <li><div><a href="#"><h3>第五幅</h3><p>别样的字体设计</p></a></div><img src="images/131305.jpg" width="300" height="225" /></li>
    <li><div><a href="#"><h3>第六幅</h3><p>魔鬼身材的美女</p></a></div><img src="images/131306.jpg" width="300" height="225" /></li>
    <li><div><a href="#"><h3>第七幅</h3><p>炫酷的黑色跑车</p></a></div><img src="images/131307.jpg" width="300" height="225" /></li>
    <li><div><a href="#"><h3>第八幅</h3><p>别致的静物写真</p></a></div><img src="images/131308.jpg" width="300" height="225" /></li>
    <li><div><a href="#"><h3>第九幅</h3><p>桃色美女的婚纱</p></a></div><img src="images/131309.jpg" width="300" height="225" /></li>
    <li><div><a href="#"><h3>第十幅</h3><p>冰天雪地与银树</p></a></div><img src="images/131310.jpg" width="300" height="225" /></li>
    <li><div><a href="#"><h3>第十一幅</h3><p>金色的矫健小鹿</p></a></div><img src="images/131311.jpg" width="300" height="225" /></li>
    <li><div><a href="#"><h3>第十二幅</h3><p>雪夜中归家背影</p></a></div><img src="images/131312.jpg" width="300" height="225" /></li>
  </ul>
</div>
```

`05` ▶ 使用相同的方法制作其他的超链接文本和图像。

第 13 章 使用 HTML 制作图片特效

```
body {
    font-size:14px;
    line-height:24px;
    margin:0px;
    padding:0px;
}
#show{
    width:1205px;
    height:679px;
    border:#ccc 1px solid;
    margin:10px auto;
    overflow:hidden;
}
```

06 ▶ 执行"文件>新建"命令，在弹出的"新建文档"对话框中选择 CSS 选项。在新建的 CSS 文档中为 body 元素和 show 元素定义 CSS 样式。

07 ▶ 在 CSS 文档中继续为其他的元素定义 CSS 样式。执行"文件>保存"命令，将文档保存为"源文件\第 13 章\css\131313.css"。

```
<meta charset="utf-8">
<title>精致的相册效果</title>
<link rel="stylesheet" type="text/css" href="css/131313.css">
</head>
<body>
<div id="show">
  <ul>
    <li><div><a href="#"><h3>第一幅</h3><p>细雨心纸-已陌</p></a></
    <li><div><a href="#"><h3>第二幅</h3><p>傍晚的深秋湖畔</p></a></
    <li><div><a href="#"><h3>第三幅</h3><p>小道旁的郁金香</p></a></
    <li><div><a href="#"><h3>第四幅</h3><p>老宅细藤与孤灯</p></a></
    <li><div><a href="#"><h3>第五幅</h3><p>别样的字体设计</p></a></
    <li><div><a href="#"><h3>第六幅</h3><p>魔鬼身材的美女</p></a></
    <li><div><a href="#"><h3>第七幅</h3><p>炫酷的黑色跑车</p></a></
    <li><div><a href="#"><h3>第八幅</h3><p>别致的静物写真</p></a></
    <li><div><a href="#"><h3>第九幅</h3><p>桃色美女的婚纱</p></a></
    <li><div><a href="#"><h3>第十幅</h3><p>冰天雪地与银树</p></a></
    <li><div><a href="#"><h3>第十一幅</h3><p>金色的矫健小鹿</p></a>
    <li><div><a href="#"><h3>第十二幅</h3><p>雪夜中归家背影</p></a>
```

```
<body>
<div id="show">
  <ul>
    <li><div class="alt"><a href="#"><h3>第
    <li><div><a href="#"><h3>第二幅</h3><p>
    <li><div><a href="#"><h3>第三幅</h3><p>
    <li><div><a href="#"><h3>第四幅</h3><p>
    <li><div><a href="#"><h3>第五幅</h3><p>
    <li><div><a href="#"><h3>第六幅</h3><p>
    <li><div><a href="#"><h3>第七幅</h3><p>
    <li><div><a href="#"><h3>第八幅</h3><p>
    <li><div><a href="#"><h3>第九幅</h3><p>
    <li><div><a href="#"><h3>第十幅</h3><p>
```

08 ▶ 在 <title> 标签下方输入 <link> 标签，将 CSS 文档链入 html 文档中。为 <li> 标签中的 Div 元素添加 class 属性，将 CSS 样式应用到该 div 元素中。

```
<body>
<div id="show">
  <ul>
    <li><div class="alt"><a href="#"><h3>第一幅</h3><p>细雨心纸-已陌</p></a></div><img src="images/131301.jpg" width="300" height="225" /></li>
    <li><div class="alt"><a href="#"><h3>第二幅</h3><p>傍晚的深秋湖畔</p></a></div><img src="images/131302.jpg" width="300" height="225" /></li>
    <li><div class="alt"><a href="#"><h3>第三幅</h3><p>小道旁的郁金香</p></a></div><img src="images/131303.jpg" width="300" height="225" /></li>
    <li><div class="alt"><a href="#"><h3>第四幅</h3><p>老宅细藤与孤灯</p></a></div><img src="images/131304.jpg" width="300" height="225" /></li>
    <li><div class="alt"><a href="#"><h3>第五幅</h3><p>别样的字体设计</p></a></div><img src="images/131305.jpg" width="300" height="225" /></li>
    <li><div class="alt"><a href="#"><h3>第六幅</h3><p>魔鬼身材的美女</p></a></div><img src="images/131306.jpg" width="300" height="225" /></li>
    <li><div class="alt"><a href="#"><h3>第七幅</h3><p>炫酷的黑色跑车</p></a></div><img src="images/131307.jpg" width="300" height="225" /></li>
    <li><div class="alt"><a href="#"><h3>第八幅</h3><p>别致的静物写真</p></a></div><img src="images/131308.jpg" width="300" height="225" /></li>
    <li><div class="alt"><a href="#"><h3>第九幅</h3><p>桃色美女的婚纱</p></a></div><img src="images/131309.jpg" width="300" height="225" /></li>
    <li><div class="alt"><a href="#"><h3>第十幅</h3><p>冰天雪地与银树</p></a></div><img src="images/131310.jpg" width="300" height="225" /></li>
    <li><div class="alt"><a href="#"><h3>第十一幅</h3><p>金色的矫健小鹿</p></a></div><img src="images/131311.jpg" width="300" height="225" /></li>
    <li><div class="alt"><a href="#"><h3>第十二幅</h3><p>雪夜中归家背影</p></a></div><img src="images/131312.jpg" width="300" height="225" /></li>
  </ul>
</div>
</body>
</html>
```

09 ▶ 使用相同的方法为其他的 Div 元素添加 class 属性。

10 ▶ 执行"文件＞新建"命令,在弹出的"新建文档"对话框中选择 JavaScript 选项。在新建的 JavaScript 文档中定义 js 脚本函数。

11 ▶ 在 JavaScript 文档中继续为其他的元素定义 js 脚本函数。执行"文件＞保存"命令,将文档保存为"源文件\第 13 章\js\131314.js"。

12 ▶ 在 <link> 标签的下方输入 <script> 标签,将刚刚保存的 JavaScript 文档链入 html 文档中。返回到 html 文档中,将文档保存为"源文件\第 13 章\13-13.html"。

13 ▶ 按 F12 键测试页面,将鼠标移动到图片上,观察图片的效果。

第 13 章 使用 HTML 制作图片特效

提问：JavaScript 中的 null 是什么意思？

答：在 JavaScript 中的 null 表示赋给变量的值为"空"。

第 14 章 使用 HTML 制作交互效果

本章将通过实例的形式使用 HTML 5 结合 JavaScript、Div 以及 CSS 制作一些网站中经常看到的 HTML 交互效果。

实例 161+ 视频：广告交互效果

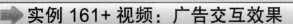

源文件：第 14 章 \14-1.html   操作视频：第 14 章 \14-1.swf

01 ▶ 执行"文件 > 新建"命令，新建一个空白的 HTML 5 文档。在 <title> 标签中输入文档的标题。

02 ▶ 输入相应的代码，在 <body> 标签中创建一个 class 为 box 的 <div> 标签。在 <head>…</head> 标签对中创建一个 <style> 标签。

```
<style type="text/css">
.box { width:920px; margin:0 auto}
</style>
</head>
```

03 ▶ 在 <style>…</style> 标签对中输入相应的代码，定义 box 的样式。

本章知识点

- ☑ 掌握广告交互效果的制作
- ☑ 掌握网页交互相册的制作
- ☑ 掌握图像展示效果的制作
- ☑ 实现网页的拖曳效果
- ☑ 制作鼠标点击交互效果

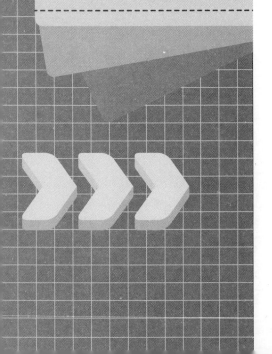

第 14 章 使用 HTML 制作交互效果

```
</style>
</head>

<body>
<div class="box">
    <ul class="tun" id="tes"></ul>
</div>
</body>
</html>
```

```
<!doctype html>
<html>
<head>
<meta charset="utf-8">
<title>广告交互效果</title>
<style type="text/css">
.box { width:920px; margin:0 auto}
.tun { padding:18px 0; height:366px; width:920px; overflow:hidden}
</style>
</head>
<body>
<div class="box">
    <ul class="tun" id="tes"></ul>
</div>
</body>
</html>
```

04 ▶ 在 <div>…</div> 标签对中创建一个 class 为 tun，id 为 tes 的 <ul> 标签，使用相同的方法，定义 tun 的样式。

```
</style>
</head>

<body>
<div class="box">
    <ul class="tun" id="tes">
        <li><a href="http://www.adobe.com/cn"></a></li>
    </ul>
</div>
</body>
</html>
```

```
</style>
</head>

<body>
<div class="box">
    <ul class="tun" id="tes">
        <li><a href="http://www.adobe.com/cn"><img src="image/14101.jpg" alt="饮料广告" /></a></li>
    </ul>
</div>
</body>
</html>
```

05 ▶ 在 <ul>…</ul> 标签对中输入 <li>…</li> 标签对和 <a>…</a> 标签对，定义列表项和超链接。在 <a>…</a> 标签对中输入 <img/> 标签定义图像。

```
<body>
<div class="box">
    <ul class="tun" id="tes">
        <li><a href="http://www.adobe.com/cn"><img src="image/14101.jpg" alt="饮料广告" /></a></li>
        <li><a href="http://www.adobe.com/cn"><img src="image/14102.jpg" alt="饼干广告" /></a></li>
        <li style="margin:0"><a href="http://www.adobe.com/cn"><img src="image/14103.jpg" alt="汉堡广告" /></a></li>
    </ul>
</div>
</body>
```

06 ▶ 使用相同的方法，输入相应的代码，定义其他列表项和超链接。

```
<style type="text/css">
.box { width:920px; margin:0 auto}
.tun { padding:18px 0; height:366px; width:920px; overflow:hidden}
.tun li { float:right; margin-left:5px; overflow:hidden}
.tun li img { width:788px; height:366px; border:0px;}
</style>
```

07 ▶ 使用相同的方法，在 <style>…</style> 标签对中输入相应的代码，定义 tun li 和 tun li img 的样式。

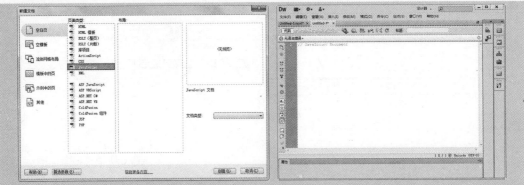

08 ▶ 执行"文件>新建"命令,在弹出的"新建文档"对话框中进行设置,单击"创建"按钮,创建一个空白的 js 文档。

```
function $(id)
{
    return document.getElementById(id);
}
```

```
function addLoadEvent(func)
{
    var oldonload = window.onload;
    if (typeof window.onload != 'function')
    {
        window.onload = func;
    }
    else
    {
        window.onload = function()
        {
            oldonload();
            func();
        }
    }
}
```

09 ▶ 在创建的空白 js 文档中输入相应的代码,设置通过 id 获取 Element 对象,输入相应的代码,加入事件到装载列表。

```
var slideMenu=function(){
    var sp,st,t,m,sa,l,w,sw,ot;
    return{
        build:function(sm,sw,mt,s,sl,h){
            sp=s; st=sw; t=mt;
            m=document.getElementById(sm);
            sa=m.getElementsByTagName('li');
            l=sa.length; w=m.offsetWidth - 10; sw=w/l;
            ot=Math.floor((w-st)/(l-1)); var i=0;
            for(i;i<l;i++){s=sa[i]; s.style.width=sw+'px'; this.timer(s)}
            if(sl!=null){m.timer=setInterval(function(){slideMenu.slide(sa[sl-1])},t)}
        },
        timer:function(s){s.onmouseover=function(){clearInterval(m.timer);m.timer=setInterval(function(){slideMenu.slide(s)},t)}},
        slide:function(s){
            var cw=parseInt(s.style.width,'10');
            if(cw<st){
                var owt=0; var i=0;
                for(i;i<l;i++){
                    if(sa[i]!=s){
                        var o,ow; var oi=0; o=sa[i]; ow=parseInt(o.style.width,'10');
                        if(ow>ot){oi=Math.floor((ow-ot)/sp); oi=(oi>0)?oi:1; o.style.width=(ow-oi)+'px'}
                        owt=owt+(ow-oi)}}
                s.style.width=(w-owt)+'px';
            }else{clearInterval(m.timer)}
        }
    }
}();
var baseurl = '';
addLoadEvent(function() {slideMenu.build('tes', 788, 10, 10, 1)});
```

10 ▶ 使用相同的方法,输入相应的代码,设置图片轮换。执行"文件>保存"命令,弹出"另存为"对话框。

 在 HTML 5 中添加外部脚本文件的优势是可以使多个网页同时调用该包含相同代码的外部脚本文件。

第 14 章 使用 HTML 制作交互效果

11 ▶ 在弹出的"另存为"对话框中进行设置，单击"保存"按钮。打开创建的 HTML 5 文档，输入 <script> 标签定义指向包含脚本文件的 URL。

12 ▶ 执行"文件 > 保存"命令，将文档保存为"源文件 \ 第 14 章 \14-1.html"，按 F12 键测试页面效果。

> **提问**：JavaScript 有几种放置位置？
>
> **答**：JavaScript 脚本代码可以放置在 HTML 文档的任何位置，一般将其放置在 <head>…</head> 标签对和 <body>…</body> 标签对之间。

实例 162+ 视频：网页相册效果

🏠 源文件：源文件 \ 第 14 章 \14-2.html　　📹 操作视频：视频 \ 第 14 章 \14-2.swf

329

HTML 5 网页制作 全程揭秘

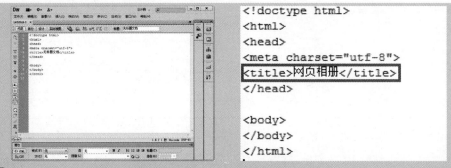

01 ▶ 执行"文件>新建"命令,新建一个空白的 HTML 5 文档。在 <title> 标签中输入文档的标题。

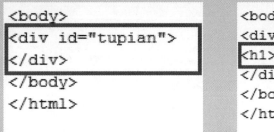

02 ▶ 在 <body>…</body> 标签中添加 <div> 标签,并定义其 id 为 tupian,在 <div>…</div> 标签对中输入 <h1> 标签定义最大标题。

03 ▶ 输入 <ul>…</ul> 标签对,并在其中输入 <li>…</li> 标签对和 <a>…</a> 标签对,定义列表项和超链接。

04 ▶ 在 <a> 标签中输入相应的代码,设置超链接的属性,在 <a>…</a> 标签对中输入 <img/> 标签定义图像。

第 14 章 使用 HTML 制作交互效果

```
<body>
<div id="tupian">
<h1>网页相册</h1>
<ul>
<li><a href="image/14201.jpg" title="两只狐狸"><img src="image/14211.jpg" />狐狸</a></li>
<li><a href="image/14202.jpg" title="可爱兔子"><img src="image/14212.jpg" />兔子</a></li>
<li><a href="image/14203.jpg" title="两只熊猫"><img src="image/14213.jpg" />熊猫</a></li>
<li><a href="image/14204.jpg" title="调皮老虎"><img src="image/14214.jpg" />老虎</a></li>
<li><a href="image/14205.jpg" title="漂亮小鸟"><img src="image/14215.jpg" />小鸟</a></li>
<li><a href="image/14206.jpg" title="飞舞蝴蝶"><img src="image/14216.jpg" />蝴蝶</a></li>
<li><a href="image/14207.jpg" title="和平飞鸽"><img src="image/14217.jpg" />鸽子</a></li>
<li><a href="image/14208.jpg" title="可爱松鼠"><img src="image/14218.jpg" />松鼠</a></li>
<li><a href="image/14209.jpg" title="水中的鹅"><img src="image/14219.jpg" />鹅</a></li>
<li><a href="image/14210.jpg" title="奔跑中的小狗"><img src="image/14220.jpg" />小狗</a></li>
</ul>
</div>
</body>
```

05 ▶ 使用相同的方法，输入相应的代码，定义其他列表项和超链接。

```
<!doctype html>
<html>
<head>
<meta charset="utf-8">
<title>网页相册</title>
<style>
</style>
</head>
```

06 ▶ 在 \<head>…\</head> 标签对中输入 \<style> 标签，在 \<style>…\</style> 标签对中输入相应的代码定义整体和 tupian 的样式。

```
<!doctype html>
<html>
<head>
<meta charset="utf-8">
<title>网页相册</title>
<style>
*{ margin:0; padding:0; list-style:none}
#tupian{ border-left:3px solid #468C50; border-right:3px solid #99CC99; background:#B5DF63; float:left; width:750px;}
body{ font-family:Arial, Helvetica, sans-serif; font-size:12px; line-height:1.8;}
img{ display:block; border:0;}
h1,h2{ background:#85B829; line-height:2.5; font-size:14px; padding-left:10px; color:#fff;}
li{ float:left;}
a{ display:block; background:#fff; border:1px solid #A4D742; text-align:center; color:#598628; text-decoration:none; padding:5px; margin:10px;}
a:hover,a:active{ background:#99CC33; border:1px solid #85B829; border-left:1px solid #fff; border-top:1px solid #fff; color:#fff}
#showpic{ border:1px solid #85B829; padding:5px; display:none; clear:left; background:#FFF; text-align: center}
ul,#showpic{ margin:10px;}
h2{ color:#598628; background:none; text-align:left;}
#showpic img{ margin:auto;}
</style>
</head>
```

07 ▶ 使用相同的方法，输入相应的代码，定义其他标签的样式。

```
</ul>
</div>
<script language="javascript">
</script>
</body>
</html>
```

```
</ul>
</div>
<script language="javascript">
function setDiv(){
}
</script>
</body>
</html>
```

08 ▶ 在 \<body>…\</body> 标签对中输入 \<script> 标签，并设置其属性，在 \<script>…\</script> 标签对中输入 function setDiv(){} 函数。

```
function setDiv(){
var tupian = document.getElementById("tupian");
var showpic = document.createElement("div");
showpic.setAttribute("id", "showpic");
tupian.appendChild(showpic);
showpic.appendChild(document.createElement("h2"));
showpic.appendChild(document.createElement("img"));
var links = tupian.getElementsByTagName("a");
for(var k=0; k<links.length; k++){
links[k].onclick = function(){
return showPic(this);
}
}
}
function showPic(pic){
var showpic = document.getElementById("showpic");
showpic.style.display = "block";
showpic.getElementsByTagName("h2")[0].innerHTML = pic.title;
showpic.getElementsByTagName("img")[0].setAttribute("src", pic.href);
return false;
}
window.onload = setDiv;
```

09 ▶ 在 function setDiv(){} 函数中输入相应的代码，并在 <script>…</script> 标签对中输入 window.onload = setDiv; 代码。

10 ▶ 执行"文件>保存"命令，将文档保存为"源文件\第14章\14-2.html"，按F12键测试页面效果。

提问：脚本中的 return 是什么意思？

答：用户可以通过 return 返回一个数值，即可以将 return <表达式> 后面表达式的值返回给调用它的函数。

➡ 实例 163+ 视频：点击展示效果

源文件：源文件\第14章\14-3.html　　操作视频：视频\第14章\14-3.swf

第 14 章 使用 HTML 制作交互效果

```
<!doctype html>
<html>
<head>
<meta charset="utf-8">
<title>点击展示效果</title>
</head>

<body>
</body>
</html>
```

01 ▶ 执行"文件>新建"命令,新建一个空白的 HTML 5 文档。在 <title> 标签中输入文档的标题。

```
<!doctype html>
<html>
<head>
<meta charset="utf-8">
<title>点击展示效果</title>
</head>

<body>
<div style="position:absolute; left:50%; top:50%">
</body>
</html>
```

```
<body>
<div style="position:absolute; left:50%;top:50%">
    <div style="position:absolute; left:-220px; top:
-170px; width:440px; height:340px; background:#000"></div>
    <div id="screen" style="position:absolute; left:
-200px; top:-150px; width:400px; height:300px; overflow:
hidden"></div>
</div>
</body>
</html>
```

02 ▶ 在 <body>…</body> 标签对中输入 <div> 标签,并设置其属性。使用相同的方法,在 <div>…</div> 标签对中创建其他 <div> 标签。

```
<body>
<div style="position:absolute; left:50%;top:50%">
    <div style="position:absolute; left:-220px; top:
-170px; width:440px; height:340px; background:#000"></
div>
    <div id="screen" style="position:absolute; left:
-200px; top:-150px; width:400px; height:300px; overflow:
hidden"></div>
    <div id="images" style="position:absolute; left:-10000px
; top:-10000px;">
    </div>
</body>
</html>
```

```
<body>
<div style="position:absolute; left:50%;top:50%">
    <div style="position:absolute; left:-220px; t
:340px; background:#000"></div>
    <div id="screen" style="position:absolute; le
400px; height:300px; overflow:hidden"></div>
    <div id="images" style="position:absolute; left:-
        <img src="image/14301.jpg"/>
    </div>
</body>
</html>
```

03 ▶ 在 <body>…</body> 标签对中重新创建一个 id 为 images 的 <div> 标签。在该 <div>…</div> 标签对中输入 <img/> 标签定义图像。

```
<html>
<head>
<meta charset="utf-8">
<title>图像展示效果</title>
</head>

<body>
<div style="position:absolute; left:50%;top:50%">
    <div style="position:absolute; left:-220px; top:-170px; width:440px; height:340px; background:#000"></div>
    <div id="screen" style="position:absolute; left:-200px; top:-150px; width:400px; height:300px; overflow:hidden"></div>
</div>
<div id="images" style="position:absolute; left:-10000px; top:-10000px;">
    <img src="image/14301.jpg" onload="setTimeout('starter();',500)" onload="return imgzoom(this,600);" onclick="javascript:window.open(this.src);" style="cursor:pointer;"/>
</div>
</body>
</html>
```

04 ▶ 在 <img/> 标签中输入相应的代码,设置其事件属性。

```
<body>
<div style="position:absolute; left:50%;top:50%">
    <div style="position:absolute; left:-220px; top:-170px; width:440px; height:340px; background:#000"></div>
    <div id="screen" style="position:absolute; left:-200px; top:-150px; width:400px; height:300px; overflow:hidden"></div>
</div>
<div id="images" style="position:absolute; left:-10000px; top:-10000px;">
    <img src="image/14301.jpg" onload="setTimeout('starter();',500)" onclick="return imgzoom(this,600);" onclick="javascript:window.open
    <img src="image/14302.jpg" onload="return imgzoom(this,600)" onclick="javascript:window.open(this.src)" style="cursor:pointer"/>
    <img src="image/14303.jpg" onload="return imgzoom(this,600)" onclick="javascript:window.open(this.src)" style="cursor:pointer"/>
    <img src="image/14304.jpg" onload="return imgzoom(this,600)" onclick="javascript:window.open(this.src)" style="cursor:pointer"/>
    <img src="image/14305.jpg" onload="return imgzoom(this,600)" onclick="javascript:window.open(this.src)" style="cursor:pointer"/>
    <img src="image/14306.jpg" onload="return imgzoom(this,600)" onclick="javascript:window.open(this.src)" style="cursor:pointer"/>
    <img src="image/14304.jpg" onload="return imgzoom(this,600)" onclick="javascript:window.open(this.src)" style="cursor:pointer"/>
    <img src="image/14304.jpg" onload="return imgzoom(this,600)" onclick="javascript:window.open(this.src)" style="cursor:pointer"/>
    <img src="image/14306.jpg" onload="return imgzoom(this,600)" onclick="javascript:window.open(this.src)" style="cursor:pointer"/>
    <img src="image/14305.jpg" onload="return imgzoom(this,600)" onclick="javascript:window.open(this.src)" style="cursor:pointer"/>
    <img src="image/14301.jpg" onload="return imgzoom(this,600)" onclick="javascript:window.open(this.src)" style="cursor:pointer"/>
    <img src="image/14302.jpg" onload="return imgzoom(this,600)" onclick="javascript:window.open(this.src)" style="cursor:pointer"/>
    <img src="image/14303.jpg" onload="return imgzoom(this,600)" onclick="javascript:window.open(this.src)" style="cursor:pointer"/>
    <img src="image/14306.jpg" onload="return imgzoom(this,600)" onclick="javascript:window.open(this.src)" style="cursor:pointer"/>
    <img src="image/14306.jpg" onload="return imgzoom(this,600)" onclick="javascript:window.open(this.src)" style="cursor:pointer"/>
</div>
</body>
</html>
```

05 ▶ 使用相同的方法，输入其他 <img/> 标签，定义指向包含脚本文件的 URL，并设置其事件属性。

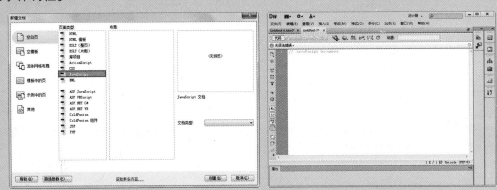

06 ▶ 执行"文件 > 新建"命令，在弹出的"新建文档"对话框中进行设置，单击"创建"按钮，创建一个空白的 js 文档。

```
var Oz, Ov;
var obj = [];
var K = 0;
var img, scr, W, H;
var SP = 40;
var dz = false;
position = function(obj, x, y, w, h)
{
    with(obj.style){
        left = Math.round(x) + "px";
        top = Math.round(y) + "px";
        width = Math.round(w) + "px";
        height = Math.round(h) + "px";
    }
}
```

```
position = function(obj, x, y, w, h)
{
    with(obj.style){
        left = Math.round(x) + "px";
        top = Math.round(y) + "px";
        width = Math.round(w) + "px";
        height = Math.round(h) + "px";
    }
}
function Cobj(parent, N, x, y, w, h)
{
}
```

07 ▶ 在创建的空白 js 文档中输入相应的代码，定义变量，输入 function Cobj(parent, N, x, y, w, h){} 函数。

> **提示**
> JavaScript 代码使用 <script> 和 </script> 嵌入到 HTML 5 文档中，<script> 有 defer、language、src 和 type 等属性。

第 14 章 使用 HTML 制作交互效果

```
function Cobj(parent, N, x, y, w, h)
{
    this.zoomed = (parent ? 0 : 1);
    obj[N] = this;
    this.N = N;
    this.parent = parent;
    this.children = [];
    this.x = x;
    this.y = y;
    this.w = w;
    this.h = h;
    ...
}
```

08 ▶ 在 function Cobj(parent, N, x, y, w, h){} 函数中输入相应的代码，定义函数。

```
function starter()
{
    scr = document.getElementById("screen");
    img = document.getElementById("images").getElementsByTagName("img");
    W = parseInt(scr.style.width);
    H = parseInt(scr.style.height);
    O = new Cobj(0, 0, 0, 0, 0, 0);
        O0 = new Cobj(O, 1, 127, 98, 181, 134);
            O1 = new Cobj(O0, 2, 158, 150, 85, 155);
                O11 = new Cobj(O1, 4, 136, 98, 80, 196);
                    O111 = new Cobj(O11, 5, 20, 154, 70, 57);
                        O1111 = new Cobj(O111, 6, 161, 137, 154, 76);
                    O112 = new Cobj(O11, 11, 155, 154, 70, 57);
                        O1121 = new Cobj(O112, 12, 273, 116, 49, 72);
            O2 = new Cobj(O0, 3, 281, 150, 90, 154);
                O21 = new Cobj(O2, 7, 35, 295, 133, 82);
                    O211 = new Cobj(O21, 15, 316, 183, 20, 36);
                O22 = new Cobj(O2, 8, 179, 295, 127, 79);
                    O221 = new Cobj(O22, 13, 132, 84, 54, 102);
                        O2211 = new Cobj(O221, 14, 6, 234, 69, 50);
                            O22111 = new Cobj(O2211, 14, 267, 90, 135, 98);
                O23 = new Cobj(O2, 9, 92, 148, 138, 76);
                    O231 = new Cobj(O23, 10, 249, 106, 83, 65);
                        O2311 = new Cobj(O231, 0, 120, 87, 57, 59);
    O.init_zoom(1);
    O.display(true);
    for (var i in O.children)
    {
        O.children[i].init_zoom(1);
        O.children[i].display(true);
    }
}
```

09 ▶ 使用相同的方法，输入 function starter(){} 函数，并在 function starter(){} 函数中输入相应的代码。

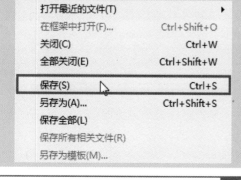 

10 ▶ 执行"文件 > 保存"命令，弹出"另存为"对话框，在该对话框中进行设置，单击"保存"按钮。

11 ▶ 打开创建的 HTML 5 文档，输入 <script> 标签并定义指向包含脚本文件的 URL。使用相同的方法，新建一个 CSS 文档，并在该文档中输入相应的代码定义样式。

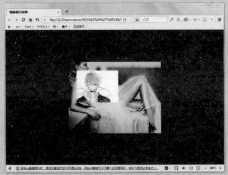

12 ▶ 执行"文件 > 保存"命令，在弹出的"另存为"对话框中进行设置，单击"保存"按钮。打开创建的 HTML 5 文档，输入 <link/> 标签并指定目标文档资源的 URL。

13 ▶ 执行"文件 > 保存"命令，将文档保存为"源文件 \ 第 14 章 \14-3.html"，按 F12 键测试页面效果。

> **提问**：onload 事件有什么用途？
>
> **答**：onload 事件可用于检测访问者的浏览器类型和浏览器版本，并基于这些信息来加载网页的正确版本。

第 14 章 使用 HTML 制作交互效果

实例 164+ 视频：鼠标拖曳效果

源文件：源文件 \ 第 14 章 \14-4.html　　操作视频：视频 \ 第 14 章 \14-4.swf

`01` 执行"文件>新建"命令，新建一个空白的 HTML 5 文档。在 <title> 标签中输入文档的标题。

`02` 在 <body>…</body> 标签对中输入相应的代码，创建一个 id 为 black1 的 <div> 标签，输入相应的代码，在 <div> 标签中设置其相关属性。

```
<body>
<div id="black1" onMouseOut=drag=0 onMouseOver="dragObj=black1; drag=1;"
style="height: 90px; left: 693px; position: absolute; top: 228px; width: 90px">
    <img src="image/14401.png" onClick="javascript:window.open(this.src)" style="cursor:pointer">
</div>
</body>
</html>
```

`03` 在 <div>…</div> 标签对中输入 <img> 标签，定义图像。

```html
<html>
<head>
<meta charset="utf-8">
<title>鼠标拖拽效果</title>
</head>

<body>
<script type="text/javascript">
drag = 0
move = 0
</script>
```

```html
<body>
<script type="text/javascript">
drag = 0
move = 0
function init() {
    window.document.onmousemove = mouseMove
    window.document.onmousedown = mouseDown
    window.document.onmouseup = mouseUp
    window.document.ondragstart = mouseStop
}
</script>
```

04 ▶ 在 <body>…</body> 标签对中输入 <script> 标签定义一段脚本，在 <script>…</script> 标签对中输入 function init(){} 函数。

```javascript
function init() {
    window.document.onmousemove = mouseMove
    window.document.onmousedown = mouseDown
    window.document.onmouseup = mouseUp
    window.document.ondragstart = mouseStop
}

function mouseDown() {
    if (drag) {
        clickleft = window.event.x - parseInt(dragObj.style.left)
        clicktop = window.event.y - parseInt(dragObj.style.top)
        dragObj.style.zIndex += 1
        move = 1
    }
}

function mouseStop() {
    window.event.returnValue = false
}

function mouseMove() {
    if (move) {
        dragObj.style.left = window.event.x - clickleft
        dragObj.style.top = window.event.y - clicktop
    }
}

function mouseUp() {
    move = 0
}
</script>
```

05 ▶ 使用相同的方法，输入其他函数，以便调用函数时，执行函数内的代码。

```html
<title>鼠标拖拽效果</title>
</head>

<body onLoad="init()">
<script type="text/javascript">
drag = 0
move = 0
function init() {
    window.document.onmousemove
    window.document.onmousedown
```

06 ▶ 在 <body> 标签中输入 onLoad="init()" 代码。在 <body>…</body> 标签对中重新输入相应的代码，创建另一个 <div> 标签。

第 14 章 使用 HTML 制作交互效果

```
style="height: 66px; left: 212px; position: absolute; top: 297px; width: 79px">
<img src="image/14402.png" onClick="javascript:window.open(this.src)" style="cursor:pointer">
</div>
<div id="black3" onMouseOut=drag=0 onMouseOver="dragObj=black3; drag=1;"
style="height: 58px; left: 551px; position: absolute; top: 561px; width: 79px">
<img src="image/14403.png" onClick="javascript:window.open(this.src)" style="cursor:pointer">
</div>
<div id="black4" onMouseOut=drag=0 onMouseOver="dragObj=black4; drag=1;"
style="height: 65px; left: 692px; position: absolute; top: 251px; width: 52px">
<img src="image/14404.png" onClick="javascript:window.open(this.src)" style="cursor:pointer">
</div>
<div id="black5" onMouseOut=drag=0 onMouseOver="dragObj=black5; drag=1;"
style="height: 65px; left: 254px; position: absolute; top: 183px; width: 52px">
<img src="image/14405.png" onClick="javascript:window.open(this.src)" style="cursor:pointer">
</div>
<div id="black6" onMouseOut=drag=0 onMouseOver="dragObj=black6; drag=1;"
style="height: 65px; left: 436px; position: absolute; top: 562px; width: 52px">
<img src="image/14406.png" onClick="javascript:window.open(this.src)" style="cursor:pointer">
</div>
<div id="black7" onMouseOut=drag=0 onMouseOver="dragObj=black7; drag=1;"
style="height: 65px; left: 629px; position: absolute; top: 376px; width: 52px">
<img src="image/14407.png" onClick="javascript:window.open(this.src)" style="cursor:pointer">
</div>
<div id="black8" onMouseOut=drag=0 onMouseOver="dragObj=black8; drag=1;"
style="height: 65px; left: 288px; position: absolute; top: 419px; width: 52px">
<img src="image/14408.png" onClick="javascript:window.open(this.src)" style="cursor:pointer">
</div>
<div id="black9" onMouseOut=drag=0 onMouseOver="dragObj=black9; drag=1;"
style="height: 65px; left: 362px; position: absolute; top: 46px; width: 52px">
<img src="image/14409.png" onClick="javascript:window.open(this.src)" style="cursor:pointer">
</div>
</body>
</html>
```

07 ▶ 使用相同的方法，在 <body>…</body> 标签对中输入相应的代码，创建其他 <div> 标签。

08 ▶ 执行"文件 > 保存"命令，将文档保存为"源文件 \ 第 14 章 \14-4.html"，按 F12 键测试页面效果。

09 ▶ 单击并拖动页面中的元素，即可看到元素随着鼠标的移动而移动，实现鼠标的拖曳效果。

> 提问：CSS 样式中的 {} 代表什么？
> 答：CSS 样式中的 {} 代表声明，声明是由属性和属性值组成的，属性和属性值之间以：隔开，属性值的最后以；结尾。

实例 165+ 视频：鼠标交互效果

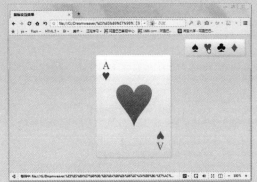

源文件：源文件 \ 第 14 章 \14-5.html　　操作视频：视频 \ 第 14 章 \14-5.swf

`01` ▶ 执行"文件>新建"命令，新建一个空白的 HTML 5 文档。在 <title> 标签中输入文档的标题。

`02` ▶ 在 <body>…</body> 标签对中输入 <ul> 标签和 <li> 标签定义无序列表和列表项，使用相同的方法，输入其他 <li> 标签定义列表项。

第 14 章 使用 HTML 制作交互效果

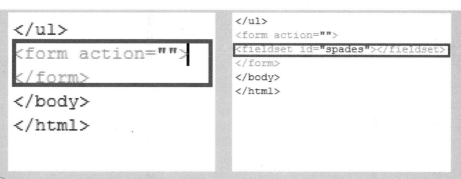

03 ▶ 在 `<body>`…`</body>` 标签对中输入 `<form>` 标签，并设置 action 属性。在 `<form>`…`</form>` 标签对中输入 id 为 spades 的 `<fieldset>` 标签。

04 ▶ 在 `<fieldset>`…`</fieldset>` 标签对中输入 `<input>` 标签、`<label>` 标签和相应的代码，定义输入字段和控件的标注。

05 ▶ 使用相同的方法，输入相应的代码，对表单内的相关元素分组，并定义输入字段和控件的标注。

06 ▶ 在 `<head>`…`</head>` 标签对中输入 `<style>` 标签，并定义其属性。在 `<style>`…`</style>` 标签对中输入相应的选择符，定义相应标签中内容的样式。

341

```css
ul{
    background:#FFFFFF;
    border:1px solid #CCCCCC;
    background:-moz-linear-gradient(top, #FFFFFF, #DDDDDD);
    background:-webkit-gradient(linear,0 0, 0 100%, from(#FFFFFF), to(#DDDDDD));
    border-radius:5px 5px;
    -moz-border-radius:5px;
    -webkit-border-radius:5px;
    box-shadow:5px 5px 5px #CCCCCC;
    -webkit-box-shadow:5px 5px #CCCCCC;
    -moz-box-shadow: 5px 5px #CCCCCC;
    filter: progid:DXImageTransform.Microsoft.Shadow(color='#CCCCCC', Direction=135, Strength=5);
    font-size:50px;
    margin:0;
    padding:0 15px;
    position:absolute;
    right:20px;
    top: 15px;
    z-index:99;
}
ul li{
    display: inline;
    list-style-type: none;
}
ul li a{
    color:#000000;
    display:block;
    float:left;
    padding:0 10px;
    text-decoration:none;
}
```

07 ▶ 使用相同的方法，输入 ul 选择符以及包含选择符，定义 <ul> 标签中相关内容的样式。

```css
.base{
    background:#FFFFFF;
    border:1px solid #CCCCCC;
    color:#000000;
    background:-moz-linear-gradient(top, #FFFFFF, #DDDDDD);
    background:-webkit-gradient(linear,0 0, 0 100%, from(#FFFFFF), to(#DDDDDD));
    border-radius:5px 5px;
    -moz-border-radius:5px;
    -webkit-border-radius:5px;
    box-shadow:5px 5px 5px #CCCCCC;
    -webkit-box-shadow:5px 5px #CCCCCC;
    -moz-box-shadow:5px 5px #CCCCCC;
    filter:progid:DXImageTransform.Microsoft.Shadow(color='#CCCCCC', Direction=135, Strength=5);
    height:360px;
    top:50%;
    margin-top:-180px;
    width:260px;
    left:50%;
    margin-left:-130px;
    z-index:9;
    cursor:pointer;
    font-size:50px;
    text-decoration:none;
    padding:15px 0 0 25px;
    position:absolute;
}
```

08 ▶ 输入 calss 选择符，定义所有使用了 class 为 base 的标签的样式。

```css
strong{
    font-size:250px;
    position:absolute;
    left:50%;
    top:50%;
    margin-top:-160px;
    -webkit-mask-image: -webkit-gradient(linear, left top, left bottom, from(rgba(0,0,0,0.4)), to(rgba(0,0,0,1)));
}
em {
    font-size:40px;
    font-style:normal;
    display:block;
    margin-bottom:-15px;
}
```

第14章 使用HTML制作交互效果

```
label span{
    -webkit-transform:rotate(-180deg);
    -moz-transform:rotate(-180deg);
    -o-transform:rotate(-180deg);
    filter:progid:DXImageTransform.Microsoft.BasicImage(rotation=2);
    position:absolute;
    bottom:15px;
    right:25px;
}
```

09 ▶ 使用相同的方法,输入相应的代码,定义 strong 类型选择符、em 类型选择符和 label span 类型选择符的样式。

```
#spades strong{
    margin-left: -60px;
}
#spades em {
    margin-left: 0;
}
#hearts strong{
    margin-left:-70px;
}
#hearts em {
    margin-left: 1px;
}
#clubs strong{
    margin-left: -80px;
}
#clubs em {
    margin-left: 3px;
}
#diamonds strong{
    margin-left: -60px;
}
#diamonds em {
    margin-left: -2px;
}
```

```
fieldset{
    display: none;
}
fieldset:target{
    display: block;
}
fieldset:target .card+label{
    -webkit-animation-name: scaler;
    -webkit-animation-duration: 1.75s;
    -webkit-animation-iteration-count: 1;
}
fieldset:target .card:checked+label{
    -webkit-animation-name: effectx;
    -webkit-animation-duration: 3s;
    -webkit-transform: scale(0);
}
```

10 ▶ 输入 id 选择符,定义 id 为 spades、hearts、clubs 和 diamonds 的标签中的 <strong> 和 <em> 标签的样式。输入相应的代码,定义 <fieldset> 标签以及其中相关标签的样式。

```
.close {
    background: #DDDDDD;
    cursor: default;
    left: 0; top: 0;
    position: absolute;
    height: 100%;
    width: 100%;
    z-index: 1;
    text-indent: -999em;
}
@-webkit-keyframes scaler {
from {
    -webkit-transform: scale(0);
}
to {
    -webkit-transform: scale(1);
}
}
@-webkit-keyframes effectx {
from {
    -webkit-transform: rotateX(0deg);
}
to {
    -webkit-transform: scale3d(1.2, 1.2, 1.2) rotateX(-90deg) translateZ(500px) rotate(180deg)
    -webkit-animation-duration: 30s;
}
}
</style>
```

11 ▶ 使用相同的方法,输入相应的代码,完成其他样式的定义。

```
<script type="text/javascript">
function bootup(){
if (location.hash == "") { location.hash="#spades"; } var tds = document.getElementsByTagName("a"); direct();
for( var x=0; x < tds.length; x++ ){tds[x].onclick = function(){setTimeout(direct, 1);};}
}
function direct(){
}
window.onload=bootup;
</script>
</head>
<body>
```

12 ▶ 在 <head>…</head> 标签对中输入 <script> 标签,设置其属性并定义函数。

13 ▶ 执行"文件＞保存"命令,将文档保存为"源文件\第14章\14-5.html",按 F12 键测试页面效果。

提问:查找 HTML 元素的方法是什么?

答:用户可以通过 id 找到 HTML 元素、通过标签名找到 HTML 元素和通过类名找到 HTML 元素 3 种方法进行查找。

实例 166+ 视频:导航跳转效果

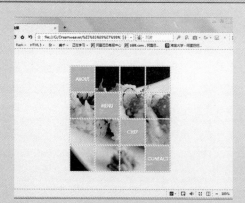

源文件:源文件\第14章\14-6.html

操作视频:视频\第14章\14-6.swf

01 ▶ 执行"文件＞新建"命令,新建一个空白的 HTML 5 文档。在 <title> 标签中输入文档的标题。

第14章 使用HTML制作交互效果

```html
<head>
<meta charset="utf-8">
<title>导航跳转效果</title>
</head>

<body>
<div id="content">
</div>
</body>
</html>
```

```html
<head>
<meta charset="utf-8">
<title>导航跳转效果</title>
</head>

<body>
<div id="content">
<div id="littleBoxes" class="littleBoxes">
</div>
</div>
</body>
</html>
```

02 ▶ 在 `<body>`…`</body>` 标签对中输入相应的代码,创建一个 `<div>` 标签,并指定其 id 属性。在该 `<div>` 标签中嵌套另一个 `<div>` 标签。

```html
<div class="boxlink bg1" style="top:0px; left:0px;">
    <a href="">About</a>
        <div class="boxcontent">
        <p>Lorem ipsum dolor sit amet, consectetur adipisicing elit,
            sed do eiusmod tempor incididunt ut labore et dolore magna
            aliqua. Ut enim ad minim veniam, quis nostrud exercitation
            ullamco laboris nisi ut aliquip ex ea commodo consequat.</p>
        </div>
</div>
```

03 ▶ 使用相同的方法,在 id 中为 littleBoxes 的 `<div>` 标签中嵌套另一个 `<div>` 标签,在该标签对中输入 `<a>` 标签定义超链接并创建一个 class 为 boxcontent 的 `<div>` 标签。

```html
<div class="bg5" style="background-position:-90px 0; top:0px; left:95px;"></div>
<div class="bg5" style="background-position:-180px 0; top:0px; left:190px;"></div>
<div class="bg5" style="background-position:-270px 0; top:0px; left:285px;"></div>
<div class="bg5" style="background-position:0 -90px; top:95px; left:0px;"></div>
```

04 ▶ 继续输入相应的代码,创建其他 `<div>` 标签。

```html
<div class="boxlink bg2" style="top:95px; left:95px;">
    <a href="">Menu</a>
        <div class="boxcontent">
        <p>Lorem ipsum dolor sit amet, consectetur adipisicing elit,
            sed do eiusmod tempor incididunt ut labore et dolore magna
            aliqua. Ut enim ad minim veniam, quis nostrud exercitation
            ullamco laboris nisi ut aliquip ex ea commodo consequat.</p>
        </div>
</div>
<div class="bg5" style="background-position:-180px -90px; top:95px; left:190px;"></div>
<div class="bg5" style="background-position:-270px -90px; top:95px; left:285px;"></div>
<div class="bg5" style="background-position:0 -180px; top:190px; left:0px;"></div>
<div class="bg5" style="background-position:-90px -180px; top:190px; left:95px;"></div>
<div class="boxlink bg3" style="top:190px;left:190px;">
    <a href="">Chef</a>
        <div class="boxcontent">
        <p>Lorem ipsum dolor sit amet, consectetur adipisicing elit,
            sed do eiusmod tempor incididunt ut labore et dolore magna
            aliqua. Ut enim ad minim veniam, quis nostrud exercitation
            ullamco laboris nisi ut aliquip ex ea commodo consequat.</p>
        </div>
</div>
<div class="bg5" style="background-position:-270px -180px;top:190px;left:285px;"></div>
<div class="bg5" style="background-position:0 -270px;top:285px;left:0px;"></div>
<div class="bg5" style="background-position:-90px -270px;top:285px;left:95px;"></div>
<div class="bg5" style="background-position:-180px -270px;top:285px;left:190px;"></div>
<div class="boxlink bg4" style="top:285px;left:285px;">
    <a href="">Contact</a>
        <div class="boxcontent">
        <p>Lorem ipsum dolor sit amet, consectetur adipisicing elit,
            sed do eiusmod tempor incididunt ut labore et dolore magna
            aliqua. Ut enim ad minim veniam, quis nostrud exercitation
            ullamco laboris nisi ut aliquip ex ea commodo consequat.</p>
        </div>
</div>
```

05 ▶ 使用相同的方法,在 id 中为 littleBoxes 的 `<div>` 标签中嵌套其他 `<div>` 标签。

```
<title>导航跳转效果</title>
<style type="text/css">
*{
    margin:0;
    padding:0;
    border:0px;
}
body{
    background:#f0fff5   url(images/14606.jpg) no-repeat top center;
    font-family:Futura, "Century Gothic", AppleGothic, sans-serif;
    overflow:hidden;
}
</style>
```

06 ▶ 在 <head>…</head> 标签对中输入 <style> 标签，并在该标签对中输入通配选择符和 body 选择符，定义样式。

```
h1{
    color:#fff;
    margin:40px 0px 20px 40px;
    text-shadow:1px 1px 1px #555;
    font-weight:normal;
}
a.back{
    position:absolute;
    bottom:5px;
    right:5px;
}
.reference{
    position:absolute;
    bottom:5px;
    left:5px;
}
.reference p a, a.back{
    text-transform:uppercase;
    text-shadow:1px 1px 1px #fff;
    color:#666;
    text-decoration:none;
    font-size:16px;
    font-weight:bold;
}
#content{
    height:380px;
    margin:0 auto;
    margin-top:60px;
}
```

07 ▶ 使用相同的方法，输入其他选择符，定义不同标签的样式。

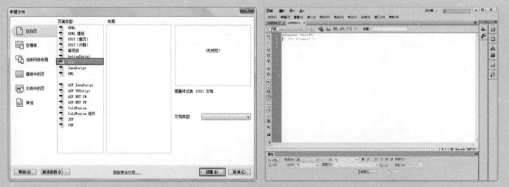

08 ▶ 执行"文件 > 新建"命令，在弹出的"新建文档"对话框中进行设置，单击"创建"按钮，创建一个空白的 CSS 文档。

第14章 使用HTML制作交互效果

09 ▶ 在创建的空白CSS文档中输入相应的代码，定义类选择符的样式。

10 ▶ 执行"文件>保存"命令，在弹出的"另存为"对话框中进行设置，单击"保存"按钮。打开创建的HTML 5文档，输入<link>标签并定义指向目标文档或资源的URL和目标文档与当前文档之间的关系。

11 ▶ 执行"文件>新建"命令，在弹出的"新建文档"对话框中进行设置，单击"创建"按钮，创建一个空白的js文档。

12 ▶ 在创建的空白js文档中输入相应的代码，定义$(function() {} 函数和变量。

347

13 ▶ 执行"文件 > 保存"命令,在弹出的"另存为"对话框中进行设置,单击"保存"按钮。打开创建的 HTML 5 文档,输入 <script> 标签并定义指向包含脚本文件的 URL。

```
        </div>
      </div>
    </div>
  </div>
  <script type="text/javascript" src="js/14610.js"></script>
  <script type="text/javascript" src="js/14609.js"></script>
  <script type="text/javascript" src="js/14608.js"></script>
</body>
</html>
```

14 ▶ 使用相同的方法,新建 js 文档,在创建的 HTML 5 文档中输入 <script> 标签,将脚本文件插入到 HTML 5 文档中。

 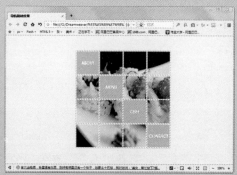

15 ▶ 执行"文件 > 保存"命令,将文档保存为"源文件 \ 第 14 章 \14-6.html",按 F12 键测试页面效果。

提问:在 CSS 中表现颜色的方式是什么?

答:CSS 提供了 4 种方式表示颜色,分别是十六进制、短十六进制、三元 RGB 数字和三元 RGB 百分比。

第 15 章 使用 HTML 制作动画特效

本章将通过实例的形式使用 HTML 5 结合 JavaScript 以及 CSS 制作一些丰富而且实用的动画效果。将这些特效根据需要应用到自己的网页中，可以使网页动感十足。

实例 167+ 视频：笑脸水泡

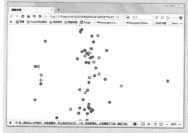
源文件：第 15 章 \15-1.html

操作视频：第 15 章 \15-1.swf

01 执行"文件 > 新建"命令，新建一个空白的 HTML 5 文档，在 <title> 标签内输入标题。

02 在 <body> 标签内输入名称为 bubbles 的 Div 标签。在 Div 标签内输入 <img> 标签。

03 使用相同方法输入其他 <img> 标签，在 </title> 标签后输入 <script> 标签。

本章知识点

- ☑ 制作秋天落叶效果
- ☑ 制作小球跳动效果
- ☑ 制作太阳星系转动效果
- ☑ 制作跑车开动效果
- ☑ 制作白天到黑夜的转变效果

04 ▶ 在 </style> 标签后新建 <script> 标签，在标签内输入 JavaScript 代码。使用相同的方法输入其他的 JavaScript 代码。

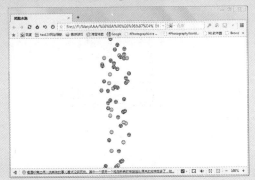 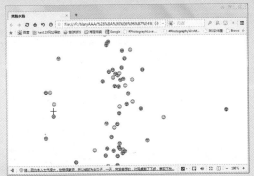

05 ▶ 执行"文件 > 保存"命令，将文档保存为"源文件 \ 第 15 章 \15-1.html"，按 F12 键测试页面效果。当鼠标经过图像并移动时，图像会随着鼠标移动。

提问：什么是函数？

答：在编写程序时，为了方便日后的维护及程序更好地进行结构化，通常都会把一些重复使用的代码独立出来，这种独立出来的代码块就是函数。

实例 168+ 视频：旋转的立体花朵

 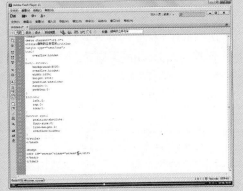

源文件：源文件 \ 第 15 章 \15-2.html　　操作视频：视频 \ 第 15 章 \15-2.swf

第 15 章 使用 HTML 制作动画特效

```
<!doctype html>
<html>
<head>
<meta charset="utf-8">
<title>旋转的立体花朵</title>
</head>

<body>
</body>
</html>
```

01 ▶ 执行"文件 > 新建"命令，新建一个空白的 HTML 5 文档。在 <title> 标签中输入文档的标题。

```
1  <!doctype html>
2  <html>
3  <head>
4  <meta charset="utf-8">
5  <title>旋转的立体花朵</title>
6  </head>
7
8  <body>
9  <div id="screen" ></div>
10 </body>
11 </html>
```

```
5  <title>旋转的立体花朵</title>
6  <style type="text/css">
7  html{
8      overflow:hidden
9  }
10 body,.screen{
11     background:#000;
12     overflow:hidden;
13     width:100%;
14     height:100%;
15     position:absolute;
16     margin:0;
17     padding:0;
18 }
19 </style>
```

02 ▶ 在 <body> 标签中新建一个 id 名称为 screen 的 Div 标签，在 </title> 标签后添加 <style> 标签对，为 html 和 body 定义 CSS 样式，并定义一个名称为 screen 的 CSS 类样式。

```
19 #screen{
20     left:0;
21     top:0;
22     zoom:1;
23 }
24 #screen span{
25     position:absolute;
26     font-size:0;
27     line-height:0;
28     overflow:hidden;
29 }
30 </style>
```

```
overflow:hidden;
yle>
ead>

dy>
y id="screen" class="screen">
iv>
ody>
tml>
```

03 ▶ 定义名称为 #screen，#screen span 的 CSS 样式，并为 id 名称为 screen 的 Div 标签应用 screen 类样式。

```
#screen{
    left:0;
    top:0;
    zoom:1;
}
#screen span{
    position:absolute;
    font-size:0;
    line-height:0;
    overflow:hidden;
}
</style>
<script type="text/javascript">
var obj = [], xm = 0, ym = 0, axe = 0,
aye = 0, parts = 500, scr, txe, tye, nw, nh;
</script>
```

04 ▶ 在 </style> 标签后新建 <script> 标签对，并在 <script> 标签内输入 JavaScript 代码。使用相同的方法输入其他 JavaScript 代码。

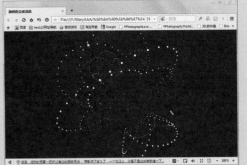

05 ▶ 执行"文件>保存"命令,将文档保存为"源文件\第 15 章\15-2.html",按 F12 键测试页面效果。当鼠标经过图像并移动,动画会随着转动。

> **提问**:function 的作用是什么?
> **答**:在 JavaScript 中定义一个函数,必须以 function 关键字开头,函数名跟在关键字后,接着是一个用括号括起来的参数列表。

实例 169+ 视频:秋天落叶

源文件:源文件\第 15 章\15-3.html　　操作视频:视频\第 15 章\15-3.swf

```
<!doctype html>
<html>
<head>
<meta charset="utf-8">
<title>秋天落叶</title>
</head>

<body>
</body>
</html>
```

01 ▶ 执行"文件>新建"命令,新建一个空白的 HTML 5 文档,执行"文件>保存"命令,将文档保存为"源文件\第 15 章\15-3.html"。在 <title> 标签中输入文档的标题。

第 15 章 使用 HTML 制作动画特效

```
<!doctype html>
<html>
<head>
<meta charset="utf-8">
<title>秋天落叶</title>
</head>

<body>
<div style="display: none"></div>
</body>
</html>
```

```
<title>秋天落叶</title>
</head>

<body>
<div style="display: none"></div>
<div id="box">
  <div id="leafContainer"></div>
</div>
<div id="adsense"
style="width:1024px; margin:10px auto">
</div>
</body>
</html>
```

02 ▶ 在 `<body>` 标签内新建一个 Div 标签，样式设为不显示，使用相同方法新建其他标签。

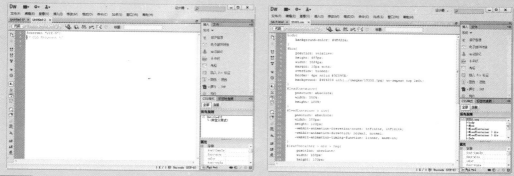

03 ▶ 执行"文件 > 新建"命令，新建一个空白的 CSS 文档，输入 CSS 代码。执行"文件 > 保存"命令，将文档保存为"源文件 \ 第 15 章 \css\15301.css"。

```
<!doctype html>
<html>
<head>
<meta charset="utf-8">
<title>秋天落叶</title>
<link rel="stylesheet" href="css/15301.css"
type="text/css">
</head>
<body>
<div style="display: none"></div>
<div id="box">
  <div id="leafContainer"></div>
</div>
<div id="adsense" style="width:1024px; margin:10px auto">
</div>
</body>
</html>
```

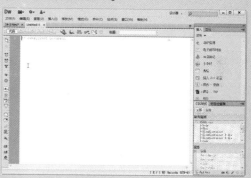

04 ▶ 在 html 代码中嵌入 15301.css，执行"文件 > 新建"命令，新建一个空白的 js 文档。

```
<head>
<meta charset="utf-8">
<title>秋天落叶</title>
<link rel="stylesheet" href="css/15301.css" type="t
<script type="text/javascript" src="js/15303.js">
</script>
</head>
<body>
<div style="display: none"></div>
<div id="box">
  <div id="leafContainer"></div>
</div>
<div id="adsense" style="width:1024px; margin:10px
</div>
</body>
</html>
```

05 ▶ 在 js 文档中输入 JavaScript 代码，执行"文件 > 保存"命令，将文档保存为"源文件 \ 第 15 章 \js\15303.js"。

06 ▶ 执行"文件>保存"命令,将文档保存为"源文件\第 15 章\15-3.html"。按 F12 键测试页面效果,可以看到树叶在不停飘落的效果。

> **提问**:定义函数必须要使用 function 吗?
> 答:function 语句并非是定义新函数的唯一方法,还可以使用 Function() 构造函数和 new 运算符动态地定义函数。

实例 170+ 视频:小球跳动

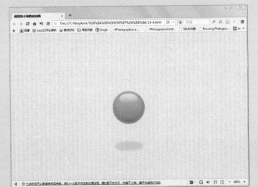

源文件:源文件\第 15 章\15-4.html

操作视频:视频\第 15 章\15-4.swf

```
<!doctype html>
<html>
<head>
<meta charset="utf-8">
<title>逼真的小球跳动动画</title>
</head>

<body>
</body>
</html>
```

01 ▶ 执行"文件>新建"命令,新建一个空白的 HTML 5 文档,执行"文件>保存"命令,将文档保存为"源文件\第 15 章\15-4.html"。在 <title> 标签中输入文档的标题。

```
<!doctype html>                          <title>逼真的小球跳动动画</title>
<html>                                   </head>
<head>                                   <body>
<meta charset="utf-8">                   <div id="box">
<title>逼真的小球跳动动画</title>            <div id="ball"></div>
</head>                                     <div id="baw"></div>
<body>                                   </div>
<div id="box">                           </body>
</div>                                   </html>
</body>
</html>
```

`02` ▶ 在 `<body>` 标签内新建一个 id 名称为 box 的 Div 标签，使用相同方法新建其他 Div 标签。

```
@charset "utf-8";
/* CSS Document */
body{
    background:url(../images/15402.png) repeat top left;
}
#box {
    width: 140px;
    height: 300px;
    position: fixed;
    left: 50%;
    top: 35%;
    margin-left: -70px;
}
```

`03` ▶ 执行"文件 > 新建"命令，新建一个空白的 CSS 文档，为 body 新建 CSS 样式，为 id 名称为 box 的 Div 标签新建 CSS 样式。

`04` ▶ 为 id 名称为 baw 的 Div 标签新建 CSS 样式。执行"文件 > 保存"命令，将文档保存为 15401.css。

```
<meta charset="utf-8">
<title>逼真的小球跳动动画</title>
<link rel="stylesheet" type="text/css" href="css/15401.css">
</head>
```

`05` ▶ 在 `<title>` 标签后输入 `<link>` 标签对，将 CSS 文档链入 html 中。

```
<title>逼真的小球跳动动画</title>
<link rel="stylesheet" type="text/css" href="css/15401.css">
<link rel="stylesheet" type="text/css" href="css/15403.css">
```

`06` ▶ 使用相同方法新建其他的 link 标签。

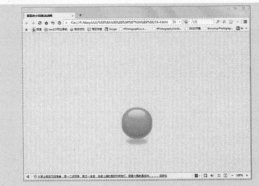 

07 ▶ 执行"文件>保存"命令,将文档保存为"源文件\第15章\15-4.html"。按F12键测试页面效果,可以看到小球不停地跳动。

提问:还有其他方法定义函数吗?

答:还可以使用函数直接量来定义函数,函数直接量是一个表达式,可以定义匿名函数,它与function语句非常相似,被用做表达式,而不是语句,而且也不需要指定函数名。

实例171+视频:当年的大风车

 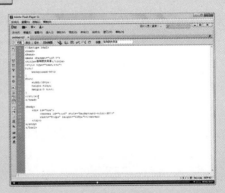

源文件:源文件\第15章\15-5.html　　　　操作视频:视频\第15章\15-5.swf

```
<!doctype html>
<html>
<head>
<meta charset="utf-8">
<title>当年的大风车</title>
</head>

<body>
</body>
</html>
```

01 ▶ 执行"文件>新建"命令,新建一个空白的HTML 5文档,执行"文件>保存"命令,将文档保存为"源文件\第15章\15-5.html",在<title>标签中输入文档的标题。

第 15 章 使用 HTML 制作动画特效

```
<!doctype html>
<html>
<head>
<meta charset="utf-8">
<title>当年的大风车</title>

</head>
<body>
    <div id="box">
    </div>
</body>
</html>
```

02 ▶ 在 `<body>` 标签内新建一个 id 名称为 box 的 Div 标签，在该 Div 标签内新建标签为 `<canvas>` 的标签，并定义相关属性。

```
<title>当年的大风车</title>
<style type="text/css">
body{
    background:#000
}
#box{
    width:800px;
    height:600px;
    margin:0 auto;
}
</style>
```

03 ▶ 在 `</title>` 标签后新建 `<style>` 标签，并在标签内为 body 建立 CSS 样式，为名称为 box 的 Div 建立 CSS 样式；执行"文件 > 新建"命令，新建一个空白的 JavaScript 文档。

```
var canvas,context;
var X,Y;
var canvasWidth,canvasHeight;
var speed = 1;
var R = 40;
function init(){
    initCanvas();
    initParams();
    draw();
    setInterval(draw,20);
}
```

04 ▶ 在 JavaScript 文档中输入 JavaScript 变量和函数，使用相同方法输入其他函数，实现大风车动画效果。

```
<style type="text/css">
body{
    background:#000
}
#box{
    width:800px;
    height:600px;
    margin:0 auto;
}
</style>
<script type="text/javascript" src="js/15501.js">
</script>
</head>
<body>
    <div id="box">
```

05 ▶ 执行"文件 > 保存"命令，将文档保存为"源文件 \ 第 15 章 \js\15501.js"。在 `</style>` 标签后新建 `<script>` 标签对，将 js 文档嵌入 html 文档中。

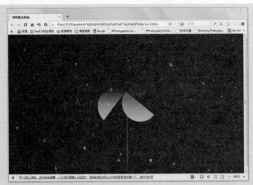
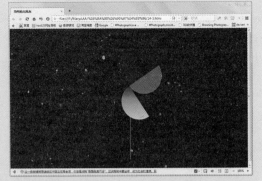

06 ▶ 执行"文件 > 保存"命令,将文档保存为"源文件 \ 第 15 章 \15-5.html"。按 F12 键测试页面效果,可以看到大风车在不停地转动。

提问:定义函数的语句是通用的吗?

答:function 语句在所有的 JavaScript 版本中都是有效的,而 Function() 构造函数只在 JavaScript 1.1 和其后的版本中有效,函数直接量只在 JavaScript 1.2 和其后的版本有效。

实例 172+ 视频:变幻的 3D 动画效果

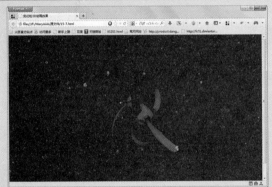

源文件:源文件 \ 第 15 章 \15-6.html   操作视频:视频 \ 第 15 章 \15-6.swf

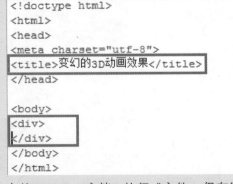

01 ▶ 执行"文件 > 新建"命令,新建一个空白的 HTML 5 文档,执行"文件 > 保存"命令,将文档保存为"源文件 \ 第 15 章 \15-6.html"。在 <title> 标签中输入文档的标题,并新建一个 id 名称为 box 的标签。

第 15 章 使用 HTML 制作动画特效

02 ▶ 在 id 名称为 box 的 Div 标签内新建一个 <canvas> 标签，在 </title> 标签后新建 <style> 标签对，在 <script> 标签内输入 CSS 代码。

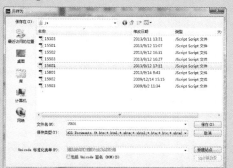

03 ▶ 执行"文件 > 新建"命令，新建一个空白的 JavaScript 文档，在 JavaScript 文档中输入 JavaScript 代码。

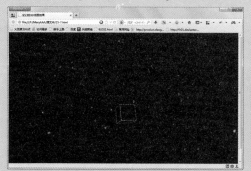
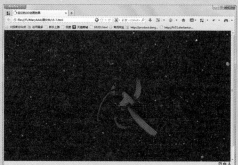

04 ▶ 执行"文件 > 保存"命令，将文档保存为"源文件 \ 第 15 章 \js\15601.js"，在 </body> 标签前新建 <script> 标签对，将 js 文档链接入 html 文档中。

05 ▶ 执行"文件 > 保存"命令，将文档保存为"源文件 \ 第 15 章 \15-6.html"。按 F12 键测试页面效果，可以看到不停变幻的 3D 动画效果。

> **提问**：为什么 JavaScript 代码放置的位置经常会不相同？
>
> **答**：将 js 代码放置在 <head> 标签之间，可以使之在页面文档主体和其余部分代码之间加载，尤其是一些函数的代码，建议放置在 <head> 标签中。而一些实现某部分动态效果的 js 代码则可以放置在 <body> 标签之间。

实例 173+ 视频：太阳系动画

源文件：源文件 \ 第 15 章 \15-7.html　　　操作视频：视频 \ 第 15 章 \15-7.swf

```
<!doctype html>
<html>
<head>
<meta charset="utf-8">
<title>制作太阳星系动画</title>
</head>

<body>
<div >
</div>
</body>
</html>
```

01 ▶ 执行"文件>新建"命令，新建一个空白的 HTML 5 文档，执行"文件>保存"命令，将文档保存为"源文件 \ 第 15 章 \15-7.html"，在 <title> 标签中输入文档的标题。

```
<meta charset="utf-8">
<title>制作太阳星系动画</title>
</head>

<body>
<div>
    <section>
    </section>
</div>
</body>
</html>
```

```
<body>
<div>
    <section>
        <ul>
            <li><span>Sun</span></li>
        </ul>
    </section>
</div>
</body>
</html>
```

02 ▶ 在 <body> 标签中输入 <div> 标签对，在 <div> 标签中输入 <section> 标签对，在 <section> 标签中输入 <ul> 标签对，在 <ul> 标签中输入 <li> 标签对，在 <li> 标签中输入 <span> 标签对，在其中输入"sun"。

第 15 章 使用 HTML 制作动画特效

```
<ul >
    <li ><span>Sun</span></li>
    <li ><span>Mercury</span></li>
    <li ><span>Venus</span></li>
    <li ><span>Earth<span >Moon</span></span></li>
    <li ><span>Mars</span></li>
    <li ><span>Asteroids Meteorids</span></li>
    <li ><span>Jupiter</span></li>
    <li ><span>Saturn<span >Ring</span></span></li>
    <li ><span>Uranus</span></li>
    <li ><span>Neptune</span></li>
    <li ><span>Pluto</span></li>
</ul>
```

03 ▶ 使用相同方法输入 `<ul>`、`<li>` 和 `<span>` 标签，并在 `<span>` 标签内输入所需的字符。

04 ▶ 执行"文件 > 新建"命令，新建一个空白的 CSS 文档，在 CSS 文档中输入 CSS 代码。

05 ▶ 使用相同方法输入其他 CSS 代码，执行"文件 > 保存"命令，将文档保存为"源文件 \ 第 15 章 \css\15701.css"。

06 ▶ 在 `</head>` 标签前输入 `<link>` 标签，将文件 15701.css 链接入该 html 文档中，为 `<div>` 标签添加 class 样式。

```html
<div class="wrap clearfix">
  <section class="clearfix">
    <ul class="solarsystem">
        <li class="sun"><span>Sun</span></li>
        <li class="mercury"><span>Mercury</span></li>
        <li class="venus"><span>Venus</span></li>
        <li class="earth"><span>Earth<span class="moon">Moon</span></span></li>
        <li class="mars"><span>Mars</span></li>
        <li class="asteroids_meteorids"><span>Asteroids Meteorids</span></li>
        <li class="jupiter"><span>Jupiter</span></li>
        <li class="saturn"><span>Saturn<span class="ring">Ring</span></span></li>
        <li class="uranus"><span>Uranus</span></li>
        <li class="neptune"><span>Neptune</span></li>
        <li class="pluto"><span>Pluto</span></li>
    </ul>
  </section>
</div>
```

07 ▶ 使用相同的方法为其他标签添加 class 样式。

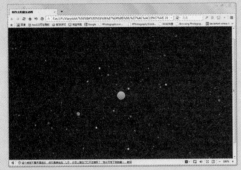 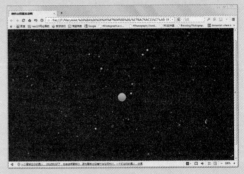

08 ▶ 执行"文件 > 保存"命令，将文档保存为"源文件 \ 第 15 章 \15-7.html"。按 F12 键测试页面效果，可以看到太阳系的运动。

提问：将 js 代码写在一个外部 JavaScript 文档中有什么好处？

答：一个外部的 JavaScript 文档可以应用到无数个 HTML 文档中。如果以后再次制作一个需要该功能的网页时，只需要将其链接到新网页中即可。

实例 174+ 视频：跑车开动效果

源文件：源文件 \ 第 15 章 \15-8.html　　操作视频：视频 \ 第 15 章 \15-8.swf

第 15 章 使用 HTML 制作动画特效

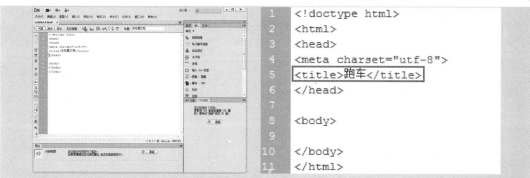

01 ▶ 执行"文件 > 新建"命令,新建一个空白的 HTML 5 文档,执行"文件 > 保存"命令,将文档保存为"源文件 \ 第 15 章 \15-8.html",在 <title> 标签中输入文档的标题。

02 ▶ 在 <body> 标签中输入 <div> 标签对,在 <div> 标签中输入 <div> 标签对,在 <title> 标签后输入 <style> 标签对,在 <style> 标签中输入 CSS 代码。

03 ▶ 使用相同的方法输入其他 CSS 代码,为第 1 个 Div 标签添加 container 标签。

04 ▶ 为第 2 个标签添加插入 car small 标签,执行"文件 > 新建"命令,新建一个空白的 JavaScript 文档。

 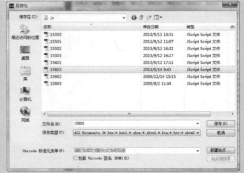

05 ▶ 在文档中输入 JavaScript 代码，执行 "文件 > 保存" 命令，保存文档为 15803.js。

06 ▶ 在 </body> 前输入 script 标签对，将 15803.js 链入 html 文档中，使用相同方法在 </script> 标签后输入 script 标签对，并在标签对中输入 JavaScript 代码。

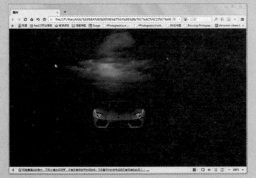 

07 ▶ 执行 "文件 > 保存" 命令，将文档保存为 "源文件 \ 第 15 章 \15-8.html"。按 F12 键测试页面效果，可以看到奔驰的轿车。

> 提示：链入 JavaScript 文档的地址，必须是前面用户保存的地址，否则将无法正确链入 JavaScript 文档中。

> 提问：在 <style> 标签内或 CSS 文件中一个属性可以定义两次属性值吗？
> 答：一个属性可以定义两次或多次属性值，但只有最后一次定义生效。所以需要修改属性值时直接在后面加写即可。

实例 175+ 视频：制作白天到黑夜的效果

源文件：源文件 \ 第 15 章 \15-9.html　　操作视频：视频 \ 第 15 章 \15-9.swf

```
1    <!doctype html>
2    <html>
3    <head>
4    <meta charset="utf-8">
5    <title>由白天到黑夜</title>
6    </head>
7
8    <body>
9    </body>
10   </html>
```

01 ▶ 执行"文件 > 新建"命令，新建一个空白的 HTML 5 文档，执行"文件 > 保存"命令，将文档保存为"源文件 \ 第 15 章 \15-9.html"，在 <title> 标签中输入文档的标题。

```
1    <!doctype html>                8    <body>
2    <html>                         9    <div id="sky"></div>
3    <head>                         10   <div id="sun_yellow"></div>
4    <meta charset="utf-8">         11   <div id="sun_red"></div>
5    <title>由白天到黑夜</title>     12   <div id="clouds"></div>
6    </head>                        13   <div id="ground"></div>
7                                   14   <div id="night"></div>
8    <body>                         15   <div id="stars"></div>
9    <div id="sky"></div>           16   <div id="sstar"></div>
10   </body>                        17   <div id="moon"></div>
11   </html>                        18   </body>
                                    19   </html>
```

02 ▶ 在 <body> 标签中输入 id 名称为 sky 的 Div 标签，使用相同方法输入其他标签。

```
#sky{
    background:#fff
    url(../images/15904.png) repeat-x top left;
    z-index:1;
}
#sun_yellow{
    position:absolute;
    left:45%;
    top:50%;
    width:150px;
    height:152px;
    background:transparent
    url(../images/15905.png) no-repeat center center;
    z-index:2;
}
```

03 ▶ 执行"文件 > 新建"命令，新建一个空白的 CSS 文档，输入 CSS 代码。

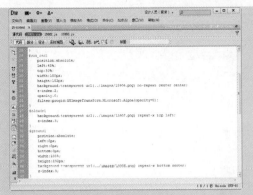

04 ▶ 使用相同方法输入其他 CSS 代码，执行"文件 > 保存"命令，将文档保存为"源文件 \ 第 15 章 \css\15901.css"。

```
<title>由白天到黑夜</title>
<link rel="stylesheet" type="text/css" href="css/15901.css" media="screen"/>
</head>
```

05 ▶ 在 <title> 标签后输入 <link> 标签，将 CSS 文档链入 html 文档中。

06 ▶ 执行"文件 > 新建"命令，新建一个空白的 js 文档，输入 js 函数。

07 ▶ 使用相同方法输入其他 JavaScript 代码，执行"文件 > 保存"命令，将文档保存为"源文件 \ 第 15 章 \js\15902.js"。

```
<div id="moon"></div>
<script type="text/javascript" src="js/15902.js"></script>
</body>
</html>
```

08 ▶ 在 </body> 标签前输入 <script> 标签对，将 js 文档链入 html 文档中。

```html
<div id="moon"></div>
<script type="text/javascript" src="js/15902.js"></script>
<script type="text/javascript" src="js/15903.js"></script>
</body>
</html>
```

09 ▶ 使用相同的方法链入"源文件 \ 第 15 章 \js\15903.js"。

```html
<script type="text/javascript" src="js/151003.js"></script>
<script type="text/javascript">
$(function() {
    $('#sun_yellow').animate({'top':'96%','opacity':0.4}, 12000,function(){
    $('#stars').animate({'opacity':1}, 5000,function(){
        $('#moon').animate({'top':'30%','opacity':1}, 5000, function(){
            $('#sstar').animate({'opacity':1}, 300);
            $('#sstar').animate({
                'backgroundPosition':'0px 0px','top':'15%', 'opacity':0
            }, 500,function(){
                $('#title').animate({'opacity':1}, 1000);
                $('#back').animate({'opacity':1}, 3000);
            });
        });
    });
    });
    $('#sun_red').animate({'top':'96%','opacity':0.8}, 12000);
    $('#sky').animate({'backgroundColor':'#4F0030'}, 18000);
    $('#clouds').animate({'backgroundPosition':'1000px 0px','opacity':0}, 30000);
    $('#night').animate({'opacity':0.8}, 20000);
});
```

10 ▶ 在 <script> 标签后再输入 <script> 标签对，并在标签对后输入 JavaScript 代码。

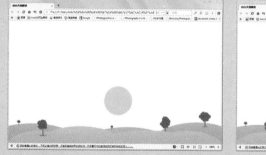

11 ▶ 执行"文件 > 保存"命令，将文档保存为"源文件 \ 第 15 章 \15-9.html"。按 F12 键测试页面效果，可以看到从白天到黑夜的效果。

提问：实例中的 js 代码是由什么组成的？

答：js 代码基本上是由字符串组成的，字符串是由 Unicode 字符、数字和标点符号等元素组成的字符序列，是 JavaScript 用于表示文本的数据类型。

第 16 章 使用 HTML 制作其他特效

本章将通过实例的形式使用 HTML 5 结合 JavaScript、Div 以及 CSS 制作一些网站中经常会看到的其他特效。

实例 176 + 视频：仿手机滑屏效果

本章知识点

- ✓ 掌握制作滑动效果
- ✓ 掌握制作实时时间效果
- ✓ 掌握制作书本翻页效果
- ✓ 掌握制作游戏效果
- ✓ 掌握按钮控制音频的方法

📁 源文件：第 16 章 \16-1.html　　🎬 操作视频：第 16 章 \16-1.swf

```
<!doctype html>
<html>
<head>
<meta charset="utf-8">
<title>仿手机滑屏</title>
</head>
<body>
</body>
</html>
```

01 ▶ 执行"文件 > 新建"命令，新建一个空白的 HTML 5 文档。在 <title> 标签中输入文档的标题。

```
</head>
<body>
<div id="iphone">>
</div>
</body>
</html>
```

```
<body>
<div id="iphone">
    <div id="lock">
    </div>
</div>
</body>
</html>
```

02 ▶ 输入相应的代码，在 <body> 标签中创建一个 id 为 iphone 的 <div> 标签。在该标签对中嵌套一个 id 为 lock 的 <div> 标签。

```
<div id="lock">
    <span></span>
</div>
```

03 ▶ 在该 <div></div> 标签对中输入相应的代码，对文档中的行内元素进行组合。

第 16 章 使用 HTML 制作其他特效

```html
<!doctype html>
<html>
<head>
<meta charset="utf-8">
<title>仿手机滑屏</title>
<style type="text/css">
</style>
</head>
```

```html
<!doctype html>
<html>
<head>
<meta charset="utf-8">
<title>仿手机滑屏</title>
<style type="text/css">
#iphone{
    position:relative;
    width:426px;
    height:640px;
    margin:10px auto;
    background:url(images/16101.jpg) no-repeat;
}
</style>
</head>
```

04 ▶ 在 <head></head> 标签对中输入 <style> 标签，并设置其属性。在该标签对中输入 id 选择符，设置样式。

```css
#lock{
    position:absolute;
    left:50%;
    bottom:33px;
    width:358px;
    height:62px;
    margin-left:-179px;
}
#lock span{
    position:absolute;
    width:93px;
    height:62px;
    cursor:pointer;
    background:url(images/16102.jpg) no-repeat;
}
</style>
```

05 ▶ 使用相同的方法，输入相应的 id 选择符，设置 <lock> 标签中内容的样式。

```html
<script type="text/javascript">
window.onload = function ()
{
 var iPhone = document.getElementById("iphone");
 var oLock = document.getElementById("lock");
 var oBtn = oLock.getElementsByTagName("span")[0];
 var disX = 0;
 var maxL = oLock.clientWidth - oBtn.offsetWidth;
 var oBg = document.createElement("img");
};
</script>
```

06 ▶ 在 <head></head> 标签对中输入 <script> 标签，并设置其属性。在该标签对中输入 window.onload = function (){} 函数，并定义相关的变量。

```
oBg.src = "images/16103.jpg";
oBtn.onmousedown = function (e)
{
 var e = e || window.event;
 disX = e.clientX - this.offsetLeft;
 document.onmousemove = function (e)
 {
  var e = e || window.event;
  var l = e.clientX - disX;
  l < 0 && (l = 0);
  l > maxL && (l = maxL);
  oBtn.style.left = l + "px";
  oBtn.offsetLeft == maxL && (iPhone.style.background = "url("+ oBg.src +")", oLock.style.display = "none");
  return false;
 };
 document.onmouseup = function ()
 {
  document.onmousemove = null;
  document.onmouseup = null;
  oBtn.releaseCapture && oBtn.releaseCapture();

  oBtn.offsetLeft > maxL / 2 ?
   startMove(maxL, function ()
   {
    iPhone.style.background = "url("+ oBg.src +")";
    oLock.style.display = "none"
   }) :
   startMove(0)
 };
 this.setCapture && this.setCapture();
 return false
}
```

07 ▶ 使用相同的方法，在 window.onload = function (){} 函数中输入当鼠标指针移动时执行的脚本。

```
function startMove (iTarget, onEnd)
{
 clearInterval(oBtn.timer);
 oBtn.timer = setInterval(function ()
 {
  doMove(iTarget, onEnd)
 }, 30)
}
function doMove (iTarget, onEnd)
{
 var iSpeed = (iTarget - oBtn.offsetLeft) / 5;
 iSpeed = iSpeed > 0 ? Math.ceil(iSpeed) : Math.floor(iSpeed);
 iTarget == oBtn.offsetLeft ? (clearInterval(oBtn.timer), onEnd && onEnd()) : oBtn.style.left = iSpeed + oBtn.offsetLeft + "px"
}
```

08 ▶ 使用相同的方法，输入相应的代码，设置其他函数。

09 ▶ 执行"文件>保存"命令，将文档保存为"源文件\第 16 章\16-1.html"，按 F12 键测试页面效果。

> 脚本的 MIME 类型一共有 text/ecmascript、text/JavaScript、application/ecmascript、application/JavaScript 和 text/vbscript 5 种。

第 16 章 使用 HTML 制作其他特效

提问：id 与 class 的区别是什么？
答：同一名称的 id 属性值在当前页面中只允许使用一次，而 class 属性值可以重复使用。

实例 177+ 视频：制作时钟特效

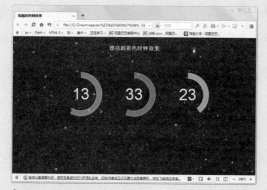

源文件：源文件 \ 第 16 章 \16-2.html　　操作视频：视频 \ 第 16 章 \16-2.swf

```
<!doctype html>
<html>
<head>
<meta charset="utf-8">
<title>炫酷的时间效果</title>
</head>

<body>
</body>
</html>
```

01 ▶ 执行"文件 > 新建"命令，新建一个空白的 HTML 5 文档。在 <title> 标签中输入文档的标题。

```
<head>
<meta charset="utf-8">
<title>炫酷的时间效果</title>
</head>

<body>
<h1>漂亮的彩色时钟效果</h1>
</body>
</html>
```

```
<title>炫酷的时间效果</title>
</head>

<body>
<h1>漂亮的彩色时钟效果</h1>
<div id="fancyClock"></div>
</body>
</html>
```

02 ▶ 在 <body></body> 标签中输入 <h1> 标签，定义最大标题，输入 <div> 标签，并设置其 id 为 fancyClock。

03 ▶ 执行"文件＞新建"命令，在弹出的"新建文档"对话框中进行设置。单击"创建"按钮，创建一个空白的 CSS 文档。

04 ▶ 在创建的空白 CSS 文档中输入相应的代码，定义 CSS 样式。

05 ▶ 使用相同的方法，完成其他 CSS 样式的定义。执行"文件＞保存"命令，在弹出的"另存为"对话框中进行设置，单击"保存"按钮。

06 ▶ 打开创建的 HTML 5 文档，输入 <link> 标签并定义指向目标文档或资源的 URL 和目标文档与当前文档之间的关系。执行"文件＞新建"命令，在弹出的"新建文档"对话框中进行设置，单击"创建"按钮，创建一个空白的 js 文档。

第 16 章 使用 HTML 制作其他特效

```javascript
(function($){
    var gVars = {};
    $.fn.tzineClock = function(opts){
        var container = this.eq(0);
        if(!container)
        {
            try{
                console.log("Invalid selector!");
            } catch(e){}
            return false;
        }
        if(!opts) opts = {};
        var defaults = {
        };
        $.each(defaults,function(k,v){
            opts[k] = opts[k] || defaults[k];
        })
        setUp.call(container);
        return this;
    }
});
```

`07 ▶` 在创建的空白 js 文档中输入相应的代码，输入 (function($){} 函数并定义变量。

`08 ▶` 使用相同的方法，输入相应的代码，定义其他函数。

`09 ▶` 执行"文件>保存"命令，在弹出的"另存为"对话框中进行设置，单击"保存"按钮。打开创建的 HTML 5 文档，输入 <script> 标签并定义指向包含脚本文件的 URL。

373

```
<head>
<meta charset="utf-8">
<title>炫酷的时间效果</title>
<link rel="stylesheet" type="text/css" href="css/16201.css" />
<script type="text/javascript" src="js/16206.js"></script>
<script type="text/javascript" src="js/16205.js"></script>
</head>
```

10 ▶ 使用相同的方法，新建 js 文档，在创建的 HTML 5 文档中输入 <script> 标签，将脚本文件插入到 HTML 5 文档中。

11 ▶ 执行"文件>保存"命令，将文档保存为"源文件\第 16 章\16-2.html"，按 F12 键测试页面效果。

提问：什么是变量？

答：变量是存储信息的容器，在 JavaScript 中，变量可用于存放值（例如 x=2）和表达式（例如 z=x+y）。

➡ 实例 178+ 视频：书本翻页效果

源文件：源文件\第 16 章\16-3.html　　操作视频：视频\第 16 章\16-3.swf

在编辑 js 文档的过程中，如果使用条件语句，请使用小写的 if，使用大写字母 IF 会生成 JavaScript 错误。

第16章 使用HTML制作其他特效

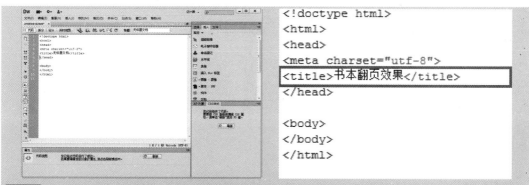

01 ▶ 执行"文件>新建"命令,新建一个空白的HTML 5文档。在<title>标签中输入文档的标题。

02 ▶ 在<body></body>标签对中输入id为box的<div>标签,在<div></div>标签对中输入相应的代码,嵌套一个id为page-flip的<div>标签。

```
<body>
<div id="box">
    <div id="page-flip">
        <div id="r1"><div id="p1"><div><div></div></div></div></div>
        <div id="p2"><div></div></div>
        <div id="r3"><div id="p3"><div><div></div></div></div></div>
        <div class="s"><div id="s3"><div id="sp3"></div></div></div>
        <div class="s" id="s4"><div id="s2"><div id="sp2"></div></div></div>
    </div>
</div>
</body>
</html>
```

03 ▶ 使用相同的方法,在id中为page-flip的<div>标签对嵌套多个<div>标签。

375

04 ▶ 在 <head></head> 标签对中输入 <style> 标签和 id 选择符定义样式，使用相同的方法，输入其他代码，定义 CSS 样式。

 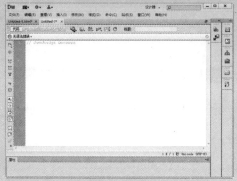

05 ▶ 执行"文件 > 新建"命令，在弹出的"新建文档"对话框中进行设置，单击"创建"按钮，创建一个空白的 js 文档。

06 ▶ 在创建的空白 js 文档中输入相应的代码，定义变量，输入 if 条件语句。

第 16 章 使用 HTML 制作其他特效

```
a3358of=a3358pf;
if(a3358tf!=="511A"){
    a3358of=a3358tf;
}
a3358op=a3358pu;
try{lainframe
}
catch(e)
{
    a3358op=a3358su;
```

07 ▶ 使用相同的方法，输入其他条件语句的代码和 try 语句。

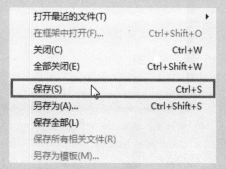 

08 ▶ 执行"文件>保存"命令，弹出"另存为"对话框，在该对话框中进行设置，单击"保存"按钮。

09 ▶ 打开创建的 HTML 5 文档，输入 <div> 标签并设置其属性，在该 <div> 标签中输入 <script> 标签，定义指向包含脚本文件的 URL。

10 ▶ 执行"文件>保存"命令，将文档保存为"源文件\第 16 章\16-3.html"，按 F12 键测试页面效果。

> **提问：如何使用 js 文档中的变量？**
> 答：js 文档中的变量必须以字母开头，也可以 $ 和 _ 符号开头，需要注意的是变量区分大小写。

实例 179+ 视频：制作游戏效果

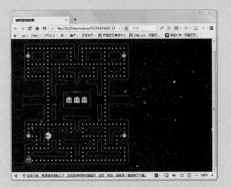

源文件：源文件 \ 第 16 章 \16-4. html　　操作视频：视频 \ 第 16 章 \16-4. swf

```
<!doctype html>
<html>
<head>
<meta charset="utf-8">
<title>制作游戏效果</title>
</head>

<body>
</body>
</html>
```

01 ▶ 执行"文件>新建"命令，新建一个空白的 HTML 5 文档。在 <title> 标签中输入文档的标题。

```
<head>
<meta charset="utf-8">
<title>制作游戏效果</title>
</head>

<body>
<div id="c"></div>
</body>
</html>
```

```
<!doctype html>
<html>
<head>
<meta charset="utf-8">
<title>制作游戏效果</title>
<style type="text/css">
</style>
</head>
```

02 ▶ 在 <body></body> 标签对中输入相应的代码，创建一个 id 为 c 的 <div> 标签。在 <head></head> 标签对中输入 <style> 标签，并设置其属性。

```
<style type="text/css">
body{
    margin:0;
    padding:0;
    border:0;
    background-color:#000
}
</style>
</head>
```

```
}
#c{
    width:1em;
    height:1em;
    margin:auto;
    font-family:Verdana;
    font-size:100px;
    font-weight:bold;
}
</style>
```

第 16 章 使用 HTML 制作其他特效

03 ▶ 在 <style></style> 标签对中输入相应的代码，设置 <body> 标签中内容的样式，使用功能相同的方法，输入相应的代码，设置 id 为 c 的 <div> 标签中内容的样式。

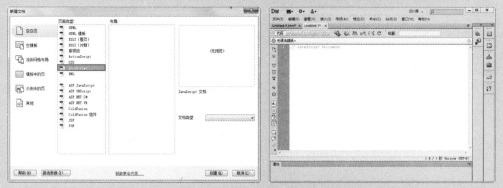

04 ▶ 执行"文件 > 新建"命令，在弹出的"新建文档"对话框中进行设置，单击"创建"按钮，创建一个空白的 js 文档。

```
var d=0,sp=0,px=13.5,py=23,vx=-.25,vy=0,
mp='',mp2='',ke=0,xf=new Array(4),yf=new
 Array(4),vf=new Array(4);
function dr(s,x,y){}
```

05 ▶ 在创建的空白 js 文档中输入相应的代码，定义变量，输入 function dr(s,x,y){} 函数。

```
function dr(s,x,y){l=document.getElementById('p'+s).style;l2=document.getElementById('p'+(s+1)).style;
if((d%20)<10){l.display='block';l2.display='none';l.left=x+'em';l.top=y+'em'}else{l.display='none';l2.
display='block';l2.left=x+'em';l2.top=y+'em'}}function dp(x,y){l=document.getElementById('p1').style;l.
display='block';l.left=x+'em';l.top=y+'em'}function jw(j,o,w,a,b,c,d,e,f,g,h,i,k){j.top=a+'em';j.left=b
+'em';j.borderTop=c;j.borderBottom=d;if(w<0.01)o.display='none';else{o.
display='block';o.left=g+'em';o.top=h+'em';o.borderRight=i;o.borderTop=k}}function pac(){w=((1+Math.sin
(d))/18);v=Math.sqrt(.023-(w*w))*1.1;j=document.getElementById('a').style;o=document.getElementById('b'
).style;if(vx>0)jw(j,o,w,7.41-w,3.78,w+'em solid #ff0',w+'em solid #ff0','none',3.77+
v,7.29,(.20-v)+'em solid #000','.24em solid #000');if(vx<0)jw(j,o,w,7.41-w,3.87-v,w+'em solid #ff0,w+
'em solid #ff0','none',v+'em solid #000',3.68,7.29,(.20-v)+'em solid #000','.24em solid #000');if(vy<0)
jw(j,o,w,7.45-v,3.83-w,v+'em solid #000','none',w+'em solid #ff0',w+'em solid #ff0',3.72,7.27,'.22em
solid #000',(.19-v)+'em solid #000');if(vy>0)jw(j,o,w,7.37,3.83-w,'none',v+'em solid #000',w+'em solid
#ff0',w+'em solid #ff0',3.72,7.36+v,'.22em solid #000',(.19-v)+'em solid #000')}function a(){var vx2=0;
vy2=0;tc='';if((Math.floor(px)==px)&&(Math.floor(py)==py)){switch(ke){case 37:tc=mp2.charAt(ty*28+(tx-
1));vx2=-.25;vy2=0;break;case 38:tc=mp2.charAt((ty-1)*28+tx);vx2=0;vy2=-.25;break;case 39:tc=mp2.charAt
(ty*28+(tx+1));vx2=.25;vy2=0;break;case 40:tc=mp2.charAt((ty+1)*28+tx);vx2=0;vy2=.25;break}}if((tc==' '
)||(tc=='*')||(tc=='+')){vx=vx2;vy=vy2}if((vx<0)||(vy<0)){tx=Math.floor(px+vx);ty=Math.floor(py+vy)}
else{tx=Math.floor(px+vx+.9);ty=Math.floor(py+vy+.9)}tc=mp2.charAt(ty*28+tx);if((tc==' ')||(tc=='*')||(
tc=='+')){px+=vx;py+=vy;tx=Math.floor(px);ty=Math.floor(py);r=px-tx;r*=r;if(r<0.015)px=tx;r=py-ty;r*=r;
if(r<0.015)py=ty}if(px<1)px=26;else if(px>26)px=1;tx=Math.floor(px);ty=Math.floor(py);tc=mp2.charAt(ty*
28+tx);if((tc=='*')||(tc=='+'))document.getElementById('k'+(ty*28+tx)).style.display='none';dp(-3.28+px
*.16,-6.84+py*.16);for(u=0;u<4;u++){if(u==0){switch(vf[u]){case 0:vyf=-.25;vxf=0;txf=Math.floor(xf[u]+
vxf);tyf=Math.floor(yf[u]+vyf);break;case 1:vyf=.25;vxf=0;txf=Math.floor(xf[u]+vxf+.9);tyf=Math.floor(
yf[u]+vyf+.9);break;case 2:vxf=-.25;vyf=0;txf=Math.floor(xf[u]+vxf);tyf=Math.floor(yf[u]+vyf);break;
case 3:vxf=.25;vyf=0;txf=Math.floor(xf[u]+vxf+.9);tyf=Math.floor(yf[u]+vyf+.9);break}tcf=mp2.charAt(tyf
*28+txf);if((tcf==' ')||(tcf=='*')||(tcf=='+')){txf=Math.floor(xf[u]);tyf=Math.floor(yf[u]);r=xf[u]-txf
;r*=r;if(r<0.015)xf[u]=txf;r=yf[u]-tyf;r*=r;if(r<0.015)yf[u]=tyf;xf[u]+=vxf;yf[u]+=vyf}else{document.
getElementById('p'+(vf[u]*2+2)).style.display='none';document.getElementById('p'+(vf[u]*2+3)).style.
display='none';vf[u]=Math.ceil(Math.random()*4)-1}}dr(2+u*8+vf[u]*2,-3.28+xf[u].16,-6.84+yf[u].16)}
pac();window.setTimeout('a()',25);d++}function q(r,e,i){for(n=0;n<i;n++?){g=document.createElement('div
');h=g.style;h.position='absolute';h.color='#'+r[n+5];g.innerHTML='<div style="font-size:'+r[n+2]+'
em;overflow:hidden;width:'+r[n+3]+'em;height:'+r[n+4]+'em;">'+r[n+6]+'</div>';x=99+r[n];y=200+r[n+1];l
=g.style;l.left=2+(x/100)+'em';l.top=5+(y/100)+'em';document.getElementById(e).appendChild(g)}}function
p(c,t){sp++;e='p'+sp;g=document.createElement('div');g.setAttribute('id',e);l=g.style;l.position=
'absolute';l.top='-4em';l.left='-2em';l.display='none';document.getElementById('c').appendChild(g);if(t
==5){r=[66,7,.50,.61,.94,c,'&bull;'];q(r,e,7)}else{r=[66,7,.48,.61,.75,c,'&bull;',59,-8,1.33,1,.67,c,
'&middot;'];q(r,e,14);if(sp%2){r=[74,36,.19,.97,.97,c,'w',74,34,.19,.97,.97,c,'w',70,45,.21,1,.39,c,'\'
',90,45,.21,1,.39,c,'\'']q(r,e,28)}else{r=[71,38,.16,.97,.97,c,'w',71,37,.16,.97,.97,c,'w',80,38,.16,
.90,.97,c,'w',80,37,.16,.90,.97,c,'w']q(r,e,28)}r=[73,27,.17,1,1,'ddf','&bull;',83,27,.17,1,1,'ddf',
'&bull;'];q(r,e,14);switch(t){case 1:r=[75,30,.1,1,1,'22f','&bull;',86,30,.1,1,1,'22f','&bull;'];break;
case 2:r=[75,34,.1,1,1,'22f','&bull;',86,34,.1,1,1,'22f','&bull;'];break;case 3:r=[73,32,.1,1,1,'22f',
```

```
case 2:r=[75,34,.1,1,1,'22f','&bull;',86,34,.1,1,1,'22f','&bull;'];break;case 3:r=[73,32,.1,1,1,'22f',
'&bull;','84,32,.1,1,1,'22f','&bull;'];break;case 4:r=[76,32,.1,1,1,'22f','&bull;',87,32,.1,1,1,'22f',
'&bull;'];break}q(r,e,14)}}function key(e){var vx1=0,vy1=0;ke=window.event?window.event.keyCode:e.which}
function key2(e){ke=0}function z(c,i,ht,x,y,l,t){g=document.createElement('div');if(i)g.setAttribute('id'
,i);h=g.style;h.position='absolute';h.color='#'+c;g.innerHTML=ht;h.left=l+((x*16)
/100)+'em';h.top=t+((y*16)/100)+'em';document.getElementById('c').appendChild(g)}function i(){mp=
'abbbbbbbbbbbblf************ff*abbl*abbbl*ff+f   f*f
f*ff*mbbo*mbbbo*mf************f*abbl*al*abbbf*mbbo*ff*mbblf******ff****fmbbbbl*fmbbl f    f*fabbo m
     f*ff        f*ff  abbvbbbbbo*mo f         *   f   bbbbbl*al f       f*ff mbbb     f*ff
f*ff abbbabbbbo*mo mbblf************ff*abbl*abbbl*ff*mblf*mbbbo*mf+**ff*******
mbl*ff*al*abbbabo*mo*ff*mbblf******ff****ff*abbbbombbl*ff*mbbbbbbbbo*mf*************mbbbbbbbbbbbbb';for(y
=0;y<31;y++){for(x=0;x<28;x++){if(x<14)v=y*14+x;else v=(y)*14-x+27;ch=mp.charAt(v);if(x>=14)switch(ch){
case'a':ch='l';break;case'l':ch='a';break;case'm':ch='o';break;case'o':ch='m';break}mp2+=ch}}for(y=0;y<31
;y++){for(x=0;x<28;x++){ch=mp2.charAt(y*28+x);switch(ch){case'm':z('22f','','<div
style="font-size:.34em;width:.36em;height:1em;overflow:hidden">&bull;</div><div
style="color:#000;font-size:.66em;position:absolute;margin-top:-.97em;">&middot;</div><div
style="font-size:.28em;
width:.4em;height:1em;overflow:hidden;top:-1.1em;left:.12em;position:relative;color:#000;">&bull;</div>',
x,y,.50,.26);break;case'o':z('22f','','<div
style="font-size:.34em;width:.32em;height:1em;overflow:hidden;text-indent:-.30em;">&bull;</div><div
style="color:#000;font-size:.69em;position:absolute;margin-top:-.95em;margin-left:-.16em;">&middot;</div>
<div
style="text-indent:-.30em;font-size:.28em;width:.4em;height:1em;overflow:hidden;top:-1.1em;left:-.04em;po
sition:relative;color:#000;">&bull;</div>',x,y,.46,.26);break}}}for(y=0;y<31;y++){for(x=0;x<28;x++){v=y*
28+x;ch=mp2.charAt(v);switch(ch){case'a':z('22f','','<div
style="position:absolute;font-size:.33em;width:.4em;height:.70em;overflow:hidden">&bull;</div><div
style="font-size:.27em;width:.4em;height:.70em;overflow:hidden;top:.19em;left:.12em;position:relative;col
or:#000;">&bull;</div>',x,y,.50,.42);break;case'l':z('22f','','<div
style="font-size:.33em;width:.32em;height:.68em;overflow:hidden;position:absolute;text-indent:-.30em;">
&bull;</div><div
style="text-indent:-.30em;font-size:.27em;width:.4em;height:.70em;overflow:hidden;top:.19em;left:-.02em;p
osition:relative;color:#000;">&bull;</div>',x,y,.46,.42);break}}}vv=0;for(y=0;y<31;y++){for(x=0;x<28;x++
){ch=mp2.charAt(vv);switch(ch){case'*':z('fba','k'+vv,'<div style="font-size:.1em;">&bull;</div>',x,y,.5,
.5);break;case'+':z('fba','k'+vv,'<div style="font-size:.32em;">&bull;</div>',x,y,.42,.35);break;case'b':
z('22f','','<div style="font-size:.24em;">_</div>',x,y,.46,.30);break;case'v':z('fbf','','<div
style="font-size:.24em;">_</div>',x,y,.46,.30);break;case'f':z('22f','','<div style="font-size:.18em;">|
</div>',x,y,.50,.43);break}vv++}}p('ff0',5);g=document.createElement('div');g.setAttribute('id','a');l=g.
style;l.position='absolute';g.innerHTML='<div></div>';document.getElementById('p1').appendChild(g);g=
document.createElement('div');g.setAttribute('id','b');l=g.style;l.position='absolute';l.lineHeight='10em
';g.innerHTML='<div></div>';document.getElementById('p1').appendChild(g);for(u=0;u<8;u++)p('f00',(u-(u%2
))/2+1);for(u=0;u<8;u++)p('fb5',(u-(u%2))/2+1);for(u=0;u<8;u++)p('0ff',(u-(u%2))/2+1);for(u=0;u
<8;u++)p('fbf',(u-(u%2))/2+1);for(u=1;u<4;u++){xf[u]=9.5+u*2;yf[u]=14;vf[u]=u}xf[0]=13;yf[0]=11;vf[0]=2;
document.onkeydown=key;a()}
```

06 ▶ 在 function dr(s,x,y){} 函数中输入相应的代码，定义函数。

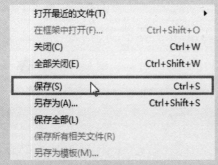

07 ▶ 执行"文件>保存"命令，弹出"另存为"对话框，在该对话框中进行设置，单击"保存"按钮。

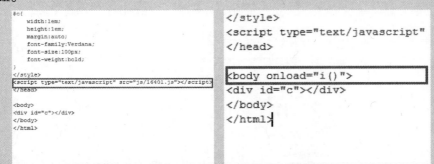

08 ▶ 在 <head></head> 标签对中输入 <script> 标签，设置其属性并定义一段脚本，在

第 16 章 使用 HTML 制作其他特效

<body> 标签中输入 onLoad="i()" 代码。

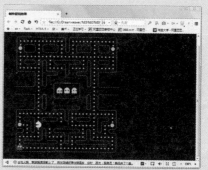

09 ▶ 执行"文件>保存"命令,将文档保存为"源文件\第 16 章\16-4.html",按 F12 键测试页面效果。

提问:JavaScript 文档中的 em 有何含义?

答:JavaScript 文档中的 em 为相对长度单位,其相对于当前对象内文本的字体尺寸,国外使用比较多。

实例 180+ 视频:磁带播放效果

源文件:源文件\第 16 章\16-5.html   操作视频:视频\第 16 章\16-5.swf

```
<!doctype html>
<html>
<head>
<meta charset="utf-8">
<title>磁带播放效果</title>
</head>

<body>
</body>
</html>
```

01 ▶ 执行"文件>新建"命令,新建一个空白的 HTML 5 文档。在 <title> 标签中输入文档的标题。

381

```
<head>                                  <!doctype html>
<meta charset="utf-8">                  <html>
<title>磁带播放效果</title>              <head>
</head>                                 <meta charset="utf-8">
                                        <title>磁带播放效果</title>
<body>                                  </head>
<div class="container">
</div>                                  <body>
</body>                                 <div class="container">
</html>                                     <div id="vc-container" class="vc-container">
                                            </div>
                                        </div>
                                        </body>
                                        </html>
```

02 ▶ 在 `<body></body>` 标签对中输入 class 为 container 的 `<div>` 标签,在该标签对中嵌套一个 id 为 vc-container,class 为 vc-container 的 `<div>` 标签。

```
<div id="vc-container" class="vc-container">
    <div class="vc-tape-wrapper">
        <div class="vc-tape">
            <div class="vc-tape-back">
                <div class="vc-tape-wheel vc-tape-wheel-left"><div></div></div>
                <div class="vc-tape-wheel vc-tape-wheel-right"><div></div></div>
            </div>
            <div class="vc-tape-front vc-tape-side-a">
                <span>A</span>
            </div>
            <div class="vc-tape-front vc-tape-side-b">
                <span>B</span>
            </div>
        </div>
    </div>
    <div class="vc-loader"></div>
</div>
```

03 ▶ 使用相同的方法,在 id 为 vc-container,class 为 vc-container 的 `<div></div>` 标签对中嵌套其他 `<div>` 标签。

04 ▶ 执行"文件>新建"命令,在弹出的"新建文档"对话框中进行设置,单击"创建"按钮,创建一个空白的文档。

```
* {
    -moz-box-sizing: border-box;
    -webkit-box-sizing: border-box;
    box-sizing: border-box;
}
```

第 16 章 使用 HTML 制作其他特效

```
* {
    -moz-box-sizing: border-box;
    -webkit-box-sizing: border-box;
    box-sizing: border-box;
}
html {
    font-size: 100%;
    -webkit-text-size-adjust: 100%;
    -ms-text-size-adjust: 100%;
}
body {
    font-family: Cambria, Georgia, serif;
    background: #b6b6b6 url(../images/16502.jpg) fixed no-repeat top center;
    font-weight: 400;
    font-size: 15px;
    color: #333;
    overflow-y: scroll;
    overflow-x: hidden;
    margin: 0;
}
@font-face {
    font-family:playericons;
    src:url(../fonts/16503.eot);
    src:url(../fonts/16503.eot?#iefix) format(embedded-opentype),
        url(../fonts/16504.woff) format(woff),
        url(../fonts/16505.ttf) format(truetype),
        url(../fonts/16506.svg#playericons) format(svg);
    font-weight: normal;
    font-style: normal;
}
@font-face {
  font-family: 'Aldrich';
  font-style: normal;
  font-weight: 400;
  src: local('Aldrich'),
url(http://themes.googleusercontent.com/static/fonts/aldrich/v3/BsJ0rSrq4pBC2xoMlek0Qg.ttf)
format('truetype');
```

05 ▶ 在创建的空白 CSS 文档中输入相应的代码，定义文档的 CSS 样式。使用相同的方法，输入相应的代码，定义其他 CSS 样式。

06 ▶ 执行"文件 > 保存"命令，在弹出的"另存为"对话框中进行设置，单击"保存"按钮。打开创建的 HTML 5 文档，输入 <link> 标签并定义指向目标文档或资源的 URL 和目标文档与当前文档之间的关系。

```
<head>
<meta charset="utf-8">
<title>磁带播放效果</title>
<link rel="stylesheet" type="text/css" href="css/16501.css" />
<link rel="stylesheet" type="text/css" href="css/16507.css" />
</head>
<body>
```

07 ▶ 使用相同的方法，新建 CSS 文档，并使用 <link> 标签将其链接到创建的 HTML 5 文档中。

08 ▶ 执行"文件 > 新建"命令，在弹出的"新建文档"对话框中进行设置，单击"创建"按钮，创建一个空白的 js 文档。

09 ▶ 在创建的空白 js 文档中输入相应的代码，定义 function($) {} 函数和变量。输入相应的代码，完成函数中其他代码的输入。

10 ▶ 执行"文件 > 保存"命令，在弹出的"另存为"对话框中进行设置，单击"保存"按钮。打开创建的 HTML 5 文档，输入 <script> 标签并定义指向包含脚本文件的 URL。

```html
        <div class="vc-loader"></div>
    </div>
</div>
<script type="text/javascript" src="js/16515.js"></script>
<script type="text/javascript" src="js/16516.js"></script>
<script type="text/javascript" src="js/16517.js"></script>
</body>
</html>
```

11 ▶ 使用相同的方法，新建 js 文档，在创建的 HTML 5 文档中输入 <script> 标签，将脚

第16章 使用HTML制作其他特效

本文件插入到HTML5文档中。

```
<script type="text/javascript" src="
<script type="text/javascript" src="
<script type="text/javascript" src="
<script type="text/javascript">
$(function() {
    $( '#vc-container' ).cassette();
    });
</script>
</body>
</html>
```

12 ▶ 在 <body></body> 标签对中继续输入 <script> 标签，并定义其属性。在该标签中输入 $(function() 函数。执行"文件 > 保存"命令，将文档保存为"源文件\第16章\16-5.html"。

13 ▶ 按F12键测试页面效果，单击不同的按钮，即可控制磁带的播放。

> **提问：JavaScript语句中的分号怎样使用？**
>
> 答：分号用于分隔JavaScript语句，通常在每条可执行的语句结尾添加分号，使用分号的另一用处是在一行中可以编写多条语句。

➡ 实例181+ 视频：可拖动的池子球效果

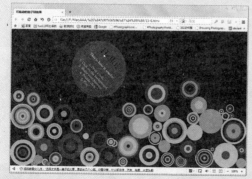 

🏠 源文件：源文件\第16章\16-6.html　　📶 操作视频：视频\第16章\16-6.swf

`01` ▶ 执行"文件 > 新建"命令,新建一个空白的 HTML 5 文档,执行"文件 > 保存"命令,将文档保存为"源文件 \ 第 16 章 \16-6.html",在 <title> 标签中输入文档的标题。

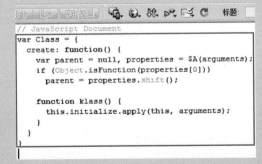

`02` ▶ 在 <body> 标签内新建一个 id 名称为 canvas 的 Div 标签,在 </title> 标签后新建 <script> 标签对,在 <script> 标签内输入 CSS 代码。

`03` ▶ 执行"文件 > 新建"命令,新建一个空白的 JavaScript 文档,在 JavaScript 文档中定义 class 类,输入 JavaScript 代码。

`04` ▶ 使用相同的方法,输入其他 JavaScript 代码。执行"文件 > 保存"命令,将文档保存为"源文件 \ 第 16 章 \js\16601.js"。

第 16 章　使用 HTML 制作其他特效

```
    -moz-user-select: none;
    -o-user-select: none;
    -ms-user-select: none;
}
</style>
</head>

<body>
<div id="canvas"></div>
<script src="js/15601.js"></script>
</body>
</html>
```

```
    -ms-user-select: none;
}
</style>
</head>

<body>
<div id="canvas"></div>
<script src="js/15601.js"></script>
<script src='js/15602.js'></script>
<script src='js/15603.js'></script>
</body>
</html>
```

05 ▶ 在 </body> 标签前新建 <script> 标签对，将 js 文档链接入 html 文档中。创建其他 js 文档，并链接入 html 文档中。

 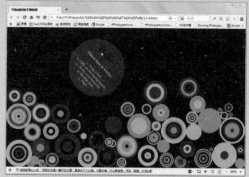

06 ▶ 执行 "文件 > 保存" 命令，将文档保存为 "源文件 \ 第 16 章 \16-6.html"。按 F12 键测试页面效果，可以看到小球掉下来，拖动鼠标可以看到小球增多，球可以随鼠标移动。

提问：js 文档中的 for 代表什么？
答：js 文档中的 for 可以将代码块执行指定的次数。